教育部大学计算机课程改革项目规划教材

大学计算机实验

主编 蓝集明 吴亚东
参编 宋 健 刘 锴 刘柏洋

高等教育出版社·北京

内容提要

本书依据教育部高等学校大学计算机课程教学指导委员会编制的《大学计算机基础课程教学基本要求》进行编写，按照循序渐进、由浅入深的规律来安排上机内容，逐步培养学生独立上机的动手能力和计算思维能力。本书采用模块化的方式按每次实验2个学时来组织实验内容，共分为8个实验，主要内容包括操作系统及其高级应用、文字处理及其高级应用、电子表格及其高级应用、演示文稿及其高级应用、GDP和EOQ数据处理与分析、酿酒数据的处理与分析等。

本书结构清楚、内容翔实、图文并茂、实用性强、可操作性好，既注重计算思维的训练，又兼顾专业领域的实际需求，通过新形态教材形式，尽可能帮助学生掌握各项操作技能。本书可作为高校“大学计算机”课程的实验教材使用，也可供对计算机应用技术感兴趣的读者阅读。

图书在版编目（CIP）数据

大学计算机实验 / 蓝集明，吴亚东主编；宋健，刘锴，刘柏洋参编．--北京：高等教育出版社，2020.9

ISBN 978-7-04-055050-4

Ⅰ．①大… Ⅱ．①蓝… ②吴… ③宋… ④刘… ⑤刘… Ⅲ．①电子计算机-高等学校-教材 Ⅳ．①TP3

中国版本图书馆CIP数据核字(2020)第177678号

策划编辑 刘 娟　责任编辑 刘 娟　封面设计 李卫青　版式设计 杨 树
插图绘制 邓 超　责任校对 吕红颖　责任印制 田 甜

出版发行 高等教育出版社
社 址 北京市西城区德外大街4号
邮政编码 100120
印 刷 北京市白帆印务有限公司
开 本 787mm×1092mm 1/16
印 张 16.5
字 数 350千字
购书热线 010-58581118
咨询电话 400-810-0598
网 址 http://www.hep.edu.cn
http://www.hep.com.cn
网上订购 http://www.hepmall.com.cn
http://www.hepmall.com
http://www.hepmall.cn
版 次 2020年9月第1版
印 次 2020年9月第1次印刷
定 价 31.30元

物 料 号 55050-00

序　言

1939年10月，世界上第一台电子数字计算机实验样机ABC诞生了，计算机从诞生之日起就被赋予了重大的历史使命，应用于国防和科研领域，以解决繁重的计算问题。1958年，我国第一台103型计算机的诞生，开启了我国计算机飞速发展的历史篇章。1967年投入使用的109丙机，在我国两弹试制中发挥了重要作用，被誉为“功勋计算机”。2016年的法兰克福国际超级计算大会上，“神威·太湖之光”成为世界上首台运算速度超过10亿亿次的超级计算机，并在我国航空航天、地球资源和新材料研发等领域发挥了重要作用！

时至今日，计算机已经走过了从电子管到晶体管，再到小规模集成电路、大规模集成电路和超大规模集成电路的发展历程，从以前只用于国防、科研等重大领域到今天广泛用于各行各业，特别是PC的出现，更让计算机走进了千家万户，真可谓是“旧时王谢堂前燕，飞入寻常百姓家”。现在，人人都有计算机，人人都用计算机，计算机已完全融入人们的生活，与人们的生活密不可分。

面对日新月异的社会变化，作为当代大学生，如果只会一些与鼠标、按钮和键盘相关的简单操作是远远不够的，无法满足当今信息社会对一个大学生的基本要求，因此，各专业的大学生必须要具备计算思维的能力，要能够使用计算机解决自己专业领域的各类复杂问题。为此，作为在高等院校本科生中开设的第一门系统介绍计算机知识的课程，就肩负着十分重要的责任。围绕这门课程的改革问题，一大批计算机教育家和优秀的一线教师进行了不断的探索。从最初的“计算机文化基础”到“计算机应用基础”“计算机基础”“大学计算机基础”，再到今天的“大学计算机”，这变化的不仅仅是课程的名称，更重要的是内容的革新。从最早的计算机“扫盲”教育，到普及计算机基础应用，再到今天的利用计算机解决复杂问题……教育部高等学校大学计算机课程教学指导委员会还专门编制了《大学计算机基础课程教学基本要求》，其中明确指出“教学内容将围绕计算思维能力培养目标进行重组”，“计算思维和实证思维、逻辑思维一样，是人类认识世界和改造世界的三种基本科学思维方式”，也就是说，“大学物理”要培养学生的实证思维能力，“大学数学”要培养学生的逻辑思维能力，而“大学计算机”则要培养学生的计算思维能力。为此，很多处于教学一线的教育工作者，对推动学生计算思维能力的培养起到了十分重要的作用，并编写了大量优秀的“大学计算机”教材。这些教材都是依据自身学校的教学层次和特色编写而成的，或侧重于计算机算法和程序的训练，或侧重于计算机原理的分析和理解……但都引入了计算思维的思想，使教材内容有了质的飞跃。另外，这些教材面向的读者也不尽相同，有的理论性很强，体系全面；有的注重操作应用，案例丰富……鉴于计算机技术发展的趋势以及国产化技术的进步，亟待一本适应一般本科办学层次，能够培养学生计算思维能力，涵盖我国计算机技术发展的“大学计算机”教材。本书便在此背景下应运而生了。

行笔至此，抬头望见窗外，不知不觉已从寒冬腊月来到了阳春三月，“东风随春归，发我枝上花”，窗外干枯的树枝上已经吐出了嫩绿的新芽……全国人民抗击新冠肺炎疫情的战斗也取得了阶段性的胜利！我们的团队在疫情期间每天坚持工作至少10小时，教改工作也在最困难的时候看到了希望！

编　者

2020年3月于南国灯城

前　言

当今社会是一个高速发展的信息社会，获取信息、处理信息和使用信息的能力已成为现代人最基本的生存能力。在知识经济时代，信息素养已成为科学素养的基础，掌握和熟练使用信息技术将成为对劳动者素质的一项基本要求。当代学生必须适应当今社会的这一基本要求，各专业的学生必须具备计算思维的能力，要能够使用计算机解决自己专业领域的各类复杂问题。为此，作为在高等院校本科生中开设的第一门系统介绍计算机知识的课程，就肩负着十分重要的责任。

本书是依据教育部高等学校大学计算机课程教学指导委员会编制的《大学计算机基础课程教学基本要求》进行编写的，具有三个特色：一是融入了计算思维的思想，使计算思维贯穿教材始终，通过实际的案例，让学生学会使用计算思维去分析和解决自己专业领域的复杂问题；二是将理论课教材和实验课教材进行了明确地分工，理论课教材侧重于对计算思维的基本概念、基本原理和基本理论的分析和讲解，实验课教材则侧重于对计算思维的动手实践，让学生独立上机，使其具备较强的处理办公数据和专业数据的能力；三是采用模块化的方法，将所有实验内容按每次实验2个学时进行组织和安排，可操作性强。

本教材共分为8个实验，具体如下。

实验1是操作系统及其高级应用，包括Windows 10的基本操作、管理功能以及系统设置和注册表的一些高级应用。

实验2是文字处理及其基本应用，包括Word 2016的基本操作、编辑、排版和特殊对象的处理。

实验3是文字处理及其高级应用，包括Word 2016的样式、模板、分节、题注、目录、索引、修订、共享等对长文档的高级处理功能。

实验4是电子表格及其基本应用，包括Excel 2016的基础知识、工作表基本操作、工作簿基本操作、公式与函数的应用。

实验5是电子表格及其高级应用，包括Excel 2016对数据的排序、筛选、分类汇总、图表化、数据透视表和透视图等高级数据处理功能。

实验6是演示文稿及其高级应用，包括PowerPoint 2016的基本操作、内容设计、全局设计、交互效果设计，以及放映和输出等。

实验7是一个面向文科学生的综合实验，涉及GDP和EOQ的数据处理与分析。

实验8是一个面向理工科学生的综合实验，涉及酿酒数据的处理与分析。

本教材建议的实验学时为16~24学时，建议的授课方式为线上线下混合式教学方式，要求学生在实验之前必须首先完成“课前预习”的自学内容，然后在实验课中独立上机完成“实验内容”规定的项目，课后完成“课后思考”规定的题目，最后提交实验结果。

本教材由蓝集明、吴亚东担任主编。蓝集明负责了全书的框架设计、组织安排，并在撰稿过程中多次提出修改建议并进行修改，直至最后交稿。吴亚东规划设计了教学改革框架，并在编写过程中给予了许多指导性的意见。本书实验1由刘柏洋、蓝集明编写，实验2、实验3和实验6由刘锴编写，实验4、实验5和实验8由宋健编写，实验7由刘柏洋编写。

本书得到了四川轻化工大学教务处和计算机科学与工程学院相关领导的大力支持，也得到了高等教育出版社相关领导和编辑的帮助，在此一并致谢！

由于作者水平有限，对有些知识的理解和研究不够深入，所以书中难免存在不足之处，在此恳请各位专家、学者、同仁和广大读者批评和指正！作者的电子邮箱地址是lan_jiming@ qq.com。

编　者

2020年3月于自流井

目　录

实验 1 操作系统及其高级应用 / 1

1.1 实验目的 / 1

1.2 课前预习 / 1

1.2.1 走进 Windows 10 / 2

1.2.2 用户界面 / 11

1.2.3 文件管理 / 24

1.2.4 进程管理 / 33

1.2.5 内存管理 / 35

1.2.6 设备管理 / 37

1.2.7 Windows 设置 / 39

1.2.8 常用小程序 / 50

1.2.9 注册表 / 52

1.3 实验内容 / 55

1.4 课后思考 / 57

实验 2 文字处理及其基本应用 / 58

2.1 实验目的 / 58

2.2 课前预习 / 58

2.2.1 初识 Word 2016 / 58

2.2.2 文档的编辑 / 62

2.2.3 文档的排版 / 68

2.2.4 特殊对象的处理 / 74

2.3 实验内容 / 88

2.3.1 案例背景 / 88

2.3.2 具体要求 / 88

2.4 课后思考 / 90

实验 3 文字处理及其高级应用 / 92

3.1 实验目的 / 92

3.2 课前预习 / 92

3.2.1 样式 / 92

3.2.2 项目符号和编号、多级列表 / 97

3.2.3 分页、分节和分栏 / 100

3.2.4 页眉和页脚、页码 / 101

3.2.5 题注、脚注和尾注 / 102

3.2.6 创建目录 / 108

3.2.7 索引 / 111

3.2.8 书目 / 112

3.2.9 模板 / 113

3.2.10 文档的修订与共享 / 114

3.3 实验内容 / 117

3.3.1 案例背景 / 117

3.3.2 具体要求 / 117

3.4 课后思考 / 123

实验4 电子表格及其基本应用 /124

4.1 实验目的 /124

4.2 课前预习 /124

4.2.1 基础知识 /124

4.2.2 工作表的基本操作 /126

4.2.3 工作簿的基本操作 /135

4.2.4 公式和函数 /136

4.3 实验内容 /147

4.3.1 Excel工作表的编辑 /147

4.3.2 公式与函数的使用 /148

4.3.3 数据共享 /149

4.4 课后思考 /150

实验5 电子表格及其高级应用 /151

5.1 实验目的 /151

5.2 课前预习 /151

5.2.1 数据排序和筛选 /151

5.2.2 分类汇总 /154

5.2.3 数据的合并 /155

5.2.4 图表的制作 /157

5.2.5 数据透视表 /164

5.2.6 数据透视图 /166

5.3 实验内容 /167

5.3.1 数据透视表的制作 /167

5.3.2 日期时间的计算 /168

5.3.3 复杂图表的制作 /169

5.4 课后思考 /172

实验6 演示文稿及其高级应用 /173

6.1 实验目的 /173

6.2 课前预习 /173

6.2.1 PowerPoint 概述 /173

6.2.2 PowerPoint 的基本操作 /177

6.2.3 PowerPoint 的内容设计 /183

6.2.4 PowerPoint 的全局设计 /189

6.2.5 PowerPoint 的交互效果设计 /194

6.2.6 幻灯片的放映和输出 /204

6.3 实验内容 /213

6.3.1 案例背景 /213

6.3.2 具体要求 /214

6.4 课后思考 /215

实验7 GDP 和 EOQ 数据处理与分析 /216

7.1 实验目的 /216

7.2 课前预习 /216

7.2.1 单元格或单元格区域的名称定义 /216

7.2.2 网页数据的导入 /218

7.2.3 返回值位于查找值左侧的数据查找 /218

7.2.4 合并计算 /220

7.2.5 模拟分析 /221

7.3 实验内容 /223

7.3.1 GDP 数据处理与分析 /223

7.3.2 EOQ 数据处理与分析 /226

7.4 课后思考 /230

实验8 酿酒数据的处理与分析 / 231

8.1 实验目的 / 231

8.2 课前预习 / 231

8.2.1 模拟分析和运算 / 231

8.2.2 Excel 数据分析工具库 / 234

8.3 实验内容 / 247

8.3.1 数据处理 / 247

8.3.2 数据分析 / 249

8.4 课后思考 / 250

参考文献 / 251

实验 1

操作系统及其高级应用

1.1 实验目的

1. 掌握 Windows 的基本操作方法。
2. 掌握“计算机”应用的使用方法。
3. 掌握对文件与文件夹管理的基本操作。
4. 掌握磁盘管理的常用操作。
5. 掌握控制面板的基本设置方法。
6. 掌握软件的安装和卸载方法。
7. 掌握在 Windows 下使用常用的 DOS 和 Windows 命令。

1.2 课前预习

操作系统（operating system，OS）是具有控制和管理计算机软、硬件资源，合理组织计算机工作流程以及方便用户使用的一组程序的集合。

操作系统是最重要的系统软件，也是安装在计算机硬件上的第一层软件。它是整个计算机系统控制和管理的中心，是应用程序和硬件沟通的桥梁。只有硬件系统的计算机，称为裸机。面对一台裸机，普通用户是无法直接使用的。用户首先需要在裸机之上安装一个操作系统，在操作系统的支持下，再安装和运行用户需要的其他软件。这样，用户才能开始正常使用一台计算机。可见，操作系统在整个计算机系统中具有十分重要的地位，它的性能好坏在很大程度上也决定了一个计算机系统的整体工作性能。

对于个人用户而言，常见的操作系统有很多，如 Windows、Mac OS、Linux 等，其中以 Windows 系列最为常见，具体请参见《大学计算机》4.2.4 节的内容。在 Windows 的诸多版本中，现阶段又以 Windows 10 最为流行。自 2015 年 7 月 29 日微软公司发布 Windows 10 操作系统以来，Windows 10 的用户数已经达到了 7 亿左右。根据市场调查机构 Netmarketshare 发布的 2019 年 12 月报告显示，Windows 10 操作系统的市场份额占比已经达到 54.62%，遥遥领先于其他操作系统的市场占有率。位居亚军的 Windows 7 操作系统市场占有率为 26.64%；苹果的 Mac OS X 10.15 位居第三，市场份额为 4.23%；Windows 8.1 位列第四，占有 3.63%的市场份额；MacOS X 10.14 的市场份额为 3.5%。自 2020 年 1 月 14

日起，运行 Windows 7 的计算机仍可继续运行，但微软公司将不再提供以下服务：一是对任何问题的技术支持，二是软件更新，三是安全更新或修复。这就意味着，运行 Windows 7 的计算机遭受病毒和恶意软件攻击的风险将会越来越大了。因此，后面 Windows 10 的市场占有率还会继续上升。

下面，就以 Windows 10 为例，介绍一下操作系统的相关操作与应用。

1.2.1 走进 Windows 10

1. Windows 10 的各种版本

为了满足不同用户的不同需求和不同的应用场合，Windows 10 发布了不同的版本，其中主要包括以下 7 个版本。

（1）Windows 10 Home

Windows 10 Home，即 Windows 10 家庭版。顾名思义，这是供家庭用户和普通个人使用的版本，目前几乎所有新出厂的计算机预装的都是这个版本。

这个版本具备了 Windows 10 新增的绝大部分功能，如 Cortana（微软小娜）、Edge 浏览器、面向触控屏设备的 Continuum 平板电脑模式、Windows Hello（脸部识别、虹膜、指纹登录）、微软开发的通用 Windows 应用（Photos、Maps、Mail、Calendar、Music 和 Video）以及拥有游戏串流功能，游戏玩家可直接在装有家庭版的计算机上进行 Xbox One 的游戏。它的缺点是，家庭版用户不能自己选择禁止安装补丁，系统总会自动安装最新补丁，这是很不人性化的地方，也不能加入 Active Directory 和 Azure AD，不允许远程连接。

（2）Windows 10 Professional

Windows 10 Professional，即 Windows 10 专业版。这是专门供小型企业使用的版本，面向计算机技术爱好者和企业技术人员。

这个版本除具有 Windows 10 Home 的功能外，还可以手动禁止更新，在家庭版的基础上增加了域、组策略管理、磁盘加密技术 Bitlocker、远程桌面、Hyper-V 客户端、专门的商业应用商店等功能。另外，它还带有 Windows Update for Business，微软承诺该功能可以降低管理成本、控制更新部署，让用户更快地获得安全补丁软件。它的缺点是，相对于家庭版而言，对硬件的要求更高，对 CPU 占用更多，对内存的开销也更大，等等。

（3）Windows 10 Enterprise

Windows 10 Enterprise，即 Windows 10 企业版。这是一个基于专业版，供大中型企业使用的版本。

这个版本以专业版为基础，增加了大中型企业用来防范针对设备、身份、应用和敏感企业信息的现代安全威胁的先进功能，供微软的批量许可（Volume Licensing）客户使用，用户能选择部署新技术的节奏，其中包括使用 Windows Update for Business 的选项。作为部署选项，Windows 10 企业版将提供长期服务分支（Long Term Servicing Branch）。它的缺点是，占用更多的硬件资源，正版授权费昂贵，正版 Windows 7 和 Windows 8 的普通用户不能免费升级到 Windows10 企业版，需要批量授权。

（4）Windows 10 Education

Windows 10 Education 的全称是 Windows 10 Professional for Education，即 Windows 10 教育版。它是专门为大型学术机构（如大学）设计的一个版本。它将通过面向教育机构的批量许可计划提供给客户，学校将能够升级 Windows 10 家庭版和 Windows 10 专业版设备。

这个版本以 Windows 10 Professional 为基础，其功能与 Windows 10 Enterprise 接近，但是它并不具备长期服务分支更新选项，更适合大型教育机构使用。它的缺点是，对空间的占用也不小，防火墙的功能太强对许多软件的使用就不再流畅了。

（5）Windows 10 Mobile

Windows 10 Mobile，即 Windows 10 移动版。这是专为小型、移动、触摸类产品设计的一个版本，这些产品包括智能手机和小尺寸平板电脑等。如果使用的是运行 Windows Phone 或 Windows 8.1 的小尺寸平板电脑，那么可以直接升级到 Windows 10 Mobile 使用。

Windows 10 移动版中包括 Windows 10 中的关键功能，包括 Edge 浏览器以及全新触摸友好的 Office，但是它并未内置 IE 浏览器。如果硬件条件充分的话，将能够将手机或平板电脑直接插入显示屏，并且获得 Continuum 用户界面，它将会带来更大的“开始”菜单以及与 PC 中通用应用相同的用户界面。

（6）Windows 10 Mobile Enterprise

Windows 10 Mobile Enterprise，即 Windows 10 移动企业版。这个版本定位于需要管理大量 Windows 10 移动设备的企业。它也通过批量许可方式授权，并且增加了新的安全管理选项，允许用户控制系统更新过程。

（7）Windows 10 IoT Core

Windows 10 IoT Core，即 Windows 10 物联网核心版。这个版本定位于小型、低成本设备，专注于物联网设备。

除了以上介绍的这 7 个主要的版本，Windows 10 还有 Windows 10 Pro Education（专业教育版）、Windows 10 S（Cloud）和 Windows 10 X 这些版本。作为一名普通消费者，一般最容易获得的版本就是 Windows 10 家庭版和专业版。对于普通老百姓家庭用户来说，仅用于游戏、影音、娱乐、上网、购物等操作，可以选择家庭版；对于计算机爱好者和企业技术人员可以选择专业版；对于大专院校的机构用户，需要从事科研和教学工作，可以选择教育版。

2. 安装 Windows 10

现阶段，用户购买的品牌机，无论是台式机，还是笔记本电脑，一般都预装了 Windows 10 Home。只要开机，系统就会自动加载。如果是兼容机，用户也可以到微软主页购买并下载 Windows 10 系统的镜像安装文件，进行安装使用。

为确保用户在安装完 Windows 10 之后能够得到最佳的体验，系统建议最低的硬件配置如表 1-1 所示。

安装前，需要先在微软的主页上下载 Windows 10 的安装镜像文件，再用工具将安装镜像文件写入至 U 盘中，并将计算机设置成 U 盘启动。从 U 盘启动的计算机会自动运行安装程序，用户根据屏幕提示操作，即可完成安装。

表 1-1 Windows 10 的硬件配置要求

CPU	1 GHz 或更快的处理器或系统单芯片（SoC）
内存容量	1 GB（32 位）或 2 GB（64 位）
硬盘空间	16 GB（32 位操作系统）或 32 GB（64 位操作系统）
显卡	支持 DirectX 9 或更高版本（包含 WDDM 1.0 驱动程序）
显示器分辨率	800×600
互联网连接	需要连接互联网进行更新和下载以及利用某些功能

Windows 10 的安装方式可以分为全新安装、升级安装和多系统安装三种。

（1）全新安装

不保留用户原有的程序和文件，全新安装系统文件至用户指定分区。适合于计算机系统的初装，或者不需要保留原有数据，或者系统文件损坏严重、无法通过“重置”功能恢复系统的用户使用。

（2）升级安装

保留用户原有的程序、配置和用户文件，仅仅是将原来低版本的 Windows 系统，如 Windows 7 或 Windows 8 升级替换为 Windows 10。安装过程中会对原来的系统进行备份，必要时还可以卸载升级的 Windows 10，还原为以前的低版本系统。

（3）多系统安装

如果用户需要在同一台计算机上安装一个以上的 Windows 系列操作系统，则可以采用多系统安装方式。安装时需要将操作系统版本从低到高的顺序进行全新安装。启动计算机后，可以通过开机选项选择需要进入的 Windows 系统。

3. 初始化工作

在第一次启动装有 Windows 10 的计算机时，系统会要求用户进行一些初始化的设置。根据用户的不同情况和用机习惯进行初始化，以满足用户对系统个性化的需求。

① 选择自己所在的区域，如图 1-1 所示。

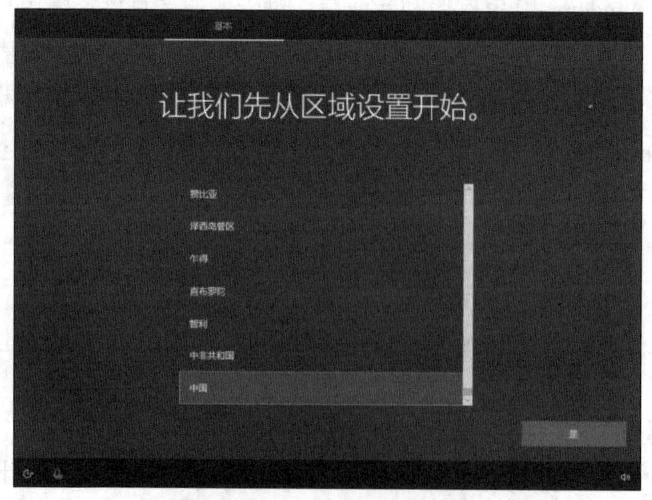

图 1-1 初始化区域

② 选择键盘布局，即安装微软输入法，如图 1-2 所示。

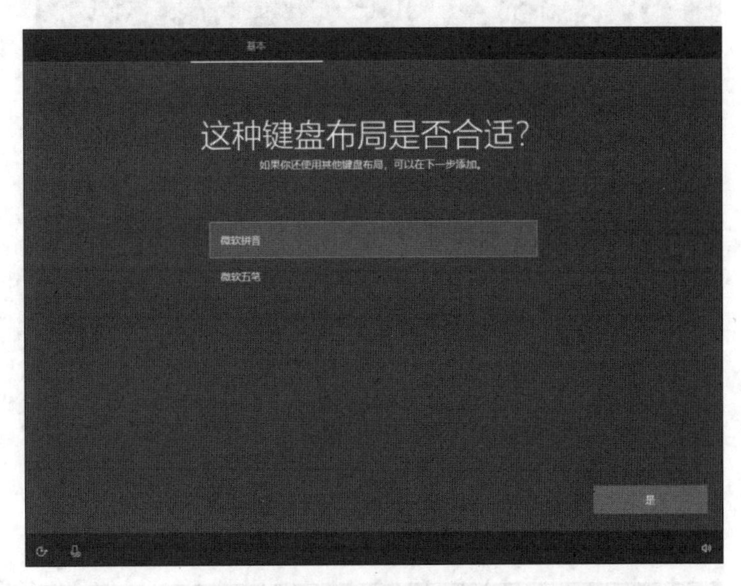

图 1-2 初始化键盘布局

如果列表中没有合适的，还可以在下一步中添加第二种键盘布局，如图 1-3 所示，不需要则可以单击“跳过”按钮。

图 1-3 初始化第二种键盘布局

③ 设置登录用户。如图 1-4 所示，如果有 Microsoft 账户，可以在这里直接输入账户名，并单击“下一步”按钮；如果没有，则可以单击“创建账户”按钮进行创建，此过程需要连接互联网；如果没有联网，则系统会要求创建一个用于本地登录的账户，如图 1-5 所示，并在下一步设置登录密码。

图 1-4 初始化登录账户

图 1-5 创建本地登录账户

④ 选择上传活动历史记录，如图 1-6 所示。活动历史记录可以协助跟踪在设备上进行的操作，如用户使用的应用、服务、打开的文件及浏览的网页等数据。如果选择同意上传，用户便可以使用活动历史记录数据提供的跨设备体验，这样即使切换了终端设备，只要采用统一账户登录，也依然可以看到有关活动的通知，并继续完成这些活动。当然，上传的历史数据涉及个人隐私，需慎重选择。

⑤ 设置数字助理，如图 1-7 所示。数字助理 Cortana 可以提供聊天、通信、娱乐、交通、提醒、查询、智能信息推送等服务。为了能给用户提供个性化的服务，Cortana 会收集和使用用户的各类数据，如设备位置、日历中的数据、电子邮件和短信中的数据、联系人等，并上传至微软公司。该操作同样涉及个人隐私，需慎重选择。

图 1-6　选择上传活动历史记录

图 1-7　设置数字助理

⑥ 初始化隐私设置，如图 1-8 所示。用户可以根据自己的情况进行选择。

接下来，初始化程序会自动进行设置和完善用户系统，等待几分钟后便会完成系统初始化，进入操作界面。

4. 桌面简介

Windows 10 沿袭了 Windows 系列的经典界面风格，在装有 Windows 的机器开机后，系统会自动加载，如图 1-9 所示。

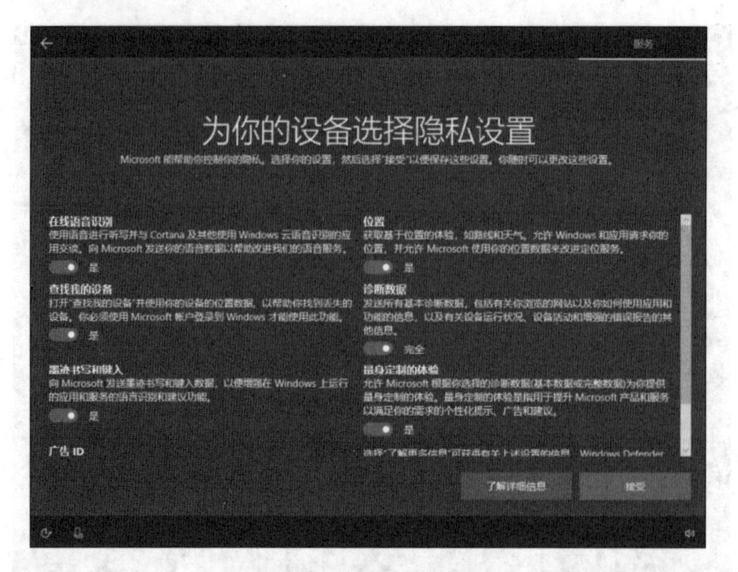

图 1-8 初始化隐私设置

图 1-9 Windows 10 的桌面

桌面（desktop）是 Windows 系统的基本操作平台，它是用户运行各类程序、对系统进行各种管理和操作的屏幕区域。桌面的组成主要包括以下部分。

桌面图标：桌面图标是软件标识，每个图标都各代表着一个程序，用鼠标双击这些图标就可以运行相应的应用程序。主要包括计算机（此电脑）、用户的文件、网络、控制面板、回收站等。

快捷方式：快捷方式是一种特殊的图标，它并不是一个文件或文件夹等对象本身，而只是一个链接指针。通过这个指针，用户可以快速地访问它所指向的某个对象，即用户可以通过双击快捷方式来快速打开与之链接的文件或文件夹。需要注意的是，快捷方式并不是它所链接的对象本身，用户可以根据自己的需要自由创建，即使删除了某程序的快捷方式，也不会对该程序造成任何影响。默认情况下，快捷方式上会有一个小箭头来表示。

桌面背景：即桌面壁纸，可以将本机上的图片作为桌面背景，起到美化作用。

任务栏：即默认显示在 Windows 桌面下方的小长条，由“开始”按钮、Cortana 搜索、任务视图、操作中心按钮、快速启动栏、“程序”按钮、通知区域图标、“显示桌面”按钮等区域组成。用户可以通过任务栏对部分程序进行操作，或启动相应选项对系统进行设置。

5. 查看基本信息

用户如何知道自己当前所使用的计算机的基本配置情况呢？可以通过查看系统信息来了解。

方法是，选择“开始”菜单中的“此电脑”选项，右击，选择“属性”命令，如图 1-10 所示。

图 1-10 Windows 10 的系统信息

系统信息主要包括以下内容。

① 当前所用的 Windows 10 的版本信息。

② 处理器型号、内存容量、系统类型以及可用的笔或触控输入。

③ 计算机名、域和工作组设置。

④ Windows 的激活状态和产品 ID。

6. 切换用户

在 Windows 操作系统中，若在当前计算机的用户账户中同时存在两个及以上的用户，则可以在某用户界面中直接按 Windows 徽标键+L 键，在不关闭（或者说不退出）当前用户的情况下重新返回到用户登录界面。这时，可以在登录界面的左下角看到本机允许的所有用户账号。用户可以选择其中任意账号并输入登录密码进入新的用户界面工作。此后，可用同样的方法返回到原来的用户界面中，原用户界面中所有运行的程序和操作的状态依然保留，用户可以接着进行以前的工作，原用户界面不会受任何影响。因此，用户切换就是指在不关闭当前登录用户账号的情况下切换到计算机用户账户中的另一个用户账号中去工作，不同的用户账号之间相互不受影响，在来回切换的过程中，各自都保留原来的工作状态。

用户切换只有在多用户的操作系统中才可能出现。对于单用户的操作系统，计算机的所有软硬件资源在某一时刻只能由一个用户独占使用，如以前的 DOS、Windows 95/98/Me、Windows 2000 Professional 等。在这样的操作系统中不可能有用户切换的概念。

操作方法是，除了前面介绍的方法，还可以在桌面状态下按 Alt+F4 键，然后在“关闭 Windows”对话框中选择“切换用户”选项。

7. 注销

注销是向系统发出清除当前登录用户的请求，系统释放当前用户所使用的所有资源，清除当前用户对系统进行的所有临时状态设置，清除后即可使用其他用户账号或再次使用原用户账号重新登录系统，但以原用户账号重新登录的用户界面不再是原来的运行状态。这对于多个用户使用同一台计算机时非常有意义。注销不可以替代重新启动，它只能清空当前用户的缓存空间和注册表信息。

那什么时候使用注销呢？一般在以下 4 种情况可以使用注销。

① 当前用户操作完毕，需要使用另一个用户身份来登录系统，这时不需要重新启动操作系统，只要注销当前用户即可。

② 当前用户安装了新软件，更改了注册表，需要让注册表生效可以使用注销，因为每个用户登录时系统会自动重新加载注册表。

③ 启动项改变，需要让它生效可以使用注销后重新登录，在登录时系统会自动重新加载启动项目。

④ 当前用户运行的某个应用出现问题，甚至无法结束任务，或者系统运行一段时间以后出现卡顿现象，可以采用注销当前用户重新登录的办法。

除此以外，如果是底层驱动发生了更改，则需要重新启动计算机，而不是简单地使用注销。操作方法是，单击“开始”菜单的“电源”选项，选择“注销”命令。

8. 重启

重启是计算机在带电的情况下重新启动系统，通常是在计算机运行过程中出现了异常，或者新安装了软件，特别是安装了一些驱动程序后，要进行重启。重启时，系统将立即卸去所有用户任务，关闭全部进程，保存系统全部设置，清除临时设置及数据，然后将系统交由 BIOS 引导程序，重新由 BIOS 引导程序开始引导系统，重新加载系统，但会跳过系统自检。这种在计算机始终处于带电的情况下重新启动系统的过程，也称为热启动。

操作方法是，单击“开始”菜单的“电源”选项，选择“重启”命令。

9. 睡眠

使用睡眠操作后，系统会停止当前用户的所有操作，但用户打开的应用程序、文档和当前的运行状态都会保留在内存中，计算机会保持对内存的供电，但硬盘、屏幕和 CPU

等部件则停止供电。由于数据存储在速度较快的内存中，系统处于等待状态，所以通过敲击键盘、单击鼠标或电源键可以快速唤醒计算机，并立即恢复到睡眠前的工作状态。这种方式比较适合那种短时间内不使用计算机的情况，如出去办个事情需要 1 个小时左右才能回来。

操作方法是，单击“开始”菜单的“电源”选项，选择“睡眠”命令。

10. 休眠

与关机相似，但系统会先把休眠前内存中的数据写入到硬盘上，再关闭电源。待重新开机时，经历硬件自检、系统加载等过程后，还会读取硬盘上保存的休眠文件，恢复到休眠前的工作状态，需要等待的时间比睡眠长。

此选项默认处于关闭状态，可以通过在“设置”窗口选择“系统”选项，选择“电源和睡眠”选项，选择“其他电源设置”选项，选择“选择电源按钮的功能”选项，选择“更改当前不可用的设置”选项，在“关机设置”区域中勾选“休眠”复选框，单击“保存修改”按钮，就可在“电源”子菜单中选择“休眠”选项。

11. 关机

关闭计算机上所有运行的程序，不保存任何数据，并停止所有硬件操作，然后关闭计算机电源。关机后，用户需要再次按计算机上的电源键，计算机才会再次启动，启动时会经历硬件自检、系统加载等一系列完整的开机过程，需要等待的时间最长。计算机从不带电到带电，然后启动系统的过程，也称为冷启动。

操作方法是，单击“开始”菜单的“电源”选项，选择“关机”选项；或者在桌面状态下按 Alt+F4 键后进行选择。

1.2.2 用户界面

1. 图形用户界面

图形用户界面（graphical user interface，GUI），也称图形用户接口，就是指一种通过屏幕上的图形图像（如图标、菜单及对话框）来展示程序、文件和选项的可视计算机环境。用户只要单击鼠标或者按键盘上的按键就能激活这些选项①。

使用图形用户界面的操作系统不需要去记忆难背的操作命令，大大地方便了用户使用计算机的资源。

Windows 是一个标准的图形用户界面的操作系统。虽然它不是世界上第一个图形用户界面的操作系统，但绝对是大家最熟悉的一个，许多人认识计算机、使用计算机就是从使用 Windows 开始。

Windows 的操作几乎都可以通过鼠标单击菜单选项来执行。其中，任务栏就是一个集中的体现。下面就通过任务栏来介绍一下图形用户界面的使用。

---

① 引自《英汉双解微软计算机辞典》（第 5 版）对图形用户界面的定义。

任务栏不仅可用于查看应用和时间，还可以通过多种方式对其进行个性化设置——更改颜色和大小，在其中固定最喜爱的应用，在屏幕上移动它以及重新排列任务栏按钮或调整其大小。还可以锁定任务栏来保留选项，检查电池状态并将所有打开的程序暂时最小化，以便查看桌面。

(1)“开始”菜单

鼠标左键单击任务栏最左侧的“开始”按钮，可以弹出“开始”菜单。

Windows 10 的“开始”菜单不仅美观、操作方便，而且还可以拖动其边框改变它的大小。“开始”菜单中包含三个区域，从左到右依次是系统选项区、应用列表区和磁贴区，如图 1-11 所示。

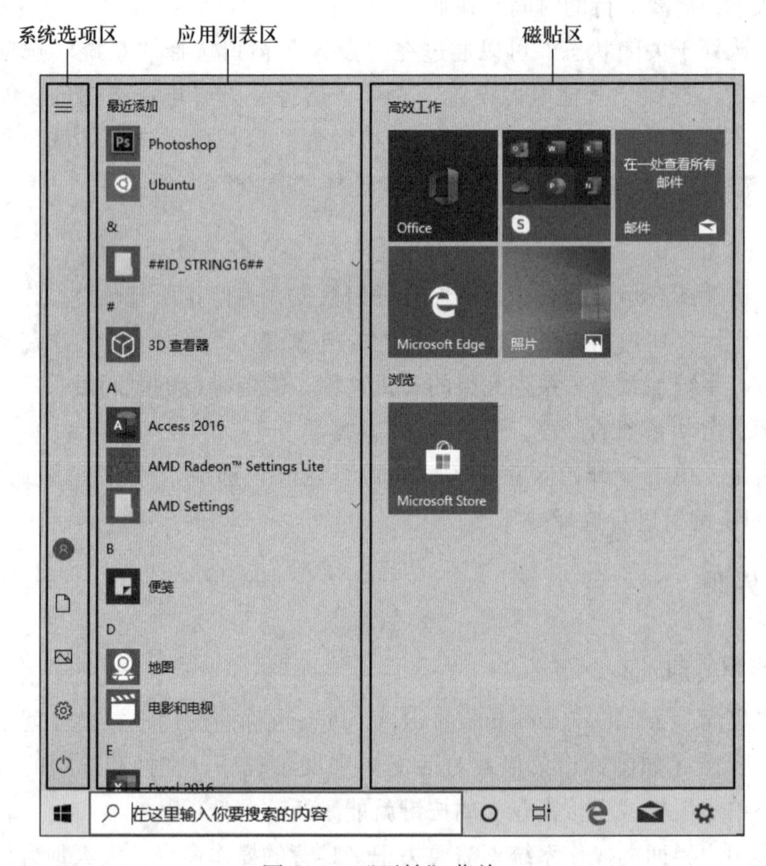

图 1-11 “开始”菜单

① 系统选项。“开始”菜单中的系统文件夹选项一般情况下处于收拢状态，在“开始”按钮的上方以按钮的形式显示，当鼠标指针指向其中的任意选项时，该选项区会自动展开，显示文件夹名称。

用户还可以根据自己的操作习惯，选择在系统选项区中的文件夹。方法是，右击桌面空白处，选择“个性化”命令，在弹出的“设置”窗口中选择“开始”选项，单击右侧的“选择哪些文件夹显示在‘开始’菜单上”选项（如图 1-12 所示）。设置”选择哪些文件夹显示在‘开始’菜单上”选项开关（如图 1-13 所示）。

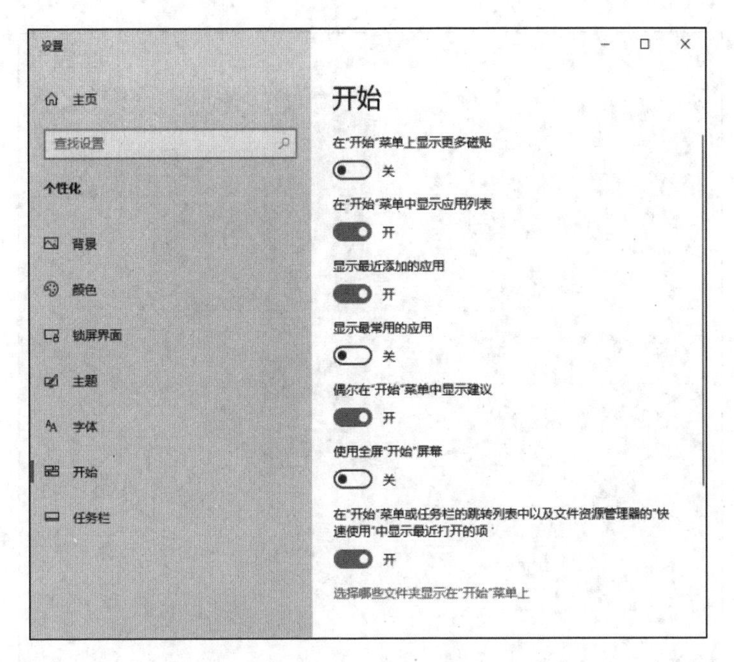

图 1-12 设置“开始”菜单选项

② 应用列表区。应用列表区显示的是当前计算机系统所安装的应用程序，用鼠标左键单击即可打开相应的程序。

应用列表区中显示的程序名称是按其首字母升序排列的，用户可以拖动垂直滚动条对其全部内容进行查看。如果单击列表中的字母，则会出现程序首字母的索引列表，如图 1-14 所示，利用它可以实现对应用程序的快速查找。例如，这时单击字母 D，即可跳转到以 D 为首字母开始的应用列表位置，如图 1-11 所示。

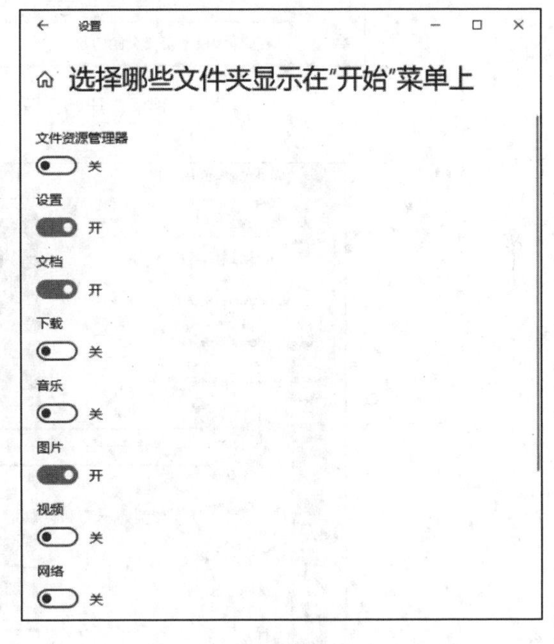

图 1-13 “开始”菜单文件夹设置

③ 磁贴区。磁贴就像是放在“开始”菜单中的快捷方式，通过单击鼠标左键，即可打开对应的程序。用户可以把常用的程序固定在磁贴区，从而方便查找，实现快速访问。常见操作有以下几种。

a. 添加磁贴。在应用列表区找到要固定到磁贴区的程序选项，右击，选择“固定到‘开始’屏幕”命令（如图 1-15 所示），即可将该程序固定到磁贴区。

b. 删除磁贴。在磁贴区找到要取消固定的磁贴，右击，选择“从‘开始’屏幕取消固定”命令（如图 1-16 所示），即可将该磁贴从磁贴区中删除。

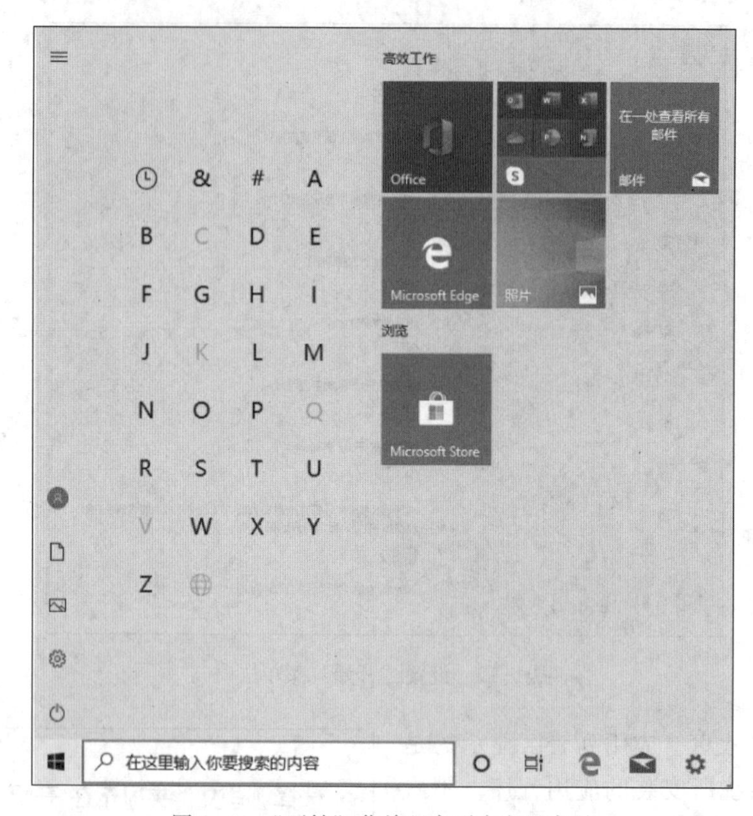

图 1-14 “开始”菜单程序列表字母索引

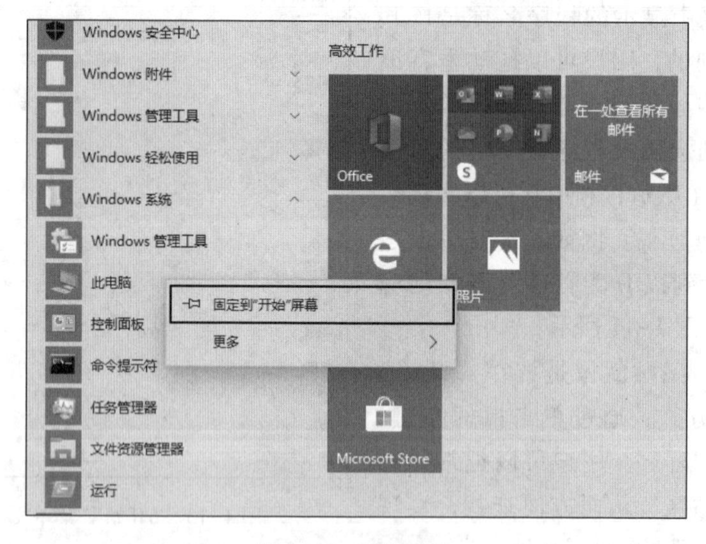

图 1-15 添加磁贴

c. 调整磁贴的大小。在磁贴区找到要调整大小的磁贴，右击，选择“调整大小”命令（如图 1-17 所示），选择相应大小即可。

d. 合并多个磁贴至一个文件夹。直接将要合并的多个磁贴，拖放至同一磁贴上重合摆放。如图 1-18 所示，要将“此电脑”“控制面板”和“命令提示符”三个磁贴合并成

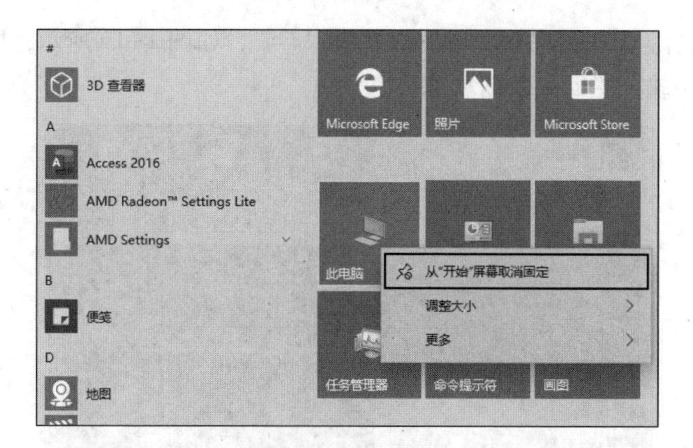

图 1-16 删除磁贴

图 1-17 调整磁贴大小

一个，只需要依次分别选中“控制面板”和“命令提示符”磁贴，拖放至“此电脑”磁贴上进行重合，即可实现将这三个磁贴放于同一个磁贴文件夹进行合并。

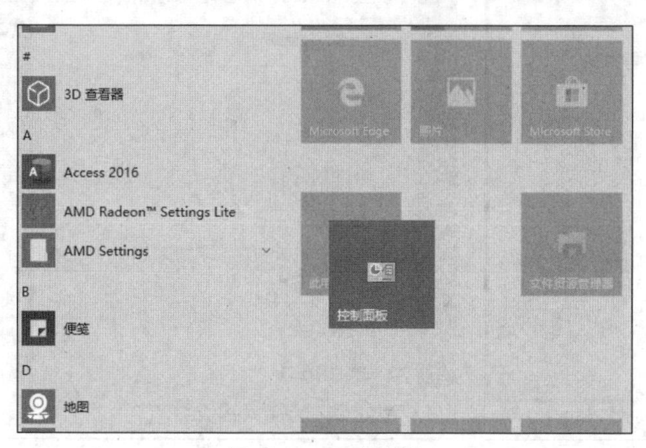

图 1-18 合并磁贴

e. 磁贴组更名。单击磁贴组上方的双横线“ ═ ”，如图 1-19 所示，即可在双横线左侧出现的文本框中输入磁贴组的新名称。

图 1-19 磁贴组更名

④“开始”按钮的右键菜单。在“开始”按钮上右击，会弹出一个功能菜单，在这个菜单上用户可以调出许多系统选项进行设置，如图 1-20 所示。

（2）搜索框

在任务栏“开始”按钮的右侧是搜索框。如果没有，用户可以在任务栏空白处右击，选择“搜索”→“显示搜索框”命令，如图 1-21 所示。也可以在这里设置将搜索框“隐藏”或“显示搜索图标”。

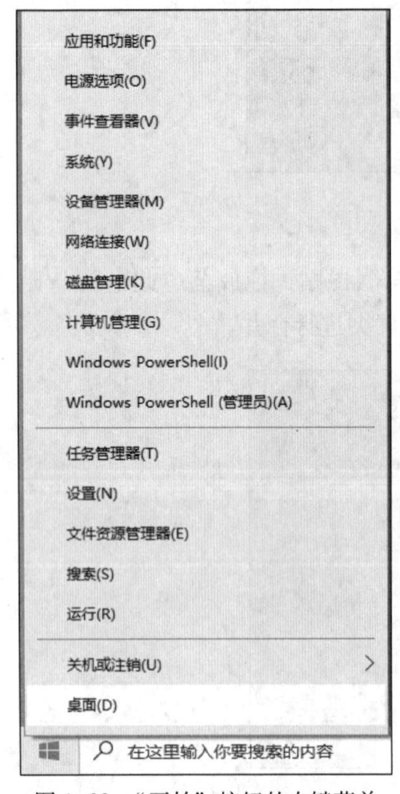

图 1-20 “开始”按钮的右键菜单

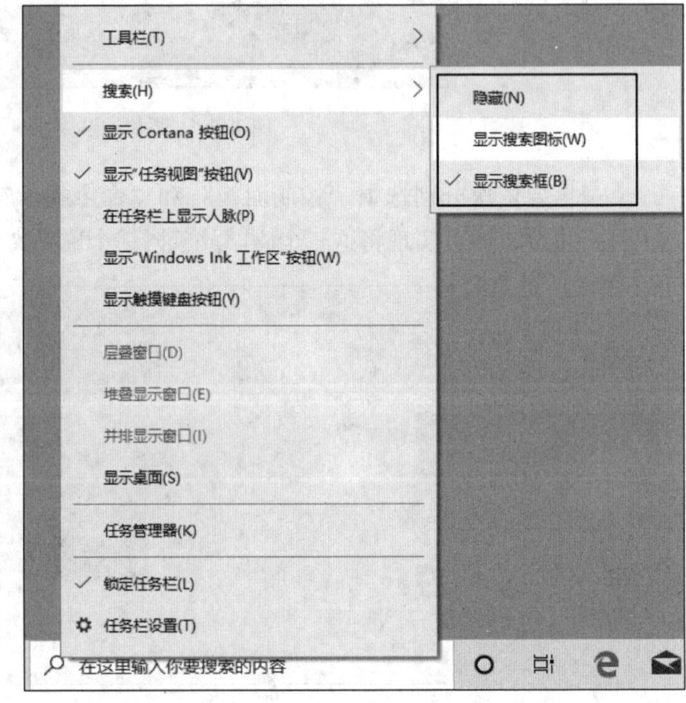

图 1-21 设置搜索框

用户可以在搜索框中输入搜索内容的关键字，即可搜索本机的应用程序、文档、设置及网页等信息。

（3）程序按钮

用户每启动一个窗口程序，就会在任务栏上显示对应的一个程序按钮，单击程序按钮，可以在这些程序窗口之间进行切换。

对于经常使用的应用程序，用户也可以将其固定到任务栏，这样只需要在任务栏上单击该按钮，即可打开这个程序，方便操作。方法是，在“开始”菜单的应用列表区或磁贴区中找到要固定在任务栏的程序，右击，选择“更多”→“固定到任务栏”命令，如图 1-22 所示。

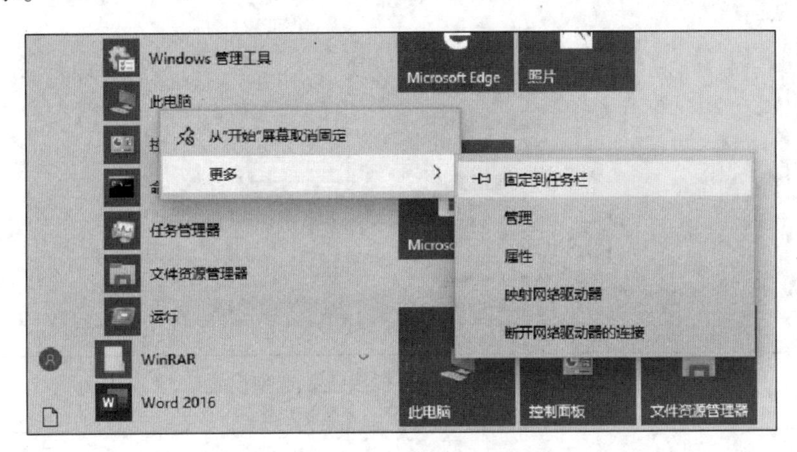

图 1-22 将程序固定到任务栏

要取消固定任务栏的程序按钮，则只需要找到任务栏上相应的程序按钮，右击，选择“从任务栏取消固定”命令。

任务栏上的程序按钮默认都是始终合并显示的，在打开的程序窗口较多时，这样虽然可以使任务栏看起来更规整，但是合并显示的按钮也使得用户不能直观地看到自己究竟打开了多少个程序窗口，切换程序窗口也要多一步展开的操作。用户可以根据自己的使用情况设置任务栏按钮是否始终合并显示。

设置方法是，在任务栏空白处右击，选择“任务栏设置”命令，在“设置”窗口中选择“任务栏”选项，“合并任务栏按钮”列表中选择“从不”选项，如图 1-23 所示。

（4）通知区域

通知区域位于任务栏的最右侧，主要由应用程序图标和系统图标组成。用户可以对这些图标进行显示设置。

方法是，在任务栏空白处右击，选择“任务栏设置”命令，在“设置”窗口中选择“任务栏”选项，在“通知区域”（如图 1-23 所示）选择“选择哪些图标显示在任务栏上”和“打开或关闭系统图标”选项，如图 1-24 所示。

（5）输入法

在 Windows 系统中，用户可以自由安装输入法。可以单击通知区域中的输入法图标选

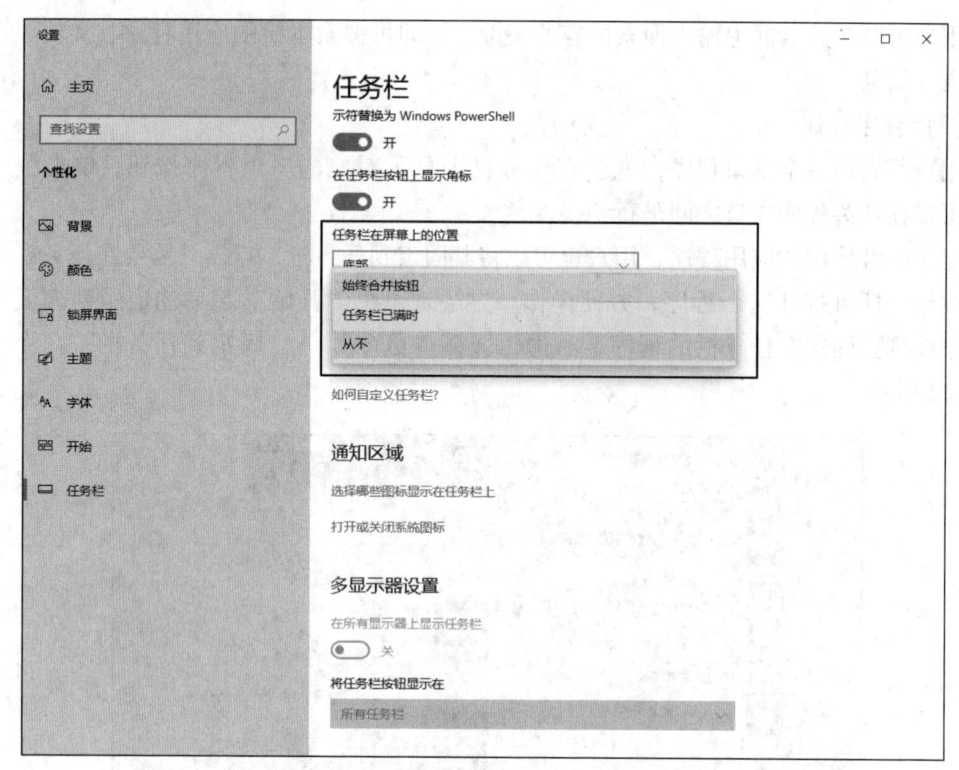

图 1-23 “合并任务栏按钮”选项设置

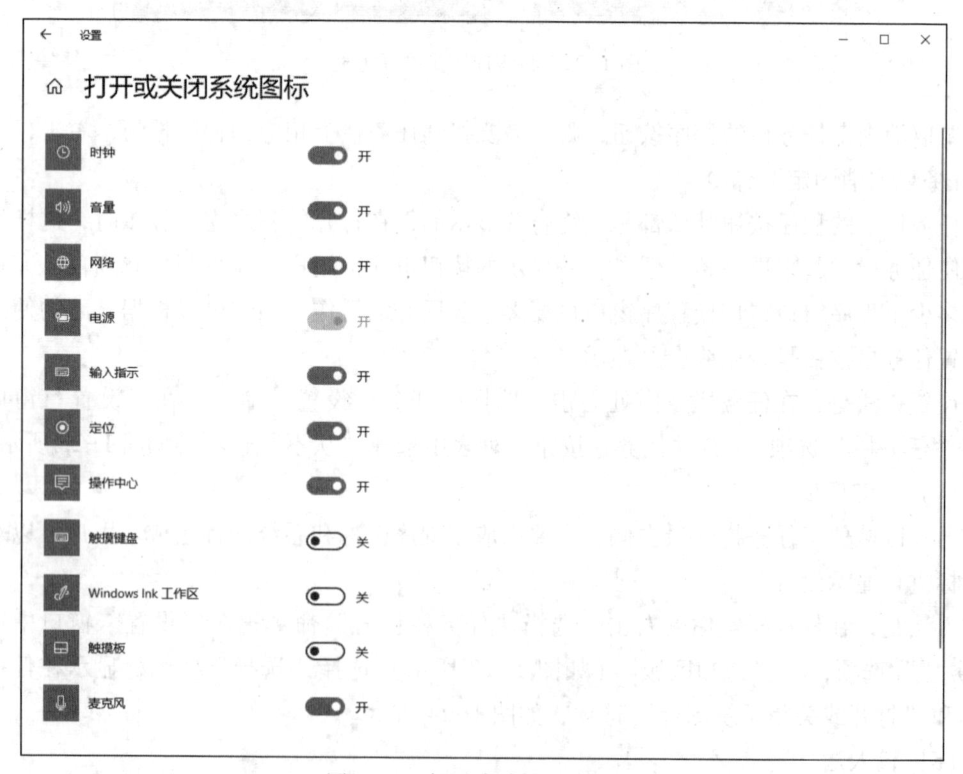

图 1-24 打开或关闭系统图标

项，在多种输入法之间进行切换。

① 添加微软输入法。初始化键盘布局时，如图 1-2 所示，如果只选择了一种布局，则只有所选择的那一种微软输入法可以使用。用户可以在初始化之后，再添加另一种微软输入法。方法是，右击“开始”菜单，选择“设置”命令，选择“时间和语言”选项，选择“语言”选项进行设置（如图 1-25 所示）。在“首选语言”区域中单击“中文（中华人民共和国）”选项，单击出现的“选项”按钮，在“语言选项：中文（简体，中国）”界面中进行设置（如图 1-26 所示）。单击“键盘”区域的“添加键盘”按钮，选择之前没有添加的输入法。

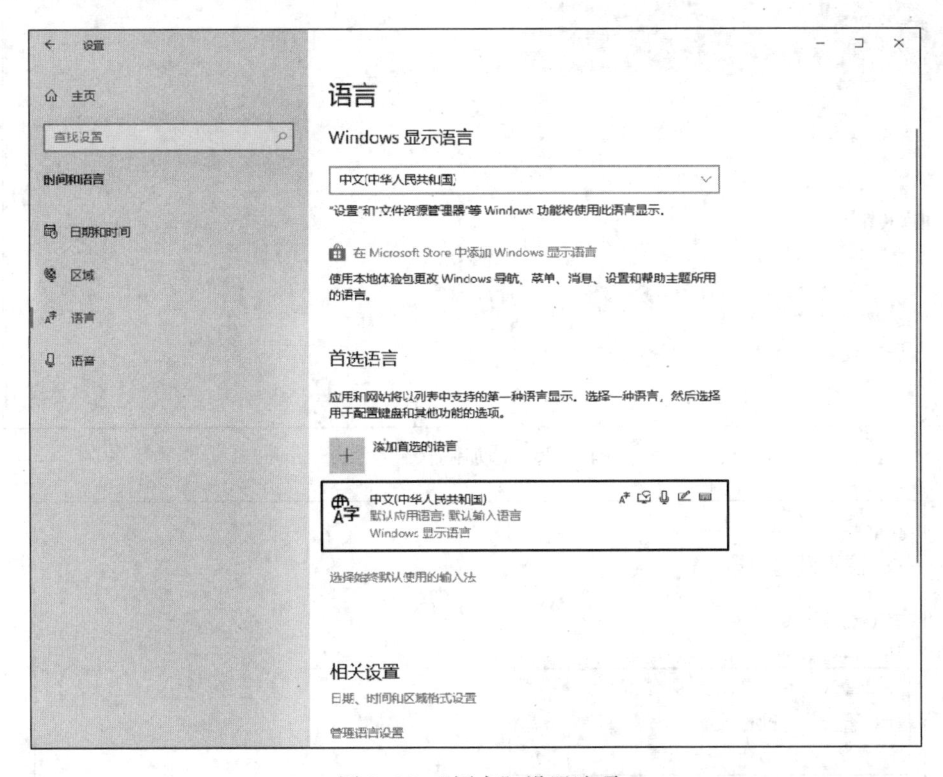

图 1-25 “语言”设置选项

② 删除输入法。在“语言选项：中文（简体，中国）”界面中设置（如图 1-26 所示），单击要删除的输入法选项，单击弹出的“删除”按钮。

③ 设置默认输入法。在“语言”界面中设置（如图 1-25 所示）。选择“首选语言”区域中的“选择始终默认使用的输入法”选项，打开“高级键盘设置”界面（如图 1-27 所示）。在“替代默认输入法”区域中选择“使用语言列表（推荐）”选项，选择默认输入法。

④ 设置输入法切换快捷键。Windows 10 中默认的中英文输入法切换快捷键是 Shift 键，输入法之间的顺序切换快捷键是 Win+Space 键（Space 键即空格键，Win 键即在空格键左侧的 Ctrl 键和 Alt 键之间有 Windows 图标的那个键）。相比以前的 Windows 7 的输入法切换快捷键（Ctrl+Shift 键）有所不同，这使得有部分习惯用 Windows 7 输入法切换快捷键的用户感觉有些不适应。

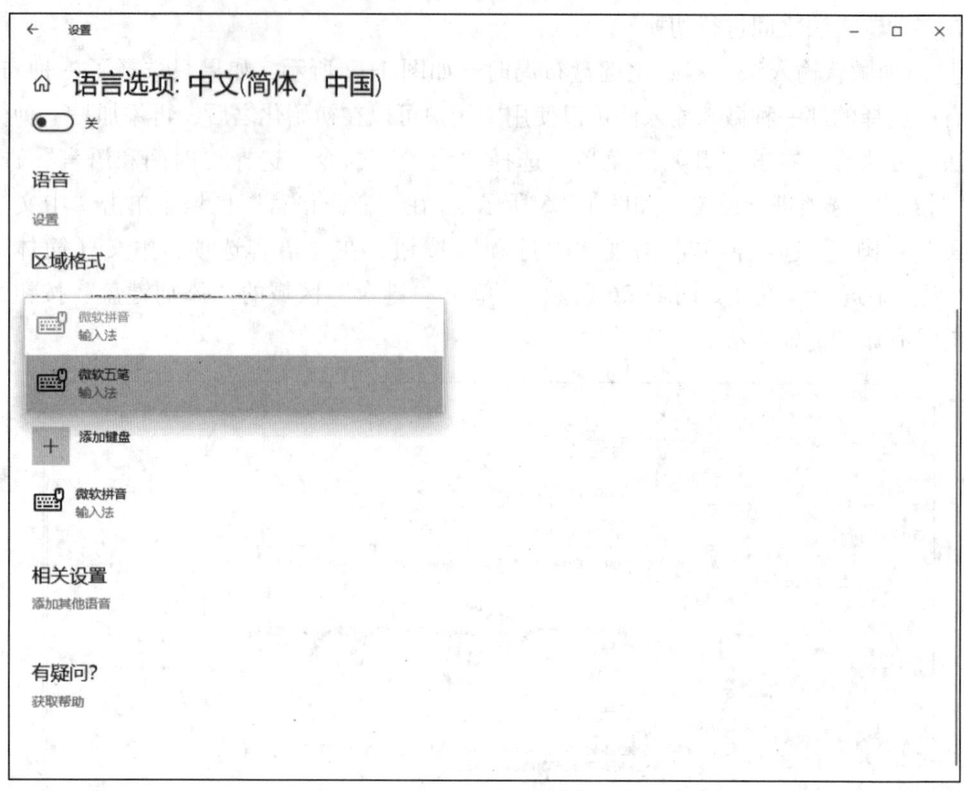

图 1-26　添加微软输入法

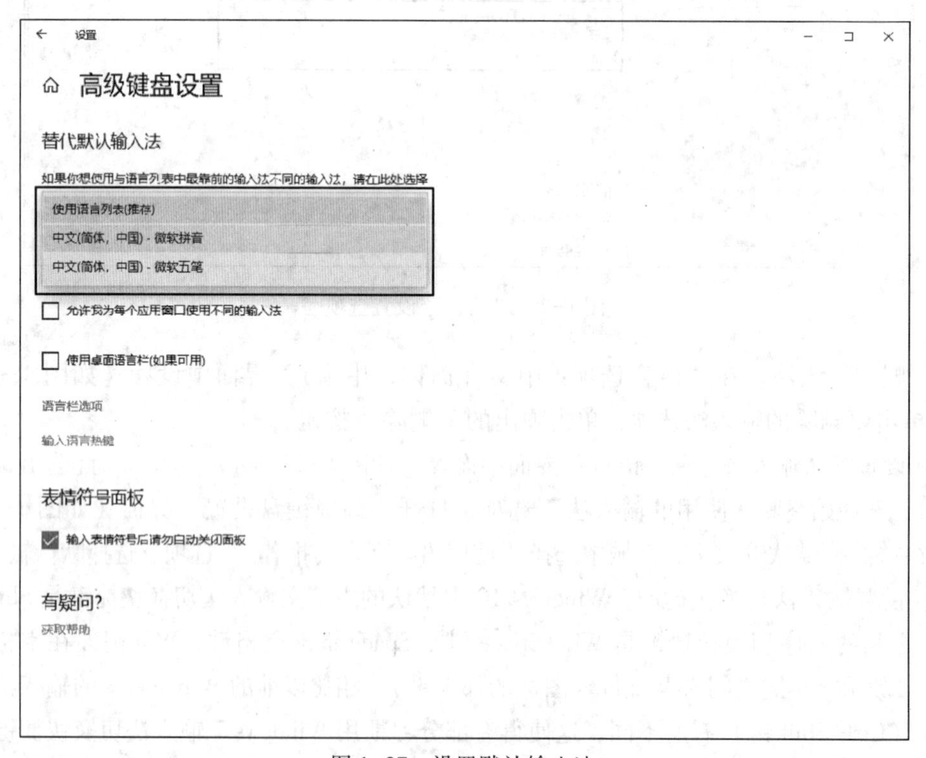

图 1-27　设置默认输入法

如果想要将输入法之间的切换改成 Windows 7 那样，可以在“高级键盘设置”界面（如图 1-27 所示）选择“输入语言热键”选项，打开“文本服务和输入语言”对话框，选择“高级键设置”选项卡，选择“在输入语言之间”选项（如图 1-28 所示），单击“更改按键顺序”按钮，打开“更改按键顺序”对话框，在“切换输入语言”选项组中选择 Ctrl+Shift 单选按钮，单击“确定”按钮（如图 1-29 所示）。

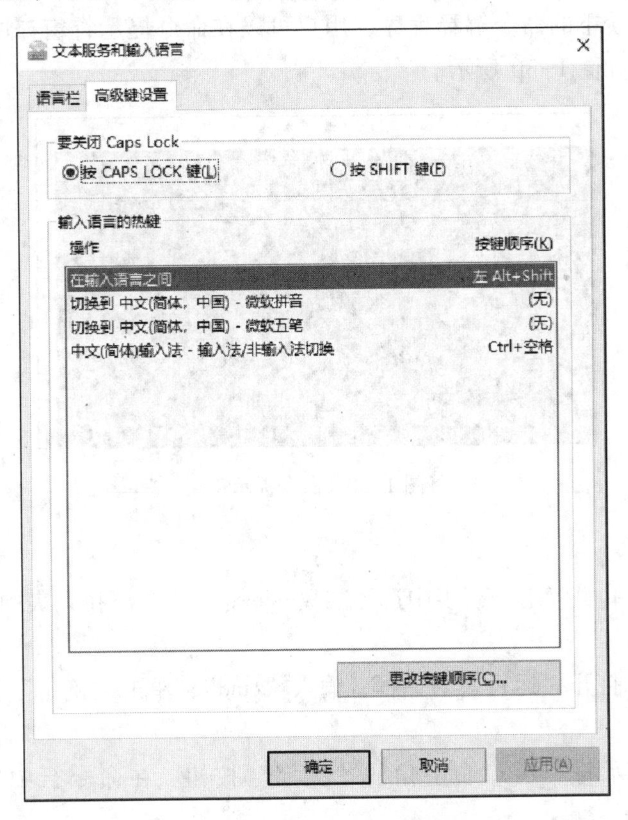

图 1-28　输入语言的热键

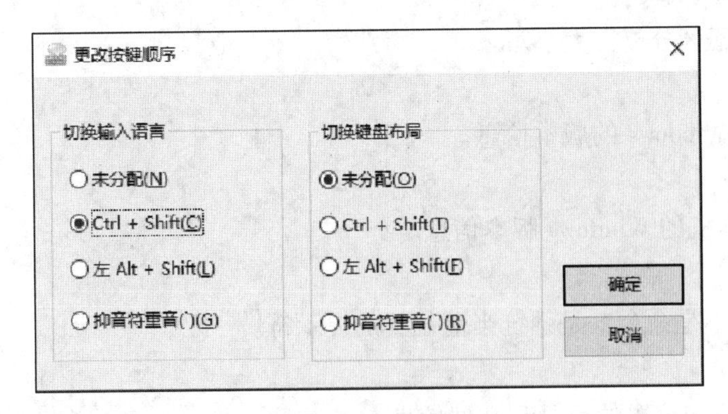

图 1-29　更改按键顺序

2. 命令行用户界面

Windows 虽然是一个图形用户界面的操作系统，但是它依然提供了命令行的操作界面供用户使用。通过命令行的操作方式与计算机进行交互，这有助于用户更深刻地了解 Windows 系统的工作方式；而且命令行中也提供了一些在图形用户界面下无法实现，或不便操作的命令供用户使用。不仅是 Windows 系统，在常见的 Linux 或 MacOS 系统中，都有命令行的用户界面供用户使用。

命令提示符是在 Windows 系统中进行命令行操作的一个应用程序。从本质上来讲，它是一个 Windows 系统下的命令解释程序，用户可以在命令提示符窗口中通过输入 DOS 命令来与系统交互，如图 1-30 所示。

图 1-30　命令提示符

（1）启动方式

在“开始”菜单“应用”列表中选择“Windows 系统”下拉列表中的“命令提示符”选项。

按 Win+R 键，打开“运行”对话框，输入“cmd”，单击“确定”按钮。

（2）关闭

单击“命令提示符”窗口右上角的“关闭”按钮。在命令行中输入“exit”并按 Enter 键确定。

（3）常用 DOS 命令

说明：命令不区分英文大小写。

① winver 命令。

功能：查看 Windows 的版本信息。

格式：winver

例 1：查看本机的 Windows 版本信息。

C:\> winver

注意：C:\>不是命令，是系统当前位置的提示符。

② dir 命令。

功能：查看指定位置的目录和文件信息。

格式：dir [盘符][路径]

例 2：查看 C 盘根目录的文件信息。

C:\>dir c:\

③ md 命令。

功能：创建文件夹。

格式：md [盘符][路径]<目录名>

例 3：在 C 盘根目录创建一个名为 abc 的文件夹，abc 的文件夹中再创建一个名为 123 的文件夹。

C:\> md c:\abc\123

④ cd 命令。

功能：进入指定目录。

格式：cd [盘符][路径]<目录名>

例 4：进入例 3 创建的 C 盘 abc 文件夹中的 123 文件夹。

C:\> cd c:\abc\123

C:\abc/123> _ （本行为结果,即进入指定位置后的提示符状态。）

⑤ rd 命令。

功能：删除指定目录。

格式：rd [盘符][路径]<目录名>

例 5：删除例 3 创建的目录。

C:\> rd c:\abc\123

⑥ del 命令。

功能：删除指定文件。

格式：del [盘符][路径]<文件名>

例 6：删除 C 盘根目录下的 abc. txt 文件。

C:\>del c:\abc. txt

⑦ copy 命令。

功能：将源文件复制到目标位置。

格式：copy 源文件 [目标位置]

例 7：将 C 盘根目录下的 abcd. txt 复制到 D 盘根目录下。

C:\>copy c:\abcd. txt d:\

⑧ ping 命令。

功能：检测本机与指定 IP 之间的网络是否连通。

格式：ping [ip 地址]

例 8：检查本机与 IP 地址为 192. 168. 0. 66 的计算机之间的网络是否通畅。

C:\>ping 192. 168. 0. 66

⑨ ipconfig 命令。

功能：查看本机的 IP 配置情况。

格式：ipconfig

例 9：查看本机详细的 IP 配置信息。

C:\>ipconfig /all

⑩ net 命令。能够实现查看或设置网络环境、服务、用户、登录等一系列操作的网络命令。常见的子命令及功能如下。

net accounts：查看或设置用户账号情况。

net view：查看本地或远程计算机所有的共享资源。

net share：创建、删除或显示共享资源。

net use：把网络计算机的某个共享资源映射为本地的一个磁盘驱动器号。

net user：查看或设置用户账号的有关情况。

net start：启动远程计算机上的服务。

net stop：停止远程计算机上的服务。

net localgroup：添加、显示或更改本地组。

（4）运行窗口

Windows 系统中除了在“命令提示符”窗口中输入命令运行程序外，还可以在“运行”对话框中输入程序名并运行程序。

打开“运行”对话框的方式如下。

① 在“开始”菜单“应用”列表中选择“Windows 系统”组中的“运行”选项。

② 按 Win+R 键。

用户在“运行”对话框中输入要运行的程序文件名，再单击“确定”按钮，即可打开指定的应用程序。如图 1-31 所示，在文本框中输入“calc”，单击“确定”按钮后即可打开“计算器”程序。输入 DOS 命令也能执行。

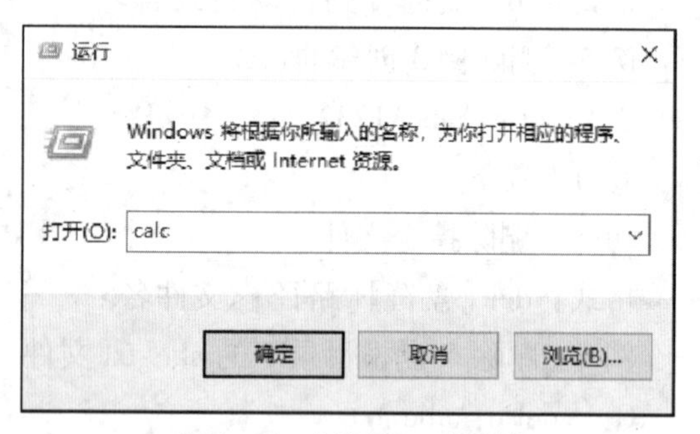

图 1-31 “运行”对话框

1.2.3 文件管理

所谓文件，是指存放在外部存储器上、有名字标识的一组相关信息集合，所有计算机程序和数据都是以文件为单位存储在磁盘上的。

文件夹可以理解为是用来存放文件的容器，便于系统对文件进行管理。在 Windows 系统中，文件夹是按树形结构来组织和管理的。

用户在定位文件时所经过的文件夹路线，称为路径。关于路径的概念，详细请见《大学计算机》4.2.3 小节。

文件资源管理器就是对计算机中的文件资源进行管理的一个程序。通过它，用户可以对计算机中的磁盘和文件资源进行一系列的操作。

打开文件资源管理器的方法如下。

① 双击桌面“此电脑”图标。

② 在“开始”菜单“应用”列表中选择“Windows 系统”组中的“此电脑”选项。

③ 单击任务栏上的“文件资源管理器”按钮。

打开的文件资源管理器如图 1-32 所示，是一个标准的 Windows 应用程序窗口，其组成主要包括以下几部分。

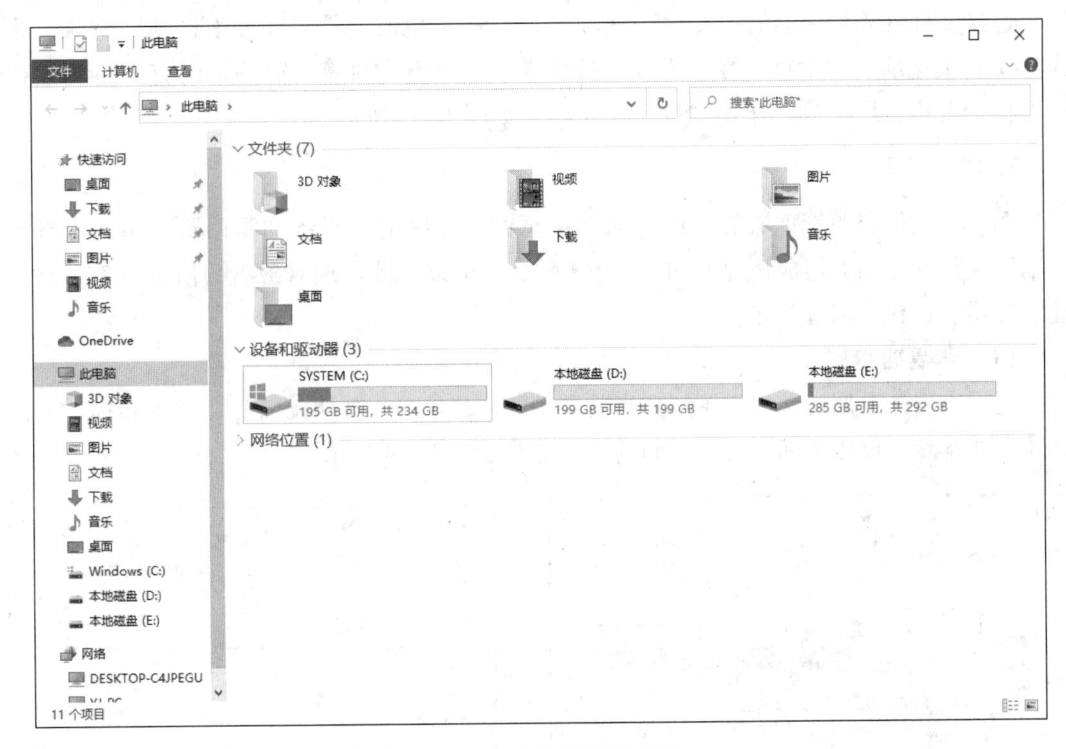

图 1-32 文件资源管理器

① 标题栏：位于窗口的顶端，用于显示当前窗口程序的名称或主要内容，从左到右依次包括控制按钮、自定义快速访问工具栏、窗口标题、“最小化”按钮、“最大化”按钮和“关闭”按钮。

②“文件”按钮：包含“打开新窗口”“更改文件夹和搜索选项”“帮助”和“关闭”等选项。

③ 选项卡和功能区：选择不同的选项卡，会在下方的功能区中显示不同的命令按钮，单击命令按钮即可以实现相应命令的操作。功能区可以通过单击标题栏“关闭”按钮下方的“展开功能区”按钮或“最小化功能区”按钮，进行展开或收起的操作。

④ 地址栏：位于功能区的下方，用于显示程序当前的工作位置，也可以直接在地址栏中输入磁盘位置或网址，进行定位。

⑤ 搜索栏：位于地址栏右侧，输入关键字并确认后，可以快速搜索本地文件或程序。

⑥ 导航区：位于地址栏的左下方，列出的是用户计算机中经常用到的一些存储文件的位置，便于快速选择定位。

⑦ 工作区：窗口程序操作的主要区域，显示当前可供操作的对象，在对象较多、窗

口显示不完时，还会在其下方和右侧显示水平滚动条和垂直滚动条。

⑧ 状态栏：位于窗口的底端，显示当前所选对象的状态信息。

单击任务栏上的相应程序按钮打开的文件资源管理器默认主页是“快速访问”，如果也要将其主页设置为“此电脑”，可以这样设置。

选择文件资源管理器的“文件”选项卡，选择“更改文件夹和搜索选项”选项，弹出“文件夹选项”对话框，在“常规”选项卡中“打开文件资源管理器时打开”列表框中选择“此电脑”选项，单击“确定”按钮，如图 1-33 所示。

1. 磁盘管理

用户在文件资源管理器的“此电脑”主页面工作区的“设备和驱动器”组可以看见当前计算机的驱动器组成情况，如图 1-32 所示。可以在此实现对磁盘的信息查看、格式化、查错、优化、清理等操作。

（1）查看磁盘属性

通过查看磁盘属性，可以了解到当前磁盘的一些信息，如驱动器号、磁盘卷标、文件系统、总容量、已用空间、可用空间的大小等，如图 1-34 所示。

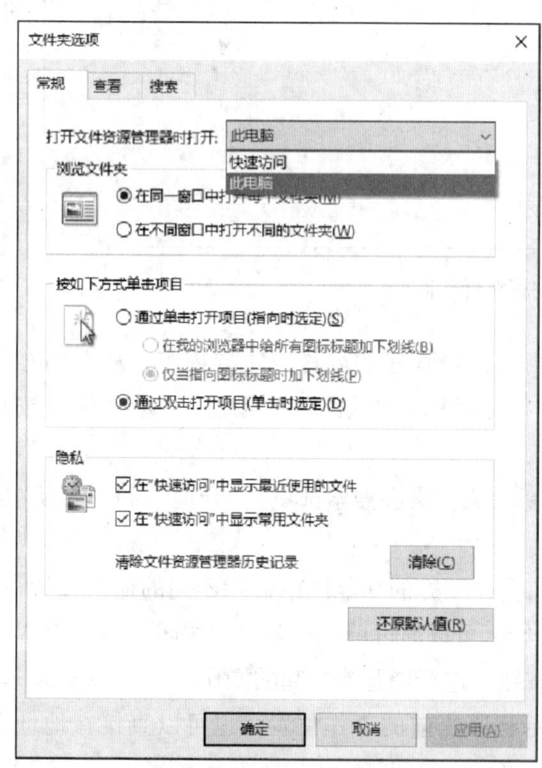

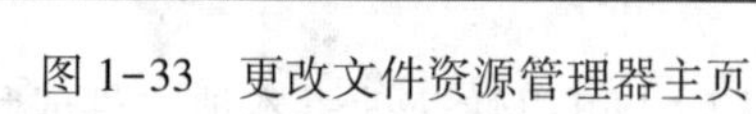
图 1-33 更改文件资源管理器主页

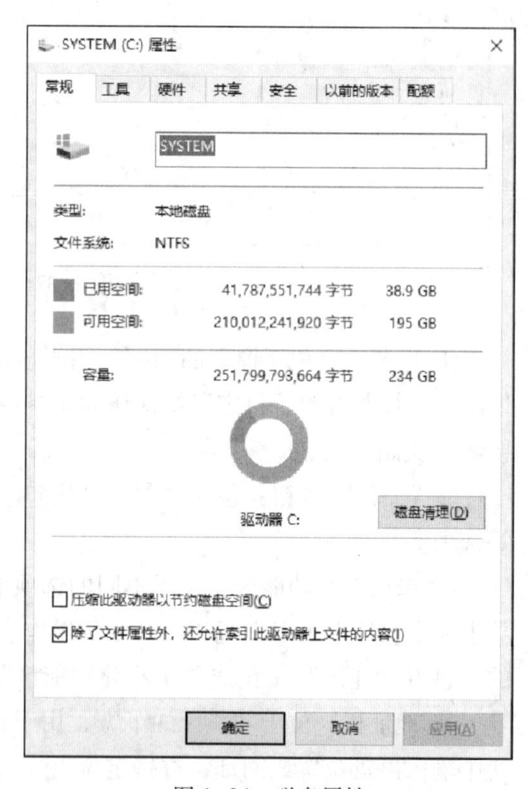

图 1-34 磁盘属性

查看方法是，选择“此电脑”选项，在“设备和驱动器”组右击要查看属性的驱动器，选择“属性”命令。

在磁盘属性对话框中有以下 7 个选项卡。

①“常规”选项卡：用于显示当前磁盘的类型、文件系统、已用空间、可用空间、总容量等信息，对于文本框中显示的磁盘卷标，既可以查看，也可以修改。

单击“磁盘清理”按钮即可对当前磁盘上的垃圾文件进行清理，主要包括已下载的程序文件、Internet 临时文件、Windows 错误提示报告和反馈诊断、回收站、临时文件、缩略图等。

②“工具”选项卡：包括“查错”和“对驱动器进行优化和碎片整理”两项程序，可以帮助用户扫描并修复驱动器中的文件系统错误和整理磁盘碎片。

③“硬件”选项卡：可以查看当前磁盘驱动器的名称、类型以及设备属性。

④“共享”选项卡：可以在此查看并设置当前驱动器在局域网中的共享情况。

⑤“安全”选项卡：可以查看当前计算机“组或用户名”的构成情况以及各组或用户名对磁盘的读写控制情况。如要修改，则需要管理员权限。

⑥“以前的版本”选项卡：如果设置过系统还原点，则可以在这里进行查看，并选择还原点进行还原。

⑦“配额”选项卡：可以在这里查看或设置当前计算机的每一个用户对磁盘空间的容量使用限制。

这里对其中的部分重要概念进行说明。

① 文件系统（file system）：是操作系统中用来管理、组织、存储在存储介质上的数据的系统软件，也称文件管理系统。从系统的角度来看，文件系统要对文件存储设备的空间进行组织和分配，要负责文件的存储并对存入的文件进行保护和检索。具体地说，它负责为用户创建文件，定位、写入、读取、修改、删除、转存文件，控制文件的存取权限等。一个文件系统由文件、目录和用于定位及访问这些项目的信息组成。文件系统是操作系统与存储设备之间交互数据的一个桥梁。通过文件系统对文件和目录的管理，操作系统实现了对存储设备上的数据的合理组织和有效存取。

现在个人计算机上常用的操作系统中，微软公司早期的 MS-DOS 采用的是 12 位的 FAT12 文件系统，后来是 16 位的 FAT16 文件系统，Windows 95、Windows 98 采用的是 32 位的 FAT32 文件系统，Windows 2000、Windows XP、Windows 7 和现在的 Windows 10 采用的是 NTFS（new technology file system）文件系统，它们的最大区别是 NTFS 支持单个文件大小大于 4 GB，而 FAT32 不能存储单个 4 GB 以上的大文件。exFAT（extended file allocation table file system，扩展 FAT）文件系统是微软在 Windows embeded 5.0 以上操作系统中引入的一种适合于闪存的文件系统，主要是为了解决 FAT32 不支持 4 GB 以上大文件的问题而推出的。现阶段 Windows 操作系统中常用的三种文件系统格式是 FAT32、NTFS、exFAT，其对比情况如表 1-2 所示。

表 1-2 Windows 常见文件系统对比

文件系统	簇的大小	最大单个分区容量	最大单个文件	备　注
FAT32	4 KB~16 KB	32 GB	4 GB	兼容性较好
NTFS	4 KB~64 KB	256 TB	16 TB	主流、默认
exFAT	4 KB~128 KB	256 TB	16 TB	专为闪存设计

② 磁盘碎片：是硬盘在读写操作过程中产生的不连续文件。磁盘在使用过程中，上面会存放许多文件，这些文件在经过多次删除和写入操作之后，有的文件便会分散地存放在磁盘上不同的位置，这就是磁盘碎片，准确地讲应该叫作文件碎片（file fragmentation）。它会增加磁盘的寻道时间，降低系统性能。整理磁盘碎片就是把这些文件碎片整合在一起，存放在磁盘上一段连续的存储单元中，在读取时减少磁盘的寻道时间，从而提高访问速度。

（2）分区调整

所谓磁盘分区（disk partition），实际上是将磁盘的物理空间从逻辑上进行区域划分，分成一个个逻辑分区。用户可以在不同的逻辑分区中按自己的操作习惯存放不同的数据，便于分类管理。

每个逻辑分区可以用不同的驱动器号（即盘符）来区分和表示。通过驱动器号，用户也可以对磁盘分区进行定位。一般硬盘分区的驱动器号是从C开始编号，而且把C盘作为系统分区，安装操作系统及主要软件。为什么驱动器号不从A开始？那是因为早在Windows的前身MS-DOS时代，就已经把A、B这两个驱动器号分配给了软盘驱动器，虽然现在软盘驱动器已经被淘汰了，但这种驱动器编号的命名规则却依然延续了下来。

磁盘卷标是对磁盘分区做的一个标识，起到附加说明的作用，让用户一看就知道对应驱动器的作用，是可有可无的。如给C盘卷标命名为“系统盘”，D盘卷标命名为“数据盘”。

用户如果对现有的磁盘分区状况（如大小、数量等）不满意，还可以对其进行调整。例如，某用户的计算机硬盘只有一个磁盘分区C盘60 GB，现在想将其一分为二，从C盘多余的磁盘空间中划分出10 GB，作为下一个磁盘分区D盘。操作如下。

① 打开文件资源管理器，在导航区右击“此电脑”选项，选择“管理”命令。

② 在弹出的“计算机管理”窗口导航区选择“磁盘管理”选项（如图1-35所示）。

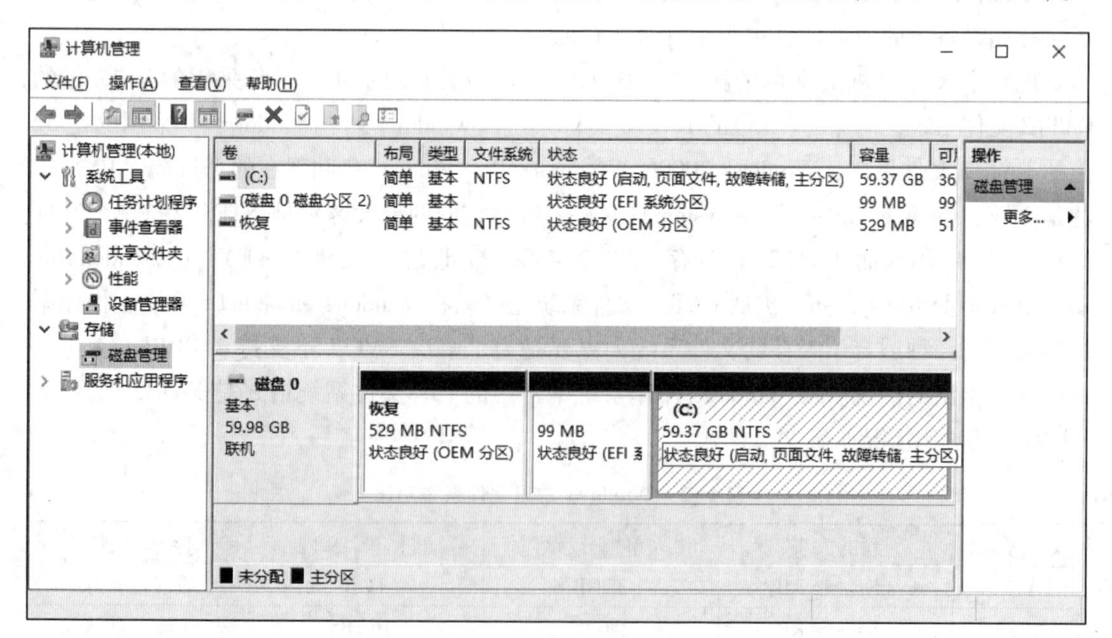

图1-35 磁盘管理

③ 右击（C:）选项，选择“压缩卷”命令。

④ 在“压缩 C:”对话框“输入压缩空间量（MB）”文本框中输入“10240”（不包含双引号），单击“压缩”按钮。

⑤ 右击“10.00 GB 未分配”选项，选择“新建简单卷”命令（如图 1-36 所示）。

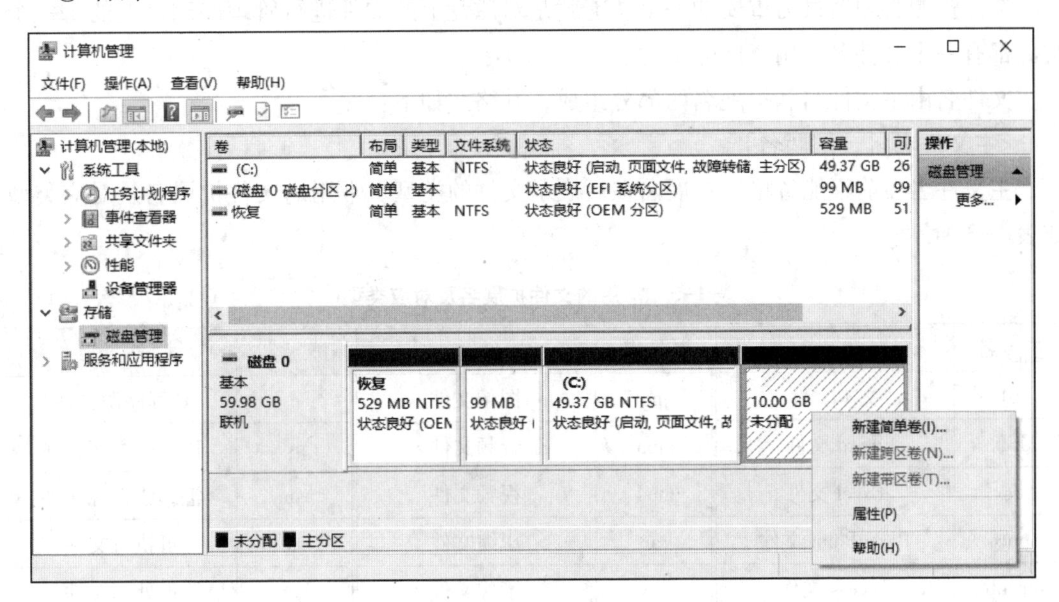

图 1-36 新建简单卷

⑥ 在“新建简单卷向导”对话框中选择“简单卷大小(MB):10240”选项，选择“分配以下驱动器号：D”选项，单击“格式化分区”选项，单击“完成”按钮。

⑦ 返回文件资源管理器，可以看到磁盘分区做出了相应的调整。

（3）格式化磁盘

格式化是对磁盘或磁盘分区进行初始化的一种操作，它会定义被格式化磁盘的文件系统，所以一个全新的磁盘必须经过格式化之后才能使用。格式化磁盘会删除该磁盘或分区原有的全部数据，需要小心操作。

格式化磁盘的步骤：打开文件资源管理器，选择要格式化的磁盘，右击，选择“格式化”命令，选择“文件系统”列表中的选项，定义卷标，设置“格式化选项”，单击“开始”按钮（如图 1-37 所示）。

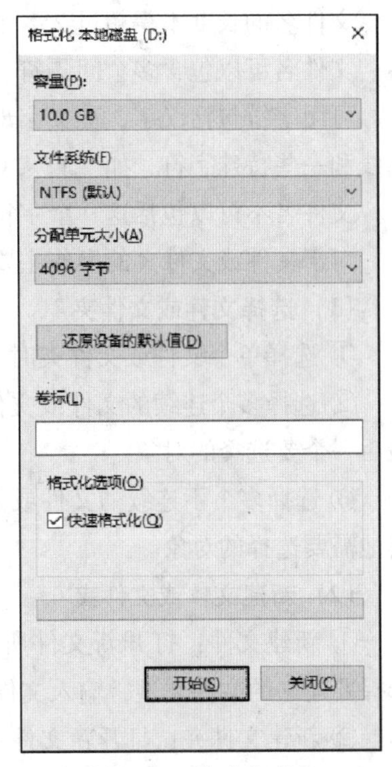

图 1-37 格式化磁盘

快速格式化只是清空磁盘的 FAT（文件分配表，是一个用来记录文件所在位置的表格），使系统认为该磁盘上没有文件了，并不真正格式化硬盘，所以速度较快。

普通格式化（未勾选“快速格式化”复选框）则会对磁盘上的磁道进行检查、标记坏磁道，并重建目录区和文件分配表，需要的时间较长。

2. 文件管理

文件资源管理器最为重要的一个功能就是对磁盘上的文件进行管理。磁盘上的每一个文件都有一个文件名，用于区分文件。

文件名由主文件名和扩展名两部分组成，其格式如下：

<主文件名>[. 扩展名]

主文件名在前不能省略，扩展名在后表示文件的类型。常用的文件扩展名及对应类型如表 1-3 所示。

表 1-3　常用的文件扩展名及对应类型

扩展名	文件类型	扩展名	文件类型	扩展名	文件类型
txt	文本文件	jpg	图像文件	c	C 程序源文件
docx	Word 文件	mp3	音频文件	py	Python 程序文件
xlsx	Excel 文件	mp4	视频文件	asm	汇编语言源文件
pptx	PowerPoint 文件	rar	压缩文件	exe	可执行文件
accdb	Access 文件	iso	镜像文件	bat	批处理文件

Windows 系统中的文件名命名规则如下。

文件名的长度不得超过 255 个字符。

文件名可以包含多个间隔符。例如，用 20. 2. 1. txt 作为文件名。

可用字符包括汉字、英文字母（不区分大小写）、空格（不能作为第一个字符）、下划线和一些特殊字符，如“!”“@”“#”“$”“%”“^”“&”等。

文件名不可以包括这 9 个字符：“<”“>”“/”“\”“|”“:”“"”“*”“?”。

对于文件或文件夹的操作主要有以下几种。

（1）选择文件或文件夹

① 选择单个文件或文件夹时，可以直接单击要选择的对象。

② 选择多个连续的文件或文件夹时，单击第一个要选择的对象，按住 Shift 键，单击最后一个要选择的对象。

③ 选择多个不连续的文件或文件夹时，单击第一个要选择的对象，按住 Ctrl 键，单击其他需要选择的对象。

（2）新建文件或文件夹

① 新建文件：打开新文件所在的位置，在工作区空白处右击，选择“新建”命令，选择要建立的文件类型，输入文件名，按 Enter 键确认。

② 新建文件夹：打开新文件夹所在的位置，在工作区空白处右击，选择“新建文件夹”命令，输入文件夹名，按 Enter 键确认。

(3) 查看文件属性

① 选择文件，在“主页”选项卡“打开”组中选择“属性”选项。

② 选择文件，右击，选择“属性”命令。

文件属性主要包括文件名、默认打开方式、存放位置、文件大小、创建时间、修改时间、访问时间、属性设置等（如图 1-38 所示）。

(4) 重命名文件或文件夹

① 选择对象，在“主页”选项卡“组织”组中选择“重命名”选项，输入新名字。

② 选择对象，右击，选择“重命名”命令，输入新名字。

③ 选择对象，按 F2 键，输入新名字。

④ 选择对象，右击，选择“属性”命令，选择“常规”选项卡在文本框中输入新名字。

(5) 复制文件或文件夹

复制是原位置上的文件仍然保留，而在新位置上创建文件的一个备份。

① 选择对象，在“主页”选项卡“组织”组中选择“复制到”选项，选择位置，选择“复制”选项。

② 选择对象，右击，选择“复制”命令，转到目标位置，在工作区空白处右击，选择“粘贴”命令。

③ 选择对象，按住 Ctrl 键，拖拽到目标位置（不同驱动器上复制，不按 Ctrl 键拖拽）。

图 1-38 文件属性

④ 选择对象，按 Ctrl+C 键，转到目标位置，按 Ctrl+V 键。

(6) 移动文件或文件夹

移动是文件从原位置消失，而出现在新位置上。

① 选择对象，在“主页”选项卡“组织”组中选择“移动到”选项，选择位置，选择“移动”选项。

② 选择对象，右击，选择“剪切”命令，转到目标位置，在工作区空白处右击，选择“粘贴”命令。

③ 选择对象，按 Ctrl+X 键，转到目标位置，按 Ctrl+V 键。

(7) 删除文件或文件夹

Windows 系统中的删除分为逻辑删除和物理删除两种。

① 逻辑删除。逻辑删除是指将文件放入回收站（Windows 系统一个特殊的隐藏系统文件夹）中，并不是真正删除了文件。用户可以选择还原放在回收站中的文件。

逻辑删除的方法如下。

a. 选择对象，在“主页”选项卡“组织”组中选择“删除”选项。

b. 选择对象，按 Delete 键。

c. 选择对象，右击，选择“删除”命令。

d. 选择对象，拖拽到回收站。

还原逻辑删除的对象的方法如下。

a. 进入回收站，选择要恢复的对象，在“回收站工具”选项卡“还原”组中选择“还原选定的项目”选项。

b. 进入回收站，选择要恢复的对象，右击，选择“还原”命令。

② 物理删除。

a. 进入回收站，选择对象，在“主页”选项卡“组织”组中选择“删除”选项。

b. 进入回收站，选择对象，右击，选择“删除”命令。

c. 在逻辑删除的同时按住 Shift 键。

（8）“文件夹选项”设置

对于文件资源管理器中对象的一些显示方式，可以在“文件夹选项”对话框中进行设置。

打开文件资源管理器，选择“文件”菜单中的“更改文件夹和搜索选项”选项，打开“文件夹选项”对话框，选择“查看”选项卡，在“高级设置”区域进行设置（如图 1-39 所示）。

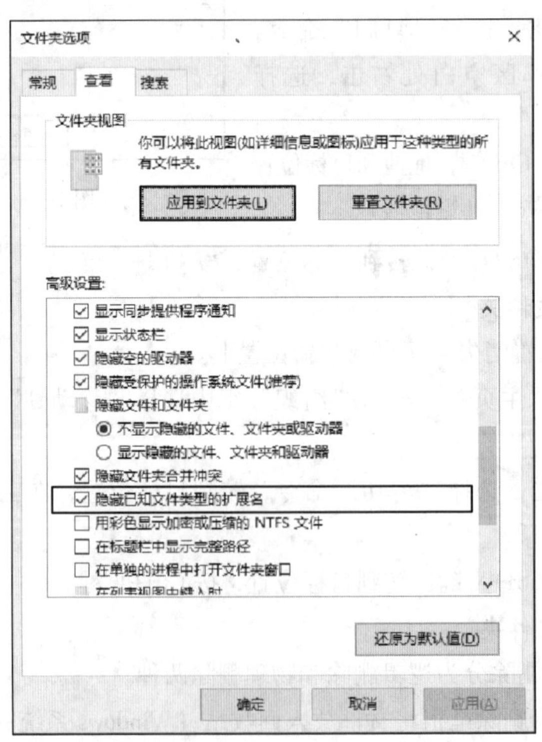

图 1-39 “文件夹选项”对话框

例如，Windows 10 文件资源管理器对于文件名的显示，如果是系统已知的文件类型（即有默认的打开程序），其文件扩展名默认处于隐藏状态。对于初学者而言，看不到文件的扩展名，容易以为该文件名没有扩展名，或者对文件类型造成错误判断。用户可以将文件的扩展名设置为始终显示，即在如图 1-39 所示的对话框中，取消勾选“隐藏已知文件类型的扩展名”复选框。

（9）常用的快捷键

在 Windows 系统的操作中，熟练地使用快捷键，可以大大提高操作效率，常用的快捷键如表 1-4 所示。

表 1-4　常用的快捷键及操作

快 捷 键	操 作	快 捷 键	操 作
Ctrl+C	复制	PrintScreen	全屏幕截图并复制到剪贴板
Ctrl+X	剪切	Win	打开“开始”菜单
Ctrl+V	粘贴	Win+D	显示和隐藏桌面
Ctrl+A	全选	Win+E	打开文件资源管理器
Ctrl+Z	撤销	Win+I	打开设置
Ctrl+Y	恢复	Win+L	锁定计算机
Alt+Tab	在打开的应用之间切换	Win+Shift+S	获取部分屏幕的屏幕截图
Alt+Esc	按项目打开顺序循环浏览	Win+.	打开表情符号面板
Alt+F4	关闭活动项，或退出活动应用	Ctrl+Alt+Delete	打开交互式登录界面
Alt+F8	在登录屏幕上显示密码	Ctrl+Shift+Esc	直接打开任务管理器

1.2.4 进程管理

Windows 是一个多任务的操作系统，允许同时运行多个应用程序，并且多个运行中的应用程序之间不会相互影响。例如，用户可以一边听着用播放器播放的音乐，一边用浏览器同时打开多个网页进行资料的搜集，并用 Word 进行资料的编辑和整理，偶尔还用 QQ 与他人进行交流。

所谓程序，是指为了完成某一目的而编写的一组有关指令序列的集合，它由数据结构和算法组成，是一个静态的概念。而多任务系统中并发执行的多个程序，都有从创建到执行再到关闭的一个过程，无法再用程序的概念对其进行完整的解释，这样便产生了进程的概念。所谓进程，从本质上讲就是正在运行的应用程序，是一个动态的概念。简单来说，进程是操作系统进行资源分配和调度的基本单位，也是操作系统中最核心的一个概念。

Windows 10 中可以通过任务管理器对系统中的进程进行查看和管理。

任务管理器的打开方式有以下几种

① 在任务栏空白处右击，选择“任务管理器”命令。

② 在“开始”菜单“应用”列表中选择“Windows 系统”组中的“任务管理器”选项。

③ 按 Ctrl+Alt+Delete 键，选择“任务管理器”选项。

④ 按 Ctrl+Shift+Esc 键。

打开后的任务管理器如图 1-40 所示。

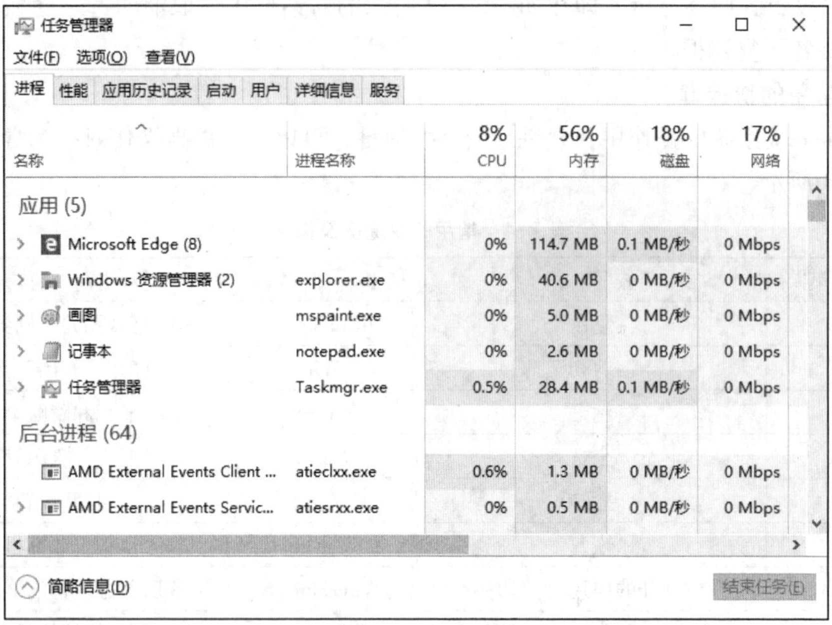

图 1-40　用任务管理器查看进程

在“进程”选项卡中，用户可以看到当前计算机的进程运行情况，主要包括进程的以下信息。

① 名称：显示所有进程所属的应用类型及名称。

② 进程名称：显示所有进程所对应的应用程序文件名称。

③ CPU：显示所有内核的总处理器利用率及每一个进程对处理器的利用率。

④ 内存：显示活动进程对物理内存的总占用率及每一个进程占用内存的字节数。

⑤ 磁盘：显示所有磁盘的利用率及每一个进程对磁盘的读写速度。

⑥ 网络：显示当前主要网络上的网络利用率及每一个进程对网络的访问速度。

此外还包括类型、状态、发布者、PID、GPU、电源使用情况等信息选项，可以在选项卡下面的项目名称上右击，在选项菜单上选择要显示的项目。

对于不需要使用或者没有响应的进程，用户可以先在任务管理器中选择，再单击右下角的“结束任务”按钮，终止该进程的运行。

对于想要添加的进程，用户可以在“文件”菜单中选择“运行新任务”选项，打开“新建任务”对话框，输入或选择要打开的应用程序的位置和名称，单击“确定”按钮。如用户想要重启任务栏程序，可以在“新建任务”对话框中输入“C:\Windows\System32\Taskmgr. exe”，单击“确定”按钮即可。

对于不了解的进程或者可疑进程，用户可以选择进程的名称，右击，选择“在线搜索”命令。系统会自动通过搜索引擎进行搜索，来了解它的详情。

如果想要了解当前进程更详细的运行情况，可以选择进程的名称，右击，选择“转到详细信息”命令。这时将转到“详细信息”选项卡，用户可对这些进程的信息做进一步的查看或操作。

除此之外，利用任务管理器中的“性能”选项卡，用户还可以对计算机的 CPU、内存、磁盘、以太网、GPU 等硬件的当前性能状况进行查看，如图 1-41 所示。

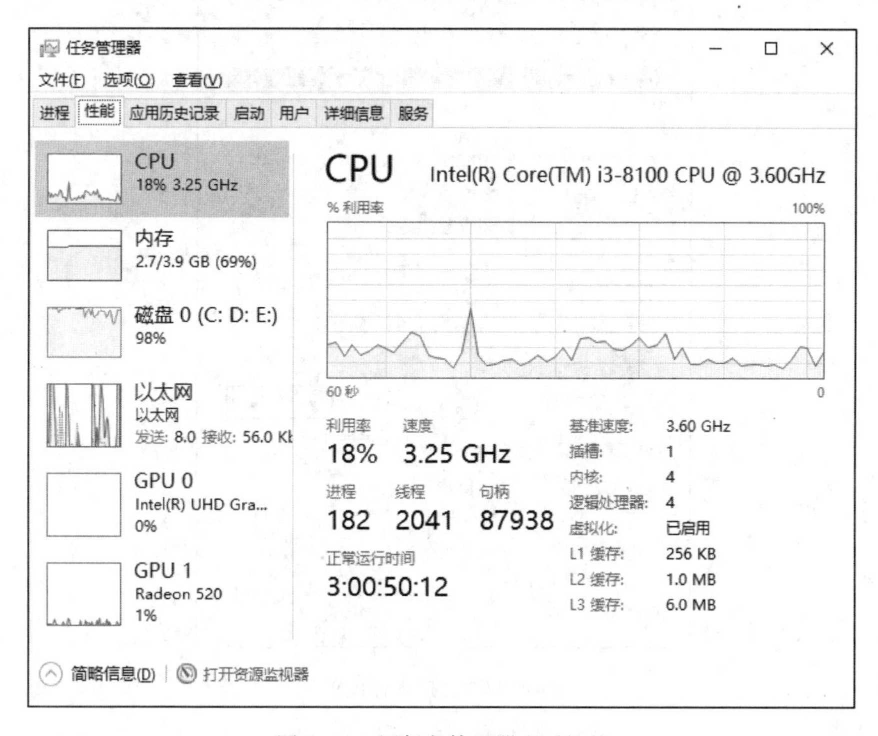

图 1-41 用任务管理器查看性能

1.2.5 内存管理

图形用户界面的操作系统不仅拥有人性化的操作界面，而且不用去记那些操作命令，大大地方便了用户的操作。但是图形化的界面也需要耗费比命令行界面高得多的系统资源，特别是内存资源。多任务系统允许用户同时运行多个应用程序，这些进程都会同时驻留在内存中，也需要占用大量的内存单元。这就需要操作系统能够对内存进行有效的组织和管理。特别是要能在较小的内存空间中运行较大的应用程序。

Windows 中提供了虚拟存储技术，能够利用大容量的磁盘来对内存进行逻辑扩充，为用户提供一个比有限的实际内存空间大得多的虚拟内存空间，并将内外存进行统一管理，使其能够满足大型作业的需要，增强系统的处理能力。

用户可以通过“虚拟内存”选项进行查看和设置操作。

打开方式如下。

在“此电脑”选项上右击，选择“属性”命令，打开“系统”窗口，选择“高级系统设置”选项，打开“系统属性”对话框，在“高级”选项卡“性能”组中单击“设置”按钮，打开“性能选项”对话框，在“高级”选项卡“虚拟内存”组中单击“更改”按钮，在“虚拟内存”对话框中进行虚拟内存的查看和设置（如图 1-42 所示）。

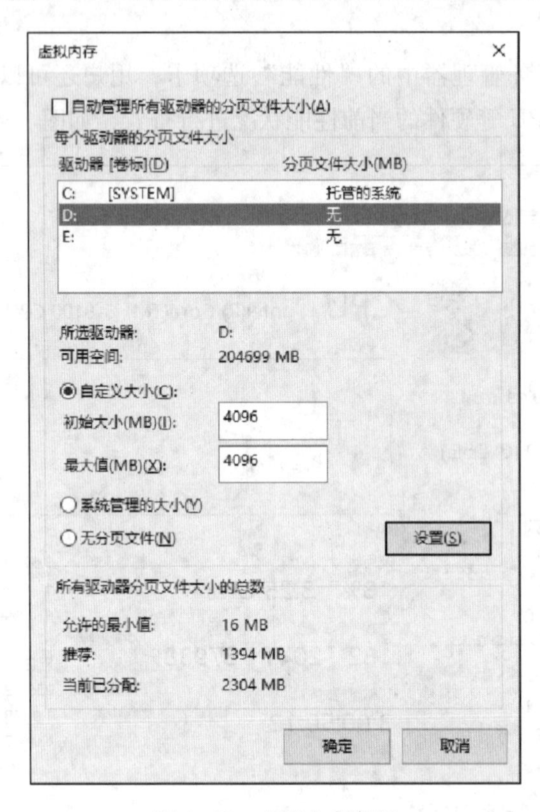

图 1-42 虚拟内存设置

对于普通用户而言，完全可以选择让系统“自动管理所有驱动器的分页文件大小”，即让系统自动选择驱动器，并在上面自由划分空间作为虚拟内存进行操作。

对于有特殊需求的用户，也可以取消勾选“自动管理所有驱动器的分页文件大小”复选框，自己选择某个驱动器作为虚拟内存的存放位置，并通过“自定义大小”选项来指定虚拟内存的初始大小和最大值。

虚拟内存一般会选择在非系统盘，且固定大小（初始大小和最大值设置为相同）为物理内存的 1~2 倍的值，这样可以防止系统频繁请求不同大小的分页文件，无故消耗系统资源，从而提高系统的运行效率。

虚拟内存虽然可以从磁盘上划分出一部分空间作为内部存储器空间的扩充，起到了增加内存空间的作用，但是由于磁盘的读写速度要低于内存读写速度，频繁地使用虚拟内存也会降低系统的性能。所以在物理内存空间较小的情况下，可以把虚拟内存的空间设置大一点；在物理内存空间较大的情况下，可以把虚拟内存的空间设置小一点，减少对虚拟内存的访问。

1.2.6 设备管理

计算机硬件系统由许多设备组成，而且这些设备的电气特性和工作方式各不相同，如何根据各类设备的特点确定相应的分配策略，启动设备完成实际的输入输出操作，优化设备的调度，提高设备的利用率，并且向用户提供一个统一的、友好的操作界面对这些设备进行组织管理，是操作系统必须具备的一项功能。

用户可以通过设备管理器查看或更改当前计算机中设备的工作状态、属性，检查或更新设备驱动程序等。

设备管理器的打开方式有以下两种。

① 右击“开始”选项，选择“设备管理器”命令。

② 右击“此电脑”选项，选择“属性”命令，打开“系统”窗口，选择“设备管理器”选项。

设备管理器如图 1-43 所示。

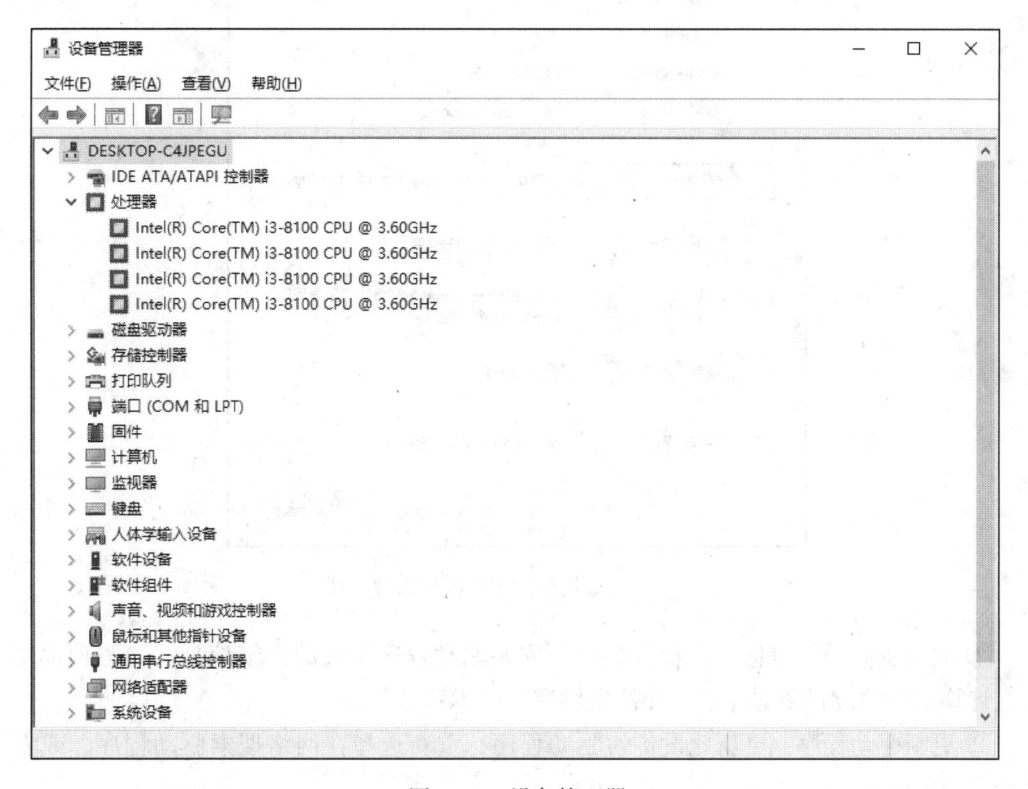

图 1-43 设备管理器

在“设备管理器”窗口中显示了当前计算机的硬件配置情况，用户可以单击项目名称对其项目进行展开，查看对应设备的具体型号信息。如果设备图标是正常显示的，则表示该设备工作正常；如果设备图标上面有显示其他特定符号的，则说明该设备存在异常，需要重新安装其对应的驱动程序来解决问题。

特定符号及含义如下。

① 黑色的向下箭头：表示该设备已经被禁用，需选择“启用设备”选项后才能使用。

② 黄色的感叹号：表示该设备没有安装驱动程序或者驱动程序没有被正确地安装。

③ 黄色的问号：表示该设备没有被系统识别。

双击设备名称，可以弹出该设备的属性对话框，“常规”选项卡中可以查看当前设备的类型、制造商、位置及设备状态；“驱动程序”选项卡中不仅可以查看驱动程序的提供商、驱动程序的日期、版本号、数字签名者等信息，如图1-44所示，还可以通过下面的命令按钮进行相应的操作。

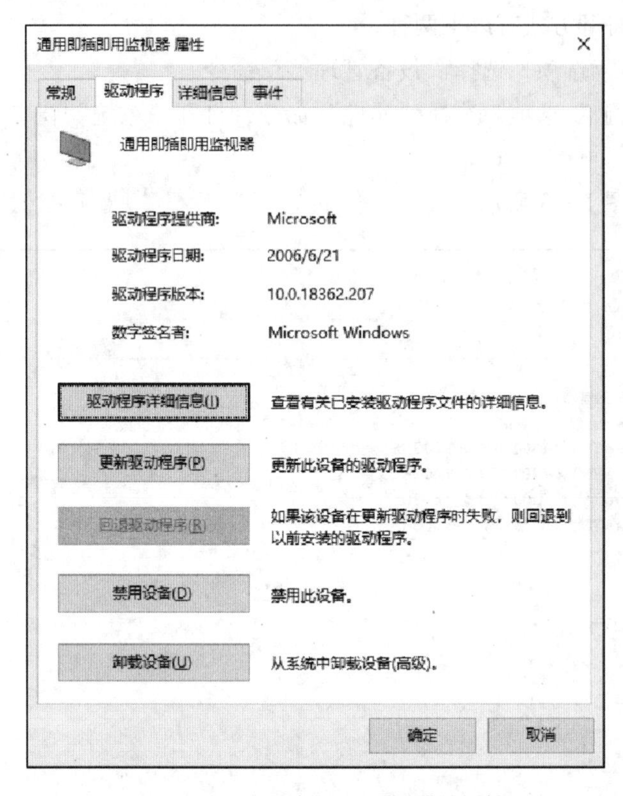

图1-44 通用即插即用监视器的属性

① 驱动程序详细信息：查看有关已经安装驱动程序文件的详细信息，如驱动程序文件在计算机中的位置和文件名、文件提供商、版本号等。

② 更新驱动程序：更新此设备的驱动程序，重新选择在网络搜索驱动程序，或者选择在本地的驱动程序进行安装。

③ 回退驱动程序：指如果该设备在更新驱动程序时失败，则回退到以前安装的驱动程序。

④ 禁用设备：禁止该设备的使用。

⑤ 卸载设备：将该设备正在使用的驱动程序文件进行卸载。

1.2.7 Windows 设置

“Windows 设置”界面和传统的“控制面板”窗口一样都是用来对系统的各种属性进行设置和管理的一个工具集。Windows 10 中对系统的设置操作默认都是通过“Windows 设置”界面来完成，如前面提到的“开始”菜单设置选项、任务栏设置、系统图标设置、语言设置选项等，其实都是使用“Windows 设置”界面中的选项。而且有些设置选项只能在“Windows 设置”界面中完成，大有取代传统“控制面板”的趋势。

“Windows 设置”界面如图 1-45 所示。

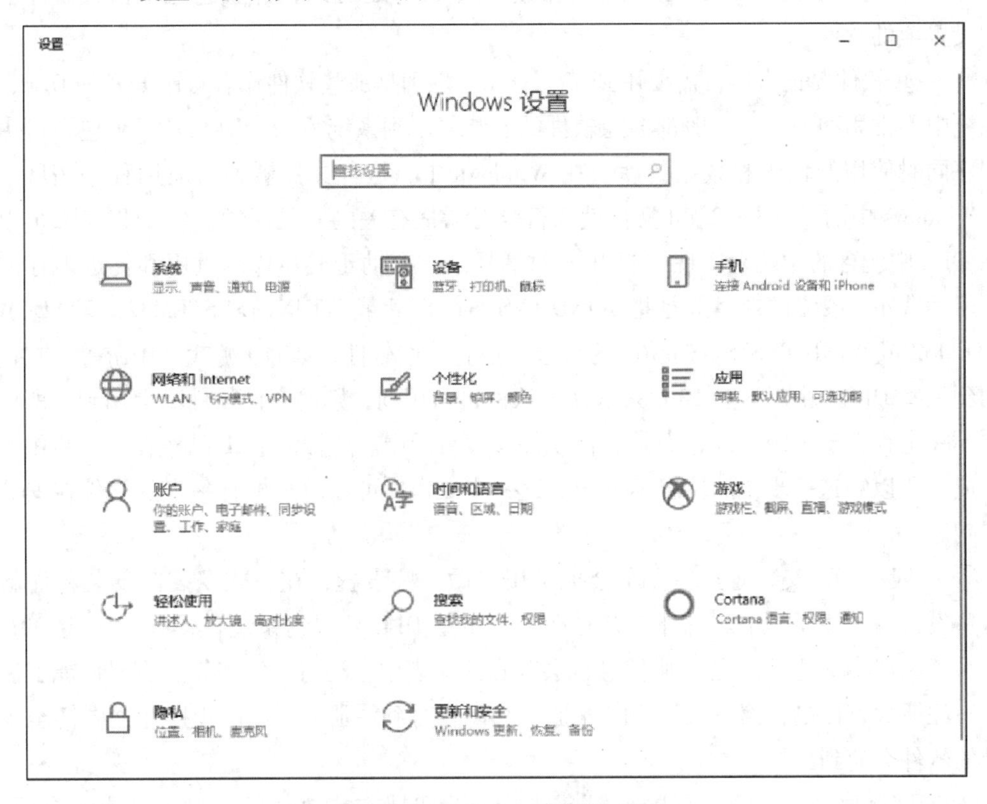

图 1-45 “Windows 设置”界面

打开“Windows 设置”界面的方法如下。

① 在“开始”菜单系统选项区选择“设置”选项。

② 右击“开始”菜单，选择“设置”命令。

下面介绍几项常用操作。

1. 安装程序

(1) 什么是安装程序

安装程序是把程序文件添加到磁盘指定位置，并对系统做相应设置，使之能够正常运行的过程。一个软件在安装的过程中究竟要做些什么？把一个软件直接复制到一台计算机上是否就可以正常运行了？为什么有些软件安装以后还需要重新启动？初学者在使用计算机的过程中经常都会提出这样一些问题。确实，搞清楚这样一些问题，都是十分重要的。

一般情况下，安装一个软件，可能会做以下的一些工作。

① 复制软件本身所需要的文件从源位置到目标位置。源位置指软件未安装之前的位置，如光盘、U盘、下载的目录等；目标位置指用户指定的安装位置。这是几乎所有的软件安装过程一定会做的一件事。而如果一个软件，在安装时只要这一步，不需要后面的其他几步，这种软件就是常说的绿色软件。或者反过来说，绿色软件就是只需要复制软件所需文件到目标位置就能正常运行，而并不依赖于某个动态链接库（dynamic link library，DLL），或者它所依赖的DLL在几乎所有的系统中都一定有的，并且它也不依赖于注册表中的设置项的软件。

② 一些软件要正常运行需要用到某个DLL，特别是那些软件作者自己开发的DLL，或者系统中不常用的DLL，一般都会随软件的安装复制到系统目录。DLL是一个包含可由多个程序同时使用的代码和数据的库。在Windows中，这种文件被称为应用程序拓展。例如，Windows中的Comdlg32. dll文件就执行与对话框有关的常见函数。每个程序都可以使用该DLL中包含的功能来实现“打开”对话框。这有助于避免代码重用和促进内存的有效使用。另外，系统目录一般是指WINDOWS\SYSTEM或WINNT\SYSTEM32，WINDOWS\SYSTEM32或WINDOWS\SysWow64的目录。还有一些软件，如QQ游戏、中游等，它们也要用到一些DLL，由于这些DLL只是这个软件自己用到，别的其他软件不会用到，所以它们并不一定存在于系统目录，而是放在软件安装目录中。这样的DLL已经在上一步中被复制完成，所以和这一步说的情况不一样。这一步操作，可以说至少有一半的软件在安装时会遇到。

③ 一般在正式安装前安装程序会提示用户做一些设置，在正式安装时安装程序就会把这些设置写入注册表中。另外，有时在上一步把DLL复制到系统目录时，一些DLL需要向系统注册，这些DLL的注册信息也会写在注册表中。还有，一些软件有时可能安装时并不写注册表，而是在第一次运行时才把一些设置写到注册表。这一步操作，同样至少有一半的软件会遇到。

④ 安装结束之前，安装程序一般会建立一些快捷方式放在任务栏上，或者桌面上，或者程序组中。这一方面便于用户找到程序执行，另一方面也会把卸载的快捷方式放在程序组中便于以后卸载。这一步操作最简单，多数软件在安装时都有。

⑤ 有些软件安装时会先把所有文件（或一部分文件）解压到临时目录，那么安装完之后就要把这些文件删除。这一步操作只有少数软件遇到。

关于安装的过程，再总结一下：软件在安装的过程中，除了第①项之外，其他的都不是必需的，要根据具体的软件而定。一个典型的软件安装过程一般都会执行上面的①到④项，这可以认为是一个完整的安装过程。有一种特殊的情况，如驱动程序的安装，就可能只执行第②项和第③项，没有第①项和第④项。

接下来回答，为什么一些软件安装以后需要重启系统。大家都知道，在Windows操作系统中，一个正在运行的程序，操作系统一般是不允许用户对它进行修改的，修改包括替换、改动和删除。那么有时候，一些软件在安装时需要向系统目录中写入一个 DLL，而系统目录中原来已经有一个同名的 DLL 并且这个 DLL 正在被系统使用，这样用户就不能用新版本去替换它，这就需要重启来实现了。在重启的过程中，这个旧版本的 DLL 在被使用之前便被新版本替换了。另外，有些软件，在安装时，是把所有文件包括安装程序 SETUP. EXE 都解压到临时文件夹中再执行 SETUP. EXE 进行安装的，按理来说安装完要把所有的临时文件都删除，这个操作当然也必须由安装程序 SETUP. EXE 来完成，但它自己正在运行，怎么能自己删除自己呢？因此，这也要通过重启来删除。这就是为什么有些软件安装以后需要重启的原因。

（2）安装普通应用

Windows 系统中程序安装的自由度比较高，对于一般的应用程序，用户不仅可以从应用商店里下载安装，还可以直接从互联网上选择下载安装使用。

为了保证所下载安装程序的安全性，用户也可以设置只能从微软的应用商店里下载并安装应用程序。操作方法如下。

打开“Windows 设置”界面，选择“应用”选项，选择“应用和功能”选项，在“选择获取应用的位置”下拉列表框中选择“仅 Microsoft Store”选项，如图 1-46 所示。

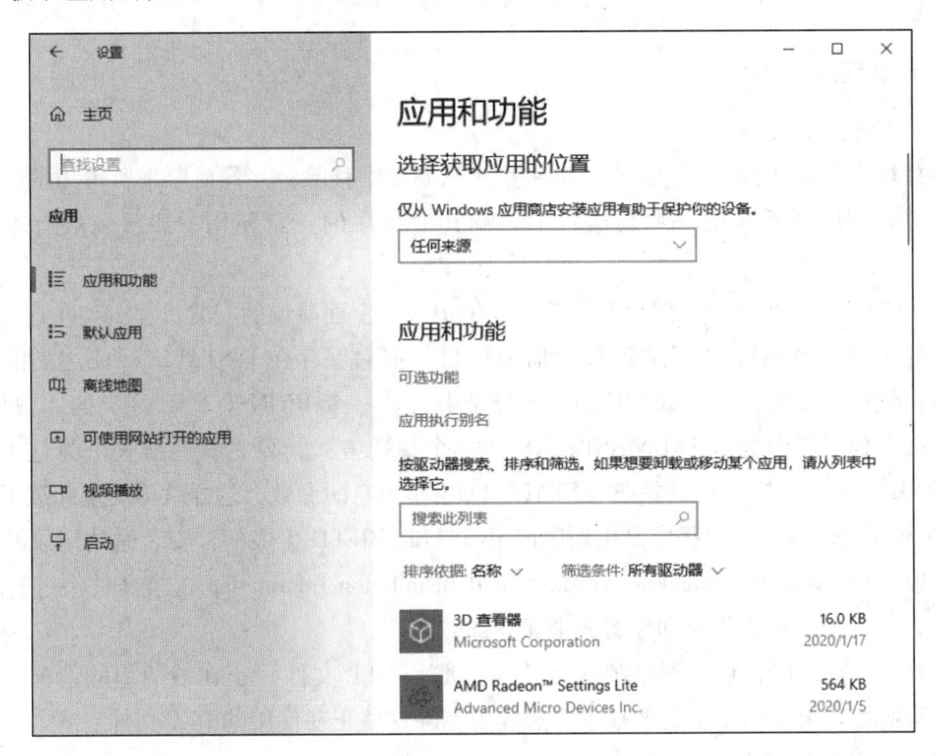

图 1-46 添加系统功能

（3）安装系统应用

对于 Windows 系统自带的、还没有安装在计算机中的系统应用程序，用户可以如此安装。

打开“Windows 设置”界面，选择“应用”选项，选择“应用和功能”选项，选择“可选功能”选项，打开“添加功能”界面，选择“可选功能”项目，单击“安装”按钮，如图 1-47 所示。

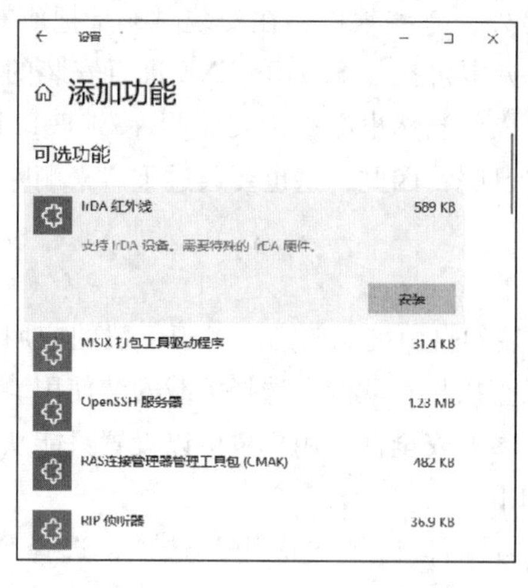

图 1-47 “添加功能”界面

2. 卸载程序

(1) 什么是卸载程序

卸载程序是安装程序的逆操作，即将程序从系统中移除，并释放原来所占用的磁盘空间，恢复安装时对系统的一些修改，不影响其他程序的正常使用。卸载一般有不同的方式。

① 早期的安装程序，一般会在安装过程中记录了上面所说的安装过程①到④这 4 项中具体复制的文件和 DLL 以及修改的注册表项目，把它保存在 INSTALL. LOG 之类的文件中，再在软件的安装目录（或 WINDOWS 目录中）放一个 UNINST. EXE 之类的卸载程序。然后要么在程序组中为这个 UNINST. EXE 建一个快捷方式，要么在注册表中为这个 UNINST. EXE 建一个快捷方式，并把 INSTALL. LOG 作为它的参数，这样就可实现卸载了。

② 现在比较多的安装程序是用新版的 INSTALLSHIELD 生成的，安装时的记录和卸载程序一般是放在 C:\Program Files\InstallShield Installation Information 这个文件夹（隐藏属性）中，同样也会在程序组和注册表中建立卸载项。

另外，在卸载时，也会遇到某些文件（一般是 DLL 文件）正在被使用的情况。所以卸载时有时也需要重启，就是要在重启过程中删除这些正在使用的 DLL 文件。

(2) 卸载普通应用

对于当前系统安装的普通应用程序，一般在“应用和功能”列表中都能找到，不再需要使用时可以将其卸载，以释放出其磁盘空间，供其他程序使用。

在“应用和功能”列表中选择要卸载的应用名称，单击“卸载”按钮，如图 1-48 所示。

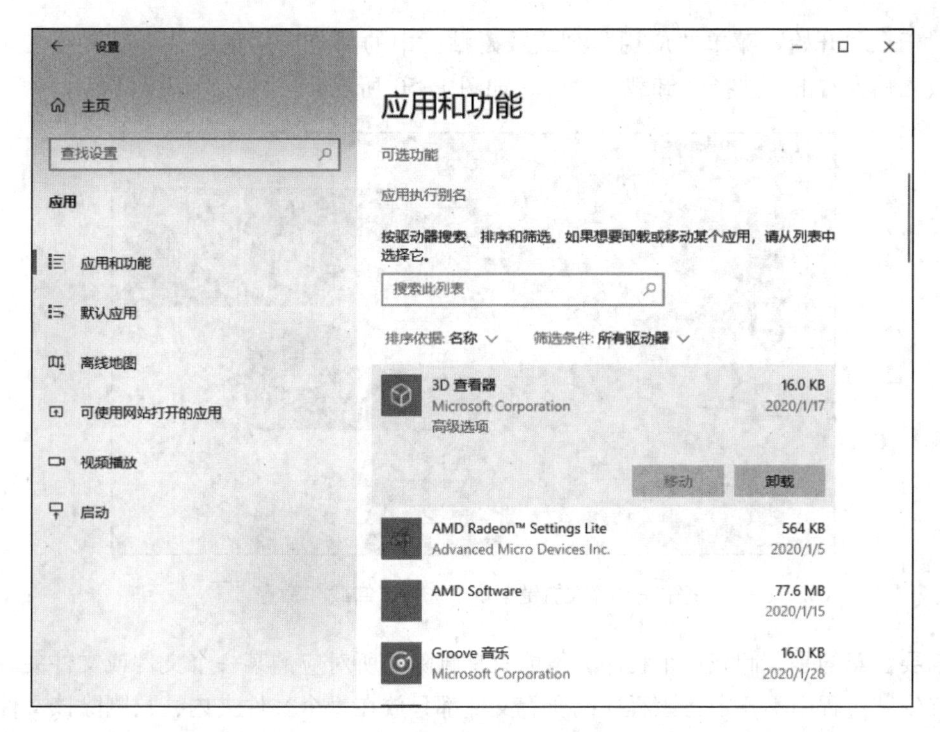

图 1-48　卸载普通应用

(3) 卸载系统应用

选择“应用和功能”选项，在“可选功能”区域选择要卸载的应用名称，单击“卸载”按钮，如图 1-49 所示。

图 1-49　卸载系统应用

对于在“开始”菜单“应用”列表或磁贴区中的部分应用程序，可以直接在其列表选项或磁贴上右击，选择“卸载”命令，如图1-50所示。

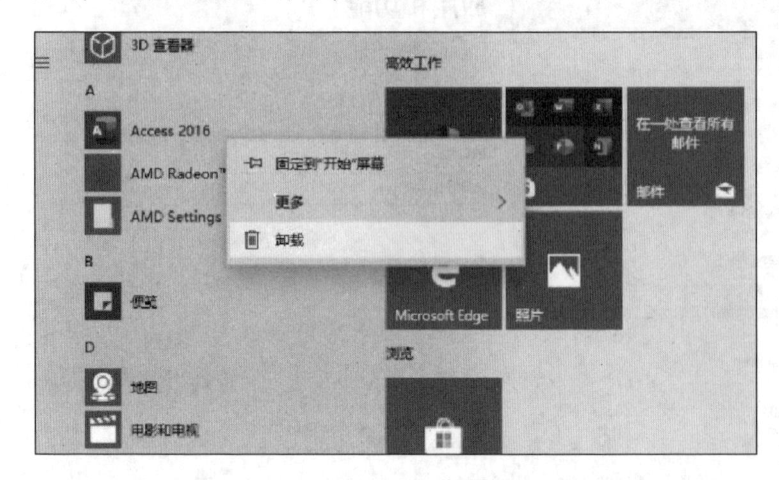

图1-50 在右键菜单中选择“卸载”命令

需要注意的是，卸载一个程序，不能只是删除它所对应的某一个文件或文件夹。因为程序在安装过程中不一定将该程序的所有文件都只放在一个文件夹内，只删除该文件夹会造成卸载程序不完整，造成许多垃圾文件，浪费磁盘空间；另外安装程序可能还会在注册表中写入大量配置信息、设置文件关联，还有可能安装设备驱动、安装系统服务程序以及设置开机启动等，只删除文件夹会让系统中保留许多无用信息，从而影响到系统的正常运行。所以要卸载程序，最好先通过系统提供的卸载机制完成卸载。

3. 选择默认的应用

对于同一类型的文件，计算机中往往会有多个应用程序可以对其进行打开查看。例如，对于视频文件，Windows 10系统默认是用“电影和电视”程序来打开。用户也可以根据自己的使用习惯，修改其默认的打开应用为其他程序，如Windows Media Player。方法如下。

在“Windows设置”界面选择“应用”选项，选择“默认应用”选项，在“视频播放器”组中单击“电影和电视”选项，选择Windows Media Player选项，如图1-51所示。

4. 设置启动应用

一些应用程序在安装后会自动设置为启动时在系统后台运行。登录启动的程序过多，会占用许多系统资源，对于一些不必要的登录启动程序，用户可以将它的登录启动取消。方法如下。

在“Windows设置”界面选择“应用”选项，选择“启动”选项，将不需要登录启动的程序按钮关闭，如图1-52所示。

5. Windows安全中心

Windows10系统内置了Windows安全中心，用户通过安全中心可以获取最新的防病毒

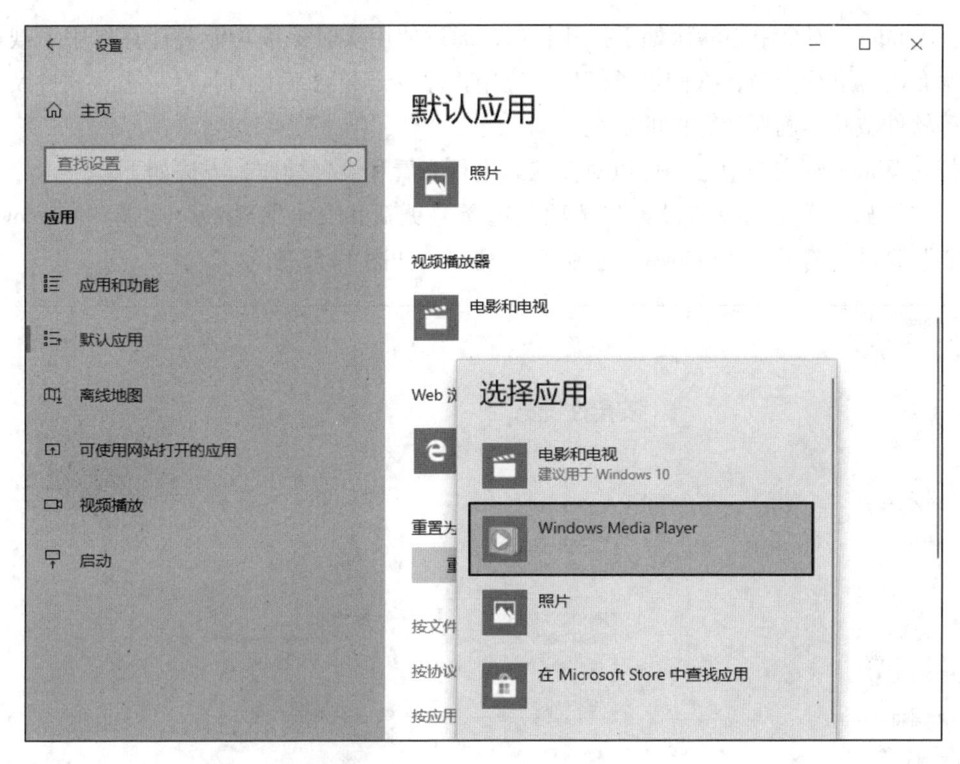

图 1-51　设置默认应用

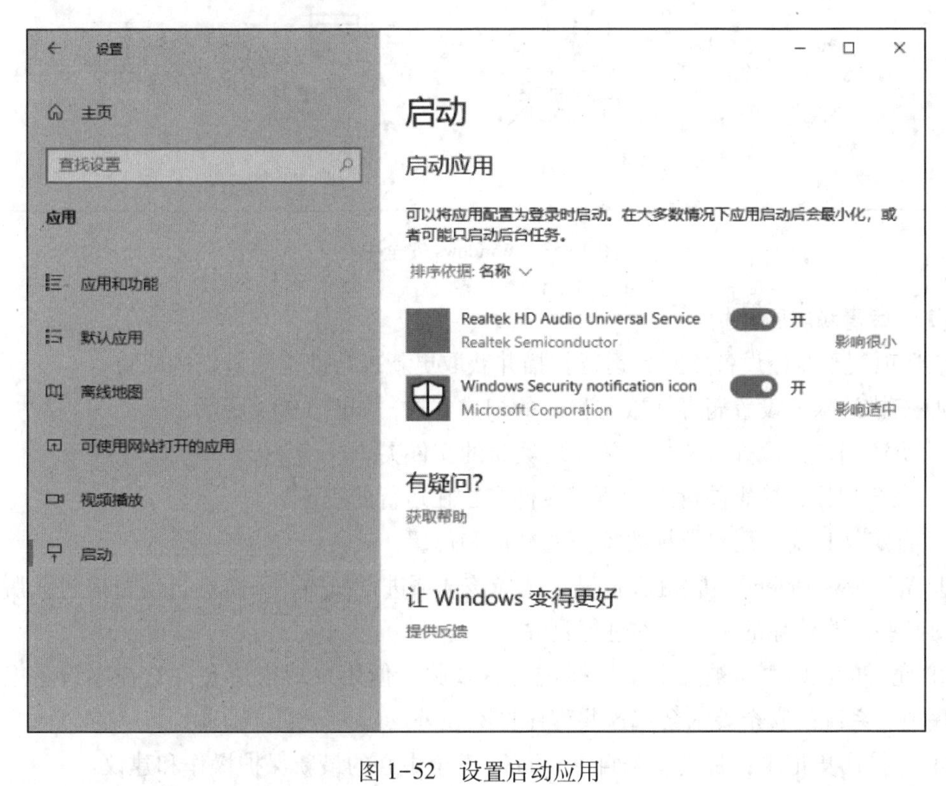

图 1-52　设置启动应用

保护。Windows 安全中心默认处于打开状态，通过使用实时保护功能对计算机中下载或运行的所有内容进行扫描，抵御电子邮件、应用程序、云和网络上的病毒、恶意软件及间谍软件等软件威胁，确保计算机的安全。

打开 Windows 安全中心，可以对其状态进行查看和设置操作，方法如下。

在“开始”菜单选择“设置”选项，选择“更新和安全”选项，选择“Windows 安全中心”选项，打开“Windows 安全中心”窗口，如图 1-53 所示。

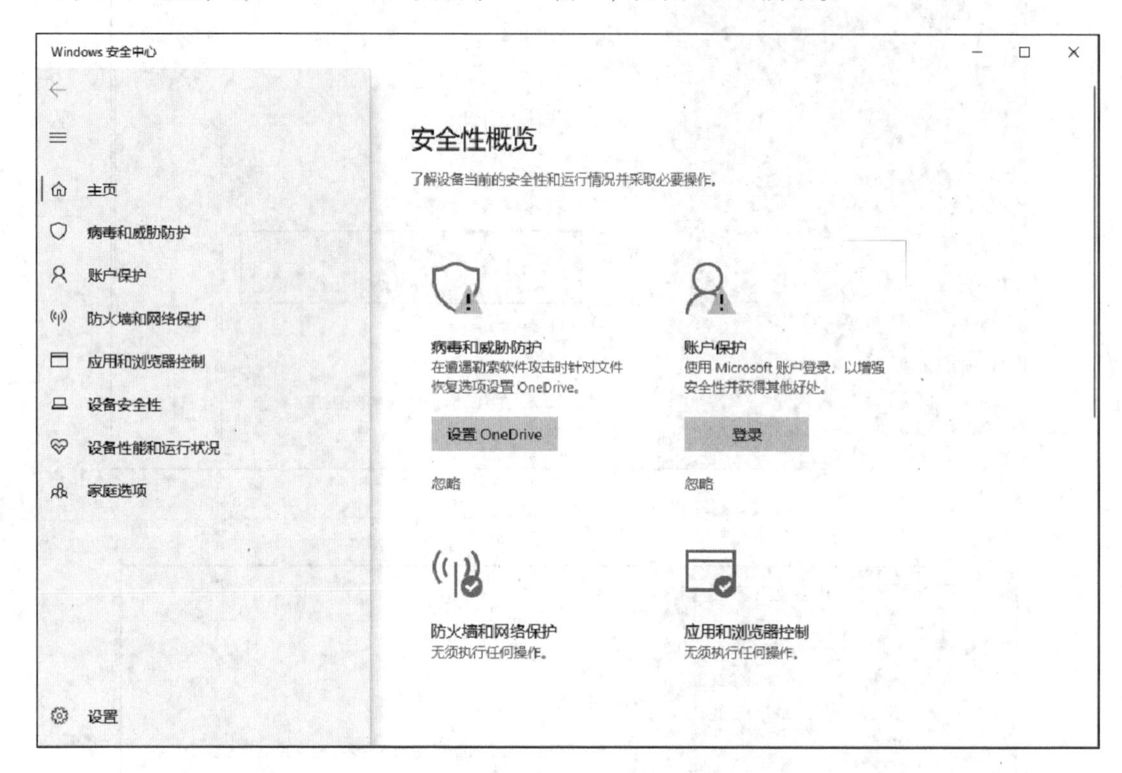

图 1-53　Windows 安全中心

（1）病毒和威胁防护

该选项用于监控设备威胁、运行扫描并获取更新来帮助检测最新的威胁。

① 扫描选项：设置病毒和威胁程序的扫描方式，如图 1-54 所示。

a. 快速扫描：检查系统中经常发现威胁的文件夹。

b. 完全扫描：检查硬盘上的所有文件和正在运行的程序。

c. 自定义扫描：用户选择要检查的文件和位置。

d. Windows Defender 脱机版扫描：选择该选项进行扫描，系统会自动重启进入脱机模式，对某些较难清除的恶意软件进行删除。

② 允许的威胁：是被安全中心标记为有威胁，但用户却依然允许它在本设备上运行的程序项。系统的安全警示会把这些程序排除在外。

③ 保护历史记录：是查看来自 Windows 安全中心的最新保护操作和建议。

④ 管理设置：可以对一些选项进行开关设置，如图 1-55 所示。

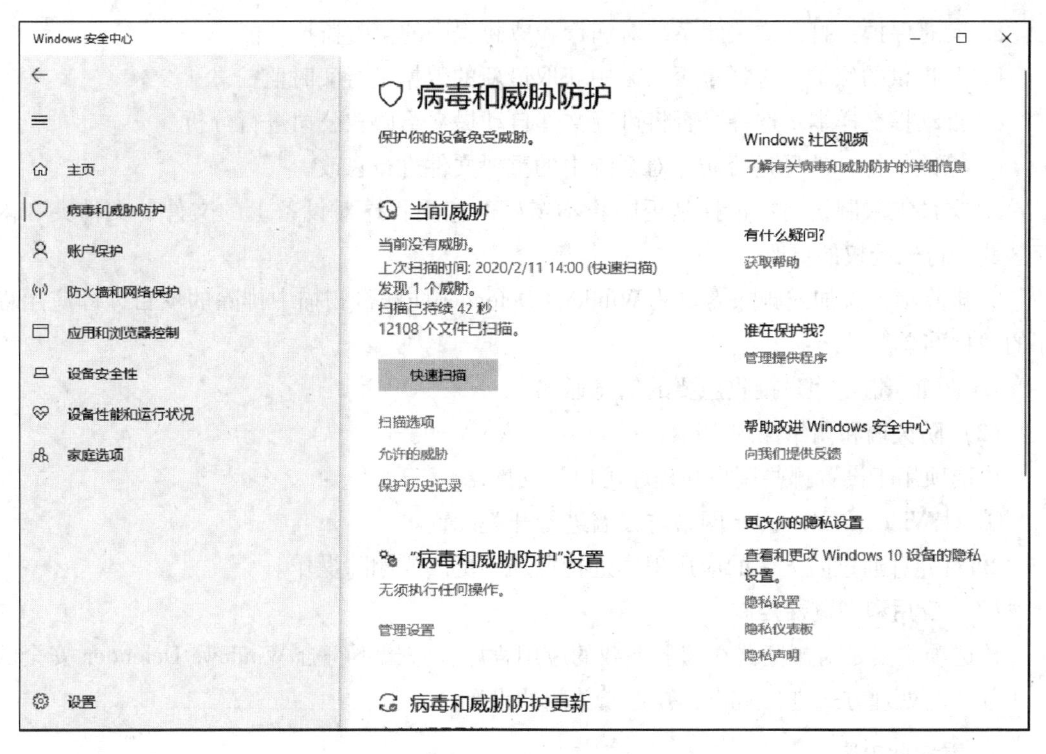

图 1-54 病毒和威胁防护

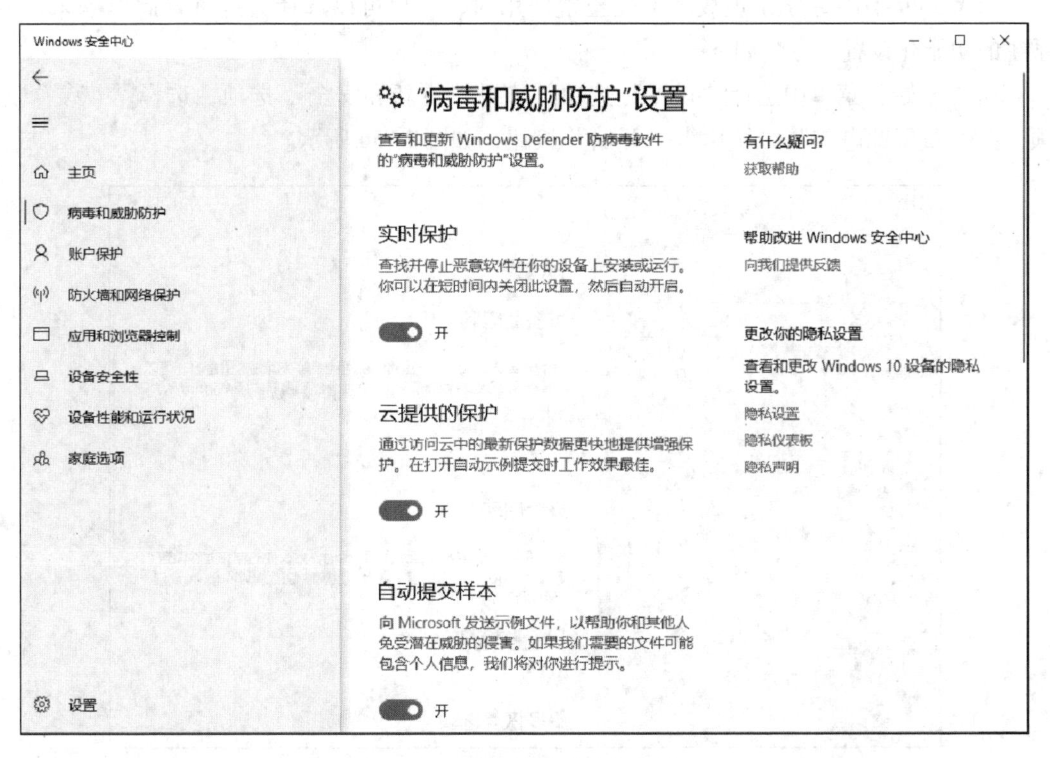

图 1-55 "病毒和威胁防护"设置

a. 实时保护：打开或关闭系统对病毒和威胁程序的实时监控功能。

b. 云提供的保护：选择是否从云中获取最新的数据进行实时监控。

c. 自动提交样本：选择是否将可疑文件自动提交给微软公司进行分析。

d. 篡改保护：选择是否防止对系统中的重要文件进行篡改。

e. 文件夹限制访问：选择是否防止不友好的应用程序对设备上的文件、文件夹和内存区域进行未授权的更改。

f. 排除项：添加或删除需要从 Windows Defender 防病毒扫描中排除的项目，即应用程序的“白名单”。

g. 通知：指定用户接收想要的信息通知。

（2）防火墙和网络保护

该选项用于设置哪些用户和程序可以访问网络。

① 对 Windows Defender 网络防火墙进行开关设置。

② 对允许通过防火墙的应用程序进行添加、更改或删除操作。

（3）应用和浏览器控制

该选项主要是对浏览器在网上下载的应用程序检查出不符合 Windows Defender 安全的应用程序的处理方式进行阻止、警告或关闭的设置。

6. 重置此电脑

当 Windows 10 系统出现故障不能正常使用时，用户可以选择通过重置此电脑来恢复系统的初始化设置。方法如下。

在“开始”菜单中选择“设置”选项，选择“更新和安全”选项，选择“恢复”选项，在“重置此电脑”区域单击“开始”按钮，如图 1-56 所示。

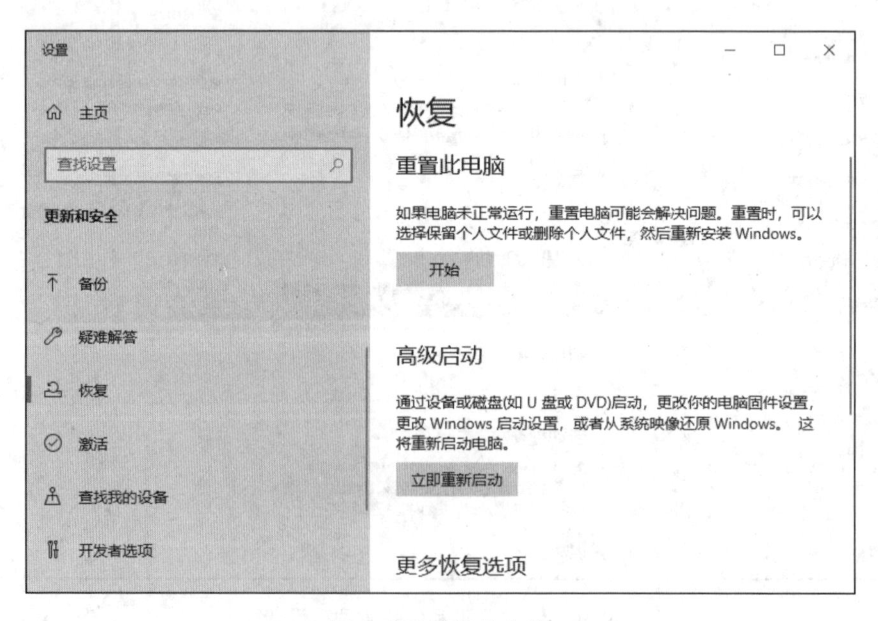

图 1-56 重置此电脑

需要说明的是，重置操作不能解决所有的软件系统故障，对于不能用重置方式解决的故障，可以选择重新安装操作系统的办法来解决。

7. 激活系统

在前面介绍查看系统信息时讲过，Windows 10 有诸多版本，市面上预装的大多是只包含基本功能的家庭版，如果需要使用家庭版以外的功能，则需要将家庭版升级为专业版或企业版。这需要向微软购买专业版或企业版的产品密钥，再进行系统激活。方法如下。

在“开始”菜单选择“设置”选项，选择“更新和安全”选项，选择“激活”选项，单击“更改产品密钥”选项，打开“输入产品密钥”对话框，如图 1-57 和图 1-58 所示。

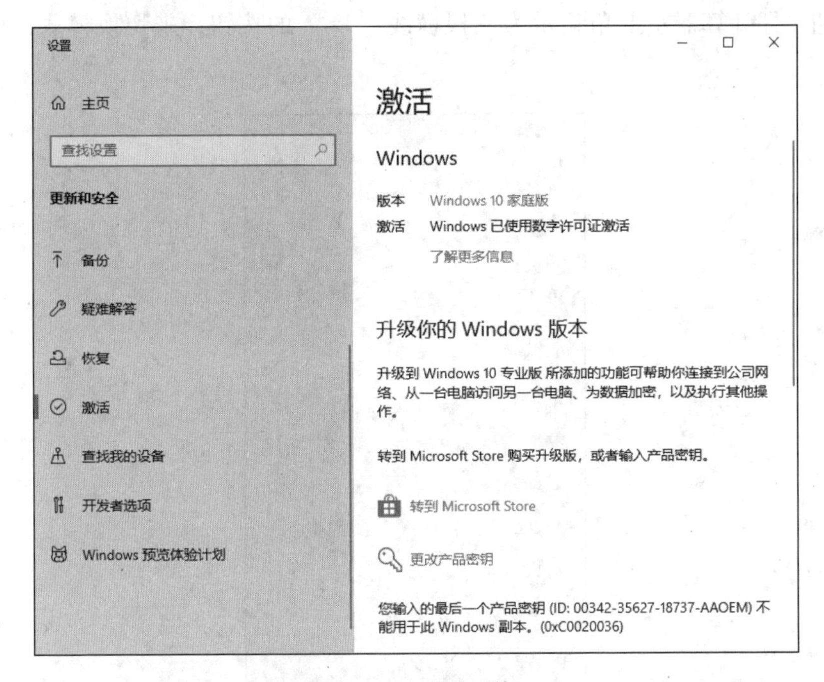

图 1-57 激活系统

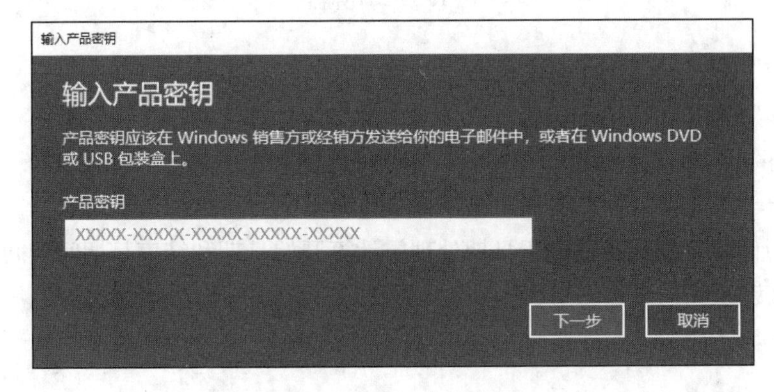

图 1-58 输入产品密钥

1.2.8 常用小程序

Windows 10 系统自带了一些非常实用的小程序，在“开始”菜单的应用列表中。

1. 计算器

计算器一直是 Windows 自带的一个用于数值计算的小工具。Windows 10 中的计算机应该说是迄今为止历代 Windows 系统中功能最为强大的一个。不仅可以在桌面上同时打开多个可重新调整窗口大小的计算器，而且还可以在标准型、科学型、程序员、日期计算和转换器等多个模式之间进行切换。

在应用列表中启动计算器后，默认是最简单的“标准”模式，用户可以单击“打开导航”按钮，即计算器左上角显示为三根横线“≡”的按钮，来切换模式，如图 1-59 所示。

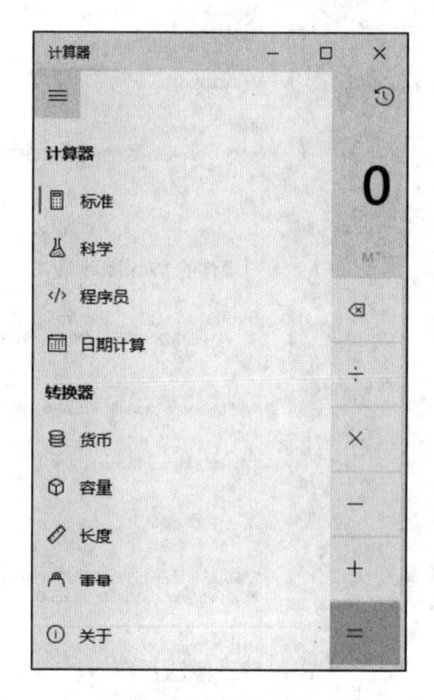

图 1-59 计算器

①“标准”模式：适用于基本的数学计算。

②“科学”模式：适用于包含有数学函数的高级计算。

③“程序员”模式：适用于进制转换和二进制代码运算，其中 HEX、DEC、OCT、BIN 分别是指十六进制、十进制、八进制、二进制。

④“日期计算”模式：适用于日期处理，计算开始日期和结束日期间的间隔天数。

⑤ 各“转换器”模式：适用于在各类型数据的不同单位之间进行转换。

2. 画图

画图是一个小型的绘图工具。用户可以利用它进行图形的绘制和编辑、添加文字及打印图像等操作。

在“开始”菜单的应用列表中选择“Windows 附件”组中的“画图”选项。其窗口如图 1-60 所示。

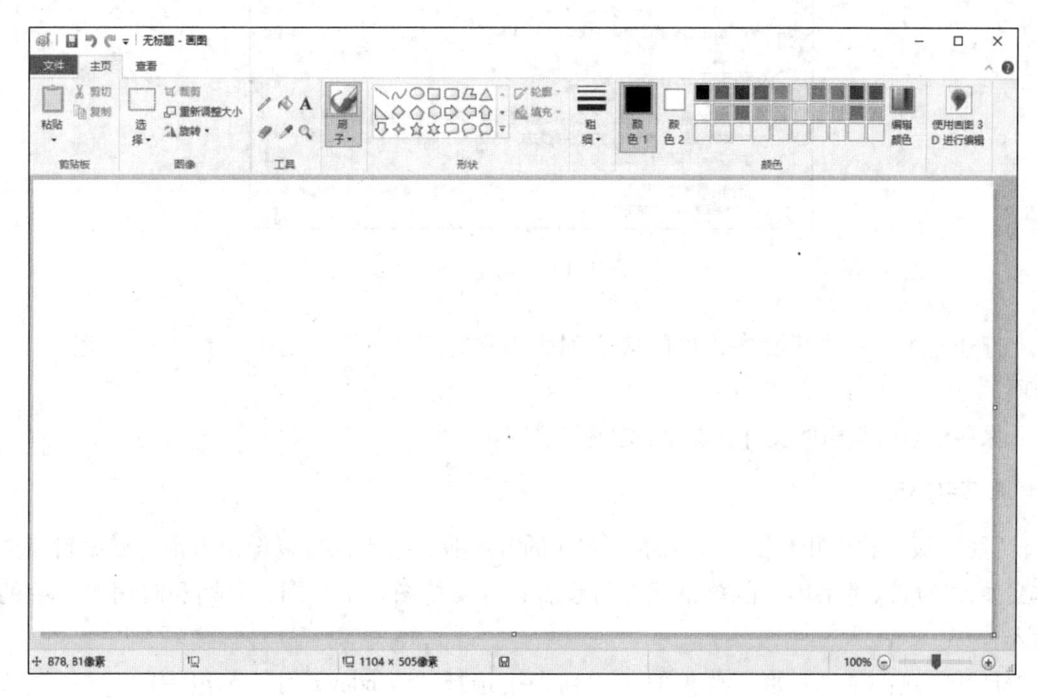

图 1-60 画图

其功能区主要工具如下。

① 剪贴板：对剪贴板中的图片进行剪切、复制、粘贴等操作。

② 图像：可以对图像进行区域选择、调整分辨率和旋转灯操作。

③ 工具：包含铅笔、橡皮擦、颜色填充、取色器、添加文字和放大镜等常用的图像编辑工具。

④ 形状：包含对常见图形进行绘制的工具。

⑤ 颜色：为图形图像选取、编辑颜色。

3. 截图工具

截图工具是对用户屏幕上显示的图像进行截取的一个工具。

打开方式：在“开始”菜单的应用列表中选择“Windows 附件”组中的“截图工具”选项。其窗口如图 1-61 所示。

截图模式有任意格式截图、矩形截图、窗口截图和全屏幕截图，截图的快捷键是 Win+Shift+S 键。另外，还可以设置屏幕截图的延迟时间。

4. 记事本

记事本是系统自带的一个纯文本编辑工具。所谓纯文本格式就是指由可打印字符组成、不能包含图形图像且不包含任何文字字体和段落格式修饰的一种文本格式。

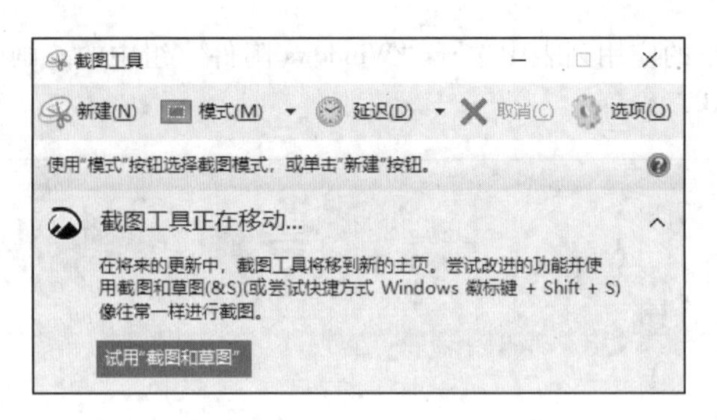

图 1-61　截图工具

打开方式：在“开始”菜单的应用列表中选择“Windows 附件”组中的“记事本”选项。

保存记事本编辑的文件，默认的扩展名是 txt。

5. 写字板

“写字板”程序相当于“记事本”程序的升级版，它不仅可以像记事本一样编辑纯文本文件，还可以对字体、段落格式进行设置，并支持图片、绘图、日期和时间等对象的插入。

打开方式：在“开始”菜单的应用列表中选择“Windows 附件”组中的“写字板”选项。

1.2.9　注册表

1. 注册表的基本概念

注册表（registry）是 Windows 操作系统统一管理所有用户和软硬件资源的配置、参数等信息的核心数据库。它记录了操作系统及各种软件的配置信息和设置参数，保存了各种硬件部件的描述、状态和属性，性能记录和其他底层的系统状态信息，存放了计算机联网的设置和各种许可，文件扩展名与应用程序的关联以及其他数据。因此，它直接控制着 Windows 的启动、硬件驱动程序的装载以及 Windows 应用程序的正常运行。

注册表是一个有结构的数据库文件，它将计算机中的各种配置信息集中起来存储。存储结构由键和键值项构成。键也称项，就是目录。键包括主键及主键以下的各子键。主键是注册表每一类的开始，名称以“HKEY_”开头，也称为根键。子键也称为子项。严格地说，它是一个相对的概念，即当前键的下一级键，就是当前键的子键；但是在实际使用中，称呼并不那么严格，例如，相对主键而言，其下面的所有键都可称为子键。键值项也简称为值，是具体存放数据的地方，如同文件夹中的文件。它包括名称、数据类型和数据三部分。名称为不包括反斜线的字符、数字、代表符和空格的任意组合，同一键中不可有相同的名称。数据类型包括字符串、二进制和双字节等类型。数据是键值项的具体取值，其大小可以占用 64 KB。键是用来表示键值项位置的，键值项则是用来表示具体配置情况的，存放具体的数据。

通过上述分析，不难理解注册表的存储结构是一个树状的分层结构，如图 1-62 所示。

图 1-62 注册表编辑器

Windows 注册表中的五大主键及其包含的配置信息如表 1-5 所示。

表 1-5 注册表的主键及其包含的配置信息

项	包含的配置信息
HKEY_CLASSES_ROOT	包含已在当前计算机上注册的与应用程序相关联的所有文件扩展名信息，还存放着计算机的所有硬件信息与系统配置信息
HKEY_CURRENT_USER	包含当前登录用户的配置信息，其子项包含环境变量、应用程序首选项、桌面设置、网络连接、打印机等，可以说 Windows 设置中的配置信息几乎都保存在这里
HKEY_LOCAL_MACHINE	包含特定于计算机的系统软件及硬件相关信息的配置信息，是一个公共配置信息，适用于任何用户
HKEY_USERS	包含当前计算机所有的用户配置信息，记录了当前计算机所有用户的设置
HKEY_CURRENT_CONFIG	包含计算机在系统启动时使用的有关硬件配置信息，如字体、操作系统、打印机等

Windows 注册表中键值项的数据类型及其描述如表 1-6 所示。

表 1-6 注册表键值项的数据类型及描述

数据类型	名　称	描　述
REG_SZ	字符串	长度固定的文本字符串
REG_BINARY	二进制值	原始的二进制值，以十六进制格式显示

续表

数据类型	名　称	描　述
REG_DWORD	DWORD 值	用4个字节（32位）表示的数据，以十进制或十六进制格式显示
REG_QWORD	QWORD 值	用8个字节（64位）表示的数据，以十进制或十六进制格式显示
REG_MULTI_SZ	多字符串	有多个文本值的字符串，包含用户可以阅读的列表或有多个值的值通常就是这种类型。各值之间可以用空格、逗号或其他标记分隔
REG_EXPAND_SZ	可扩展字符串值	长度可变的数据字符串，包括程序或服务使用该数据时解析的变量

2. 打开注册表

注册表数据保存在 Windows 文件夹下的 system. dat 和 user. dat 两个二进制的隐藏文件中，用户不能使用普通的编辑软件来打开它们，需要使用专门的注册表编辑器 regedit 或 regedt32 来打开，方法如下。

① 在“开始”菜单的“应用列表”中选择“Windows 管理工具”组中的“注册表编辑器”选项。

② 按 Win+R 键，打开“运行”对话框，输入 regedit，单击“确定”按钮。

③ 通过资源管理器找到 C:\Windows\System32\regedt32. exe，并用管理员身份运行它。

3. 导出注册表

导出注册表，即将注册表项目导出到注册文件（. reg）中进行备份，以免注册表受到意外破坏后导致系统不能正常运行。

打开“注册表编辑器”窗口，选择注册表项目，在“文件”菜单中选择“导出”选项，选择位置，输入文件名，单击“确定”按钮。

4. 导入注册表

导入注册表，即将注册文件中的信息导入注册表中，可用于添加或恢复注册表。

① 在“注册表编辑器”窗口中，选择“文件”菜单，选择“导入”选项，选择注册文件，单击“确定”按钮。

② 直接双击注册文件，也可以将文件内容导入本机注册表。

5. 修改注册表

修改注册表，即通过修改注册表中键或键值项的数据，对计算机原有的配置信息做出修改，以达到对系统进行配置、限制及优化等作用。

例如，在 Windows 右键菜单添加将文件“用记事本打开”的选项。

① 按 Win+R 键，在“运行”对话框中输入“regedit”，单击“确定”按钮，打开“注册表编辑器”窗口。

② 依次展开项（或在地址栏中直接输入）：计算机\HKEY_CLASSES_ROOT*\shell。

③ 右击左侧窗口 shell 项，选择“新建”→“项”命令，命名为“用记事本打开”（不含双引号）。

④ 右击左侧窗口“用记事本打开”项，选择“新建”→“项”命令，命名为“Command”（不含双引号）。

⑤ 双击 Command 项右侧窗口的“默认”值，在“编辑字符串”对话框“数值数据”文本框中输入“notepad %1”（不含双引号），单击“确定”按钮。

⑥ 选定某文件，右击，在菜单中可见“用记事本打开”选项。

注册表中的数据控制着系统启动，硬件驱动程序的加载以及一些应用程序的正常运行、用户配置数据等。一旦注册表被错误修改，就可能会导致一些应用程序无法正常使用，或者系统不能正常启动，甚至可能导致整个系统的瘫痪。因此，建议不要随意修改注册表信息，如果确实需要修改，也需要在修改前先做好注册表的备份工作，必要时可以通过备份对破坏的数据进行恢复。

1.3 实验内容

微视频 1-1：系统信息和状态栏

1. 查看当前用机 Windows 10 系统的系统信息，并做好记录。

操作步骤：

① 在“开始”菜单中选择“此电脑”选项，右击，选择“属性”命令。

② 记录 Windows 版本、处理器、内存容量、系统类型、计算机名、工作组、激活状态等信息。

2. 调整“状态栏”设置。

① 将“文件资源管理器”“网络”和“个人文件夹”选项显示在“开始”菜单上。

② 将“开始”菜单的应用列表中的“此电脑”“命令提示符”“计算器”“画图”“记事本”程序选项固定到磁贴上一个新建分组中，并给这个分组命名为“常用工具”。

③ 不合并显示“任务栏按钮”。

④ 在“通知区域”显示所有图标。

⑤ 修改系统默认的输入法切换快捷键为 Ctrl+Shift 键。

⑥ 设置“日期和时间”自动与时间服务器同步，并设置任务栏显示的短日期格式为“XXXX-XX-XX”、短时间格式为 12 小时制“XX:XX”。

操作步骤：

① 在桌面空白处右击，选择“个性化”选项，在“设置”窗口选择“开始”选项，单击右侧的“选择哪些文件夹显示在‘开始’菜单上”选项，设置“文件资源管理器”“网络”和“个人文件夹”选项为开。

② 在“开始”菜单的应用列表中找到“此电脑”程序选项，右击，选择“固定到‘开始’屏幕”选项，即在磁贴区创建了一个“此电脑”磁贴，接下来，再用相同的方法将“命令提示符”“计算器”“画图”“记事本”等程序选项也固定在磁贴区。系统会自动将这5个新“磁贴”创建在一个新的分组中。单击该新分组右上方的双横线“═”按钮，在文本框中输入分组的名称“常用工具”。

③ 在任务栏空白处右击，选择“任务栏设置”命令，打开“设置”窗口，选择“任务栏”选项，在“合并任务栏按钮”选项组中选择“从不”选项。

④ 选择“任务栏”选项，选择“通知区域”选项，在“选择哪些图标显示在任务栏上”区域设置“通知区域始终显示所有图标”为“开”。

⑤ 在“开始”菜单“系统选项”区选择“设置”选项，选择“时间和语言”选项，选择“语言”选项，在“选择始终默认使用的输入法”区域选择“输入语言热键”选项，打开“文本服务和输入语言”对话框，选择“高级键设置”选项卡，选择“在输入语言之间”选项，单击“更改按键顺序”按钮，打开“更改按键顺序”对话框，选择“切换输入语言”选项，按Ctrl+Shift键，单击“确定”按钮。

⑥ 在任务栏显示的“日期和时间”选项上右击，选择“调整日期/时间”命令，选择“日期和时间”选项，设置“自动设置时间”为“开”；选择“区域”选项，选择“更改数据格式”选项，选择“短日期格式”选项，选择“2017-04-05”选项，选择“短时间格式”选项，选择“上午09:40”选项。

微视频1-2：文件夹、安装和卸载软件、注册表

3. 将Windows 10系统下的锁屏图片文件复制到D盘根目录新建的一个名为abc的文件夹中。要求分别在文件资源管理器和命令提示符中完成操作。

操作步骤：

① 在文件资源管理器中完成操作。

单击任务栏“文件资源管理器”程序按钮，在“此电脑”区域双击“C:”选项，选择“Windows→Web→Screen”选项，将文件全部选择（可按Ctrl+A键），右击，选择“复制”命令，单击“文件资源管理器”导航区“D:”选项，在工作区空白处右击，选择“新建”→“文件夹”命令，将“新建文件夹”重命名为“abc”，双击“abc”文件夹打开文件夹，在工作区空白处右击，选择“粘贴”命令。

② 在命令提示符中完成操作。

按Win+R键，打开“运行”对话框，输入“cmd”，单击“确定”按钮，在“命令提示符”窗口依次输入下面两条命令，并按Enter键确认。

```
md d:\abc
copy C:\Windows\Web\Screen d:\abc
```

4. 从官网下载并安装压缩软件WinRAR，再将其卸载。

操作步骤：

（1）下载

① 打开浏览器，在地址栏输入网址 http：//www.winrar.com.cn/download.htm。

② 选择与当前计算机相同字长的 WinRAR 版本进行下载。

（2）安装

① 双击下载的安装文件，按向导提示安装。

② 可以双击 WinRAR 的菜单选项图标，启动 WinRAR。

（3）卸载

① 在“开始”菜单的应用列表中右击 WinRAR 程序选项，选择“卸载”命令。

② 在“程序和功能”窗口选择 WinRAR，单击“卸载”按钮。

5. 分别用“设置”选项和修改注册表的方法，将 txt 类型的文件的默认打开方式从“记事本”改为“写字板”。

操作步骤：

（1）在“设置”选项中完成

① 在“开始”菜单中选择“设置”选项，启动“Windows 设置”窗口。

② 选择“应用”选项，选择“默认应用”选项，选择“按文件类型指定默认应用”选项。

③ 找到“.TXT 文本文档”，选择应用“写字板”。

（2）用修改注册表的方法完成

（操作前，先用方法（1）把打开 .TXT 文件的默认应用改回“记事本”。）

① 按 Win+R 键，打开“运行”对话框，输入“regedit”，单击“确定”按钮，打开“注册表编辑器”窗口。

② 依次展开项：计算机\HKEY_CLASSES_ROOT\txtfile\shell\open\command。

③ 双击 Command 项右侧窗口的“默认”值，打开“编辑字符串”对话框，在“数值数据”文本框中输入“%ProgramFiles%\Windows NT\Accessories\wordpad.exe %1”（不含双引号），单击“确定”按钮。

用上述两个方法修改后，双击某个 txt 文件，均可发现是用“写字板”程序打开的。

1.4 课后思考

1. 如何在 Windows 10 中显示“此电脑”“网络”和“用户的文件”等桌面图标？

2. 如何修改 Windows 10 中的登录密码？

3. 如何将两个磁盘分区进行合并，操作过程中如何保证磁盘数据的安全？

4. 为什么要在图形操作系统 Windows 中保留能够执行 DOS 命令的“命令提示符”程序？

5. 如何通过修改注册表的方式来完成修改 mp4 视频文件的默认打开程序？

实验 2

文字处理及其基本应用

2.1 实验目的

1. 掌握 Word 的启动与退出、工作环境及组成。
2. 掌握 Word 文档的建立、保存、打开及基本编辑操作。
3. 熟练掌握字体设置的方法。
4. 熟练掌握图片、图形和艺术字的插入和编辑方法。
5. 熟练掌握页面和段落格式的设置方法以及图文混排的方法与技巧。
6. 掌握表格的建立及内容的输入、编辑方法。
7. 掌握邮件合并批量处理文档的方法。

2.2 课前预习

2.2.1 初识 Word 2016

1. 启动与退出

通过单击桌面左下角的“开始”按钮，在弹出的菜单列表中找到 Word 2016，单击 Word 2016 选项，启动。单击如图 2-1 所示的工作界面右上角的“关闭”按钮，则退出 Word 或关闭当前打开的文档。如果每次启动时都弹出配置进度的界面，可通过如下方法关闭。具体步骤如下。

① 按 Win+R 键，打开“运行”对话框，输入 regedit，单击“确定”按钮。

② 进入注册表 HKEY_CURRENT_USER\Software\Microsoft\Office\16.0\Word\Options。

③ 在右侧窗口中右击，新建 DWORD 值，命名为 NoRereg。

④ 在 NoRereg 名称处右击，选择“修改”命令，在“数值数据”框中填写 1。

⑤ 单击“确定”按钮，关闭注册表窗口即可。

2. 工作界面

Word 2016 的工作界面如图 2-1 所示。窗口的最上方是由快速访问工具栏、当前文档名称与窗口控制按钮组成的标题栏，下面是功能区，然后是文档编辑区。界面颜色上提供了彩色、深灰色和白色，用户可通过单击“文件”菜单，选择“账户”选项，在“Office主题”下拉列表中选择。

图 2-1　Word 2016 工作界面

3. 视图

Word 窗口界面有页面视图、阅读视图、Web 版式视图、大纲视图、草稿视图 5 种查看文档的视图显示方式。可通过“视图”选项卡进行切换。其中最常用的视图是“页面视图”。在长文档的编辑过程中，需要勾选“视图”选项卡“显示”组的“导航窗格”选项，以打开导航窗格，方便快速定位到指定的文档内容。

4. 新建文档

启动 Word 2016 时，系统会呈现“新建”页面，用户可根据需求创建空白文档或搜索联机模板来创建文档。另外，用户还可以通过“文件”菜单中的“新建”命令来呈现“新建”页面。或者通过快速访问工具栏中的“新建”命令，来创建空白文档。按 Ctrl+N 键可创建一个空白文档。新建文档默认的扩展名为“.docx”。

5. 打开文档

要打开已存在的 Word 文档，可以单击快速访问工具栏的按钮或选择“文件”菜单中的“打开”命令，或按 Ctrl+O 键打开一个或多个已存在的 Word 文档。

为方便用户，Word 会记住用户曾经打开过的文件，并将这些文件名显示在“文件”

菜单“打开”选项中的“最近”列表中。

6. 保存文档

为保护编辑的内容，应及时保存文档。通过选择“文件”菜单中的“保存”命令保存新建文档，通过选择“文件”菜单中的“另存为”选项，选择“这台电脑”或“浏览”选项可在本地计算机上将文档保存为其他文件名或保存在其他路径下或其他文档格式，如图 2-2 所示。

图 2-2 “另存为”列表

另外，Word 2016 还为用户配备了 1 TB 的 OneDrive 云存储空间，用户可以通过 OneDrive 在任何设备上与朋友、家人、项目和文件时刻保持联系。此外，还可以帮助用户从一种设备切换到另一种设备，并继续当前未完成的 Office 编辑操作，从而实现各种设备之间无缝衔接型的创建和编辑操作。使用时，用户需先登录到微软账户，然后通过选择“文件”菜单中的“另存为”命令，选择“OneDrive-个人”选项，将当前文档保存到 OneDrive 中。

7. 文档的自动保存和自动恢复

为防止突然断电等意外造成文档内容的丢失，Word 提供了在指定时间间隔为用户自动保存文档的功能。自动保存文档功能的设置方法如下。

① 通过选择“文件”菜单中的“选项”选项打开“Word 选项”对话框，如图 2-3 所示。

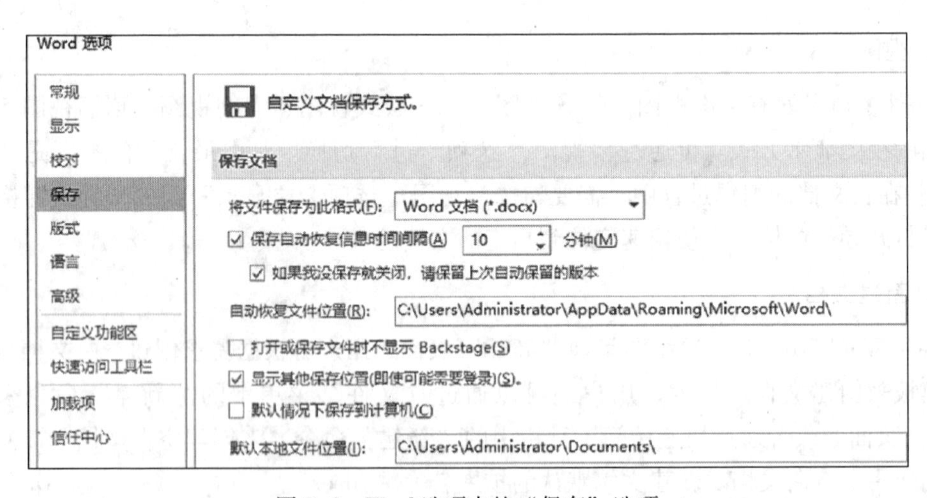

图 2-3 Word 选项中的“保存”选项

② 选择“保存”选项，指定系统自动保存时间间隔，系统默认为 10 分钟，最低可设置为每隔 1 分钟保存 1 次。

③ 同时，可以在此设置 Word 文档自动保存位置。

8. 保护文档

对于一些需要保密的文档，则必须添加密码以防止内容泄露。在“另存为”对话框中单击“工具”下拉按钮，选择“常规选项”选项，弹出“常规选项”对话框，如图 2-4 所示。在“打开文件时的密码”文本框中输入密码，单击“确定”按钮。在弹出的“确认密码”对话框中输入密码，单击“确定”按钮即可添加文档密码。另外，还可根据需要设置修改文件时的密码。

图 2-4 “常规选项”对话框

保护文档的第二个方式是选择“文件”菜单的“信息”命令，单击“保护文档”下拉按钮，在其下拉列表中选择“用密码进行加密”选项来为文档添加密码或设置限制编辑。

9. 打印文档

Word 2016 采用页面视图时，用户所看到的文档页面与打印所得的页面基本相同。同时，Word 提供打印预览功能，用户可在正式打印之前查看打印后的最终效果，确认后再开始打印。

打印步骤如下。

① 选择“文件”菜单中的“打印”命令，或单击快速访问工具栏的按钮，进入“打印”后台视图。

②“打印”后台视图左侧为设置区域，可设置打印页码范围、页数、双面打印、纸张大小等。右侧显示打印预览。

③ 设置完毕后，单击设置区上方的“打印”按钮即可将文档打印输出，如图 2-5 所示。

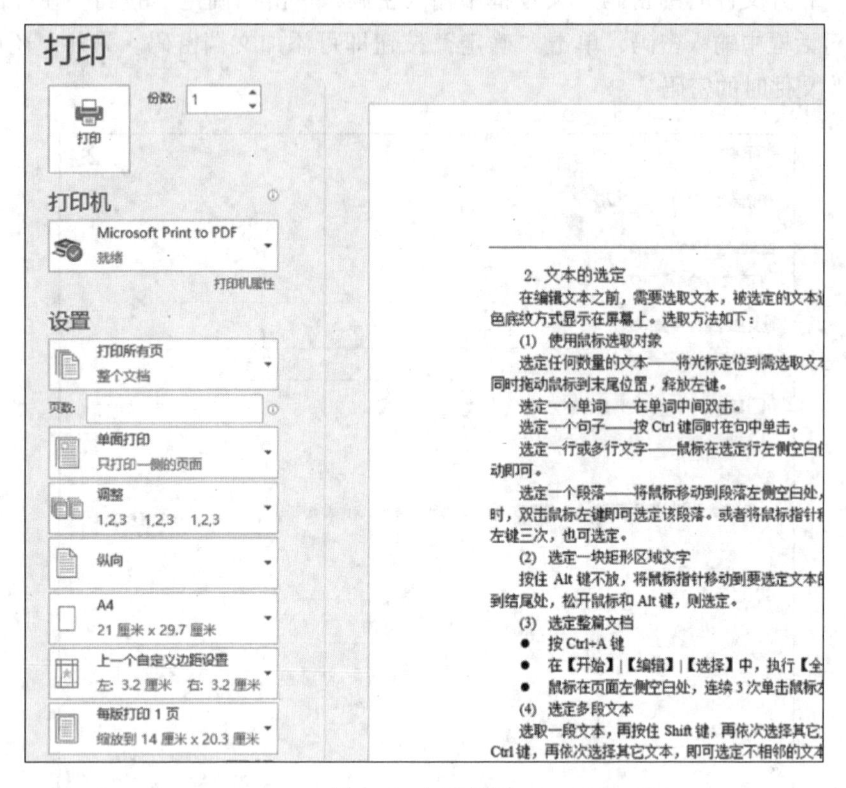

图 2-5 打印设置

2.2.2 文档的编辑

1. 输入文本

创建文档之后，可以在文档中输入中英文、日期、数字等文本，然后便可以对文档进行编辑与排版。

（1）输入文字

在 Word 中的光标处，可直接输入中英文、数字、符号、日期等文本。按 Ctrl+空格键可以打开输入法语言栏。按 Ctrl+Shift 键可以在不同输入法之间切换。按 Shift 键可以在中文状态和英文状态之间切换。按 Enter 键可换行输入，按空格键可空出一个或几个字符后再输入。如果插入光标位置输入的字符覆盖了其后的字符，则需要将“改写状态”改为“插入状态”，方法是按 Insert 键。对于生僻字的输入可以安装“搜狗拼音输入法”工具箱中的“手写输入”工具来实现，如所图 2-6 所示。其他输入法也有类似功能。此外，还可以利用搜狗偏旁输入法来输入生僻字，如“蕈”字，可以这样输入：u+偏旁部首的读音+另外部分读音，u'xi'zao。

图 2-6 搜狗拼音输入法的“手写输入”工具

（2）输入特殊符号

选择“插入”选项卡“符号”组中的“符号”选项，选择“其他符号”命令，在弹出的“符号”对话框中，如图 2-7 所示，选择相应的符号。

图 2-7 “符号”对话框

（3）添加随机文本

Word 中可以利用公式来添加一些随机文本，以快速输入一些段落。方法如下：输入“=rand(m,n)”，按 Enter 键，就可以获得 m 个段落，每个段落有 n 句。例如，输入“=rand(6,3)”，表示产生 6 个段落，每个段落有 3 句。

2. 文本的选定

在编辑文本之前，需要选取文本，被选定的文本通常称为文本块，该文本块通常以灰色底纹方式显示在屏幕上。选取方法如下。

（1）使用鼠标选取对象

选定任何数量的文本——将光标定位到需选取文本的起始位置，按住鼠标左键不放，同时拖动光标到末尾位置，释放左键。

选定一个单词——在单词中间双击。

选定一个句子——按 Ctrl 键同时在句中单击。

选定一行或多行文字——光标在选定行左侧空白位置，按住左键不放，向上或向下拖动即可。

选定一个段落——将光标移动到段落左侧空白处，当鼠标指针变成一个指向右上的箭头时，双击鼠标左键即可选定该段落。或者将鼠标指针移动到该段落中的任意位置，连续单击左键三次，也可选定。

（2）选定一块矩形区域文字

按住 Alt 键不放，将鼠标指针移动到要选定文本的开始字符，沿对角线方向拖动鼠标指针到结尾处，松开鼠标和 Alt 键，则选定。

（3）选定整篇文档

① 按 Ctrl+A 键。

② 在“开始”选项卡“编辑”组中选择“选择”选项，选择“全选”命令。

③ 鼠标在页面左侧空白处，连续 3 次单击鼠标左键。

（4）选定多段文本

选取一段文本，再按住 Shift 键，再依次选择其他文本，即可选定多段相邻的文本。按 Ctrl 键，再依次选择其他文本，即可选定不相邻的文本。

（5）使用键盘选取文本

从选取文本的起始位置开始，按住 Shift 键的同时，用↑、↓、←、→方向键移动插入光标选择选取范围。

3. 删除、移动或复制文本

（1）删除文本

按 Backspace 键删除插入光标左侧的字符，按 Delete 键删除插入光标右边的字符。删除一大块文本时也可使用该方法。

（2）利用剪贴板实现文本的复制、移动和删除

剪贴板是特殊的存储空间，可以暂存用户剪切和复制的内容。

剪切工具——选中文本后，在“开始”选项卡的“剪贴板”组中单击“剪切”按钮，或右击，在快捷菜单中选择“剪切”命令，或按 Ctrl+X 键。

复制工具——选中文本后，在“开始”选项卡的“剪贴板”组中单击“复制”按钮，或右击，在快捷菜单中选择“复制”命令，或按 Ctrl+C 键。

粘贴工具——选中文本后，在“开始”选项卡的“剪贴板”组中单击“粘贴”按钮，或右击，在快捷菜单中选择“粘贴”命令，或按 Ctrl+V 键。

“移动”操作可利用“剪切”和“粘贴”命令来实现。

“复制”或“剪切”的内容可进行多次“粘贴”。

(3) 格式复制

选择已设置好格式的文本，单击“开始”选项卡“剪贴板”组的“格式刷”按钮，当鼠标变为刷子形状时，再选中需应用的文本即可完成格式复制。如需多次应用相同的格式，则需要双击“格式刷”按钮。

(4) 粘贴选项

在“开始”选项卡“剪贴板”组中，单击“粘贴”按钮下面的三角形，弹出“粘贴选项”菜单，可选择“保留源格式”“合并格式”“只保留文本”三种粘贴方式。除此之外，还可以通过单击“选择性粘贴”选项，进入对话框来设置其他粘贴形式，如图 2-8 所示。

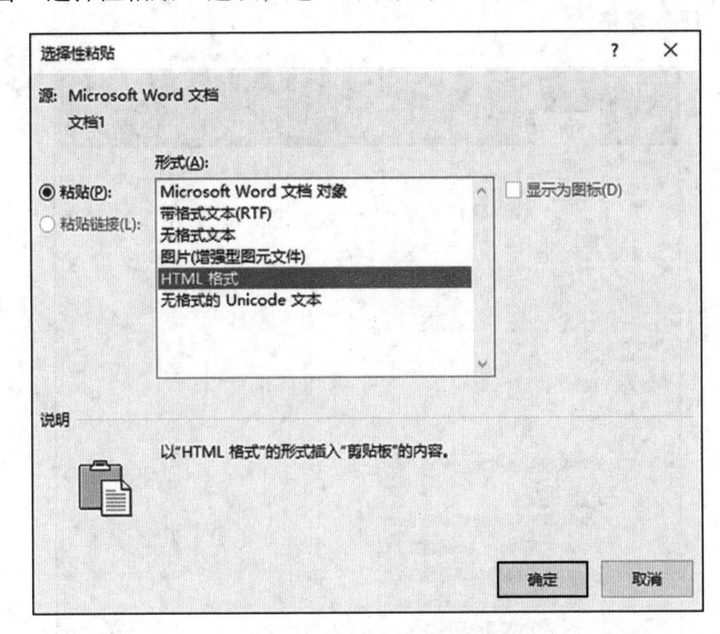

图 2-8 “选择性粘贴”对话框

粘贴选项在不同文档之间粘贴时非常有用。例如，要求将 Excel 中的表格复制、粘贴到 Word 中，并使复制的内容随着源文件的变化而自动更新。就可以使用带有链接的粘贴选项，如图 2-9 所示。

4. 撤销与恢复

在编辑文档时，如果操作有误，可以使用撤销和恢复功能来还原。方法是通过单击快速访问工具栏上的“撤销”按钮（或按 Ctrl+Z 键）取消一次或多次操作；或单击“恢复”按钮（或按 Ctrl+Y 键）来恢复刚才被撤销的动作。

图 2-9 带有链接的粘贴选项

5. 查找与替换

(1) 查找

查找功能可以帮助用户从文档中快速找出某个相同词汇或句子、格式、特殊字符等。

① 如图 2-10 所示，在“开始”选项卡“编辑”组中单击“查找”按钮，编辑区左侧出现“导航”任务窗格。

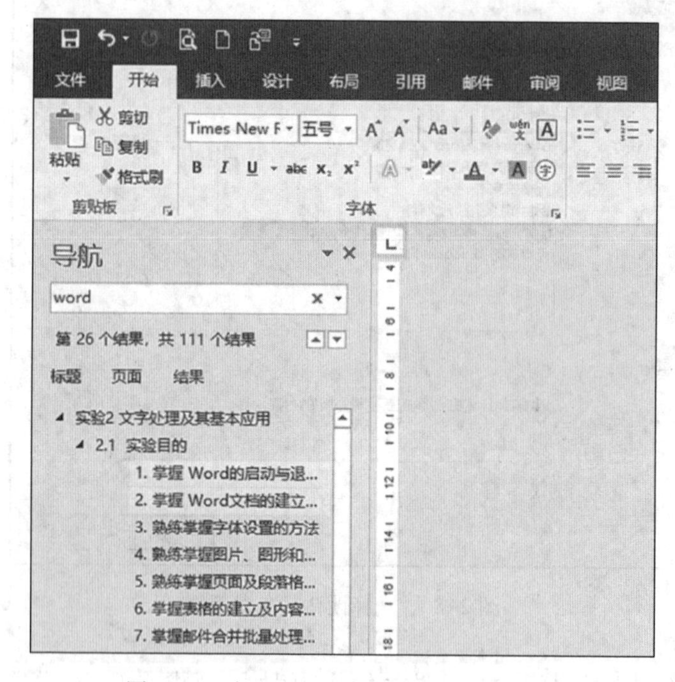

图 2-10 在“导航”任务窗格中查找文本

② 在“导航”任务窗格的搜索框中输入要查找的文本，此时在文档中查找到的文本将会以黄色突出显示出来并定位于第一个匹配项。

③ 单击搜索框右侧的“上一处”和“下一处”三角形箭头，可定位在本文档中的其他匹配项。

(2) 替换

简单替换通常用于字符和文本的替换；高级替换则用于格式、特殊字符、通配符等的查找与替换。

① 简单替换。在“开始”选项卡“编辑”组中，单击“替换”按钮，打开“查找和替换”对话框，如图 2-11 所示。

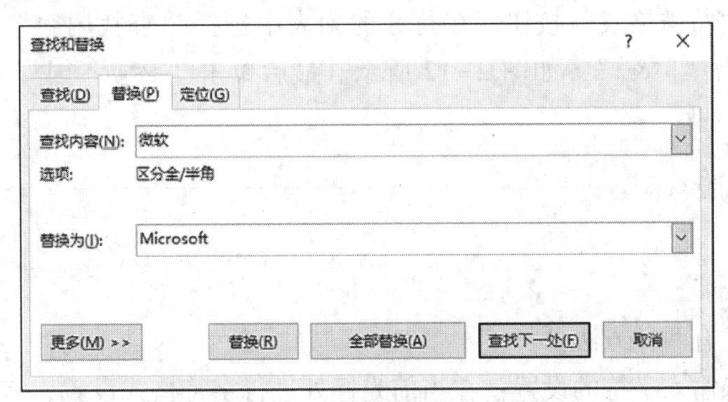

图 2-11 “查找和替换”对话框

在“查找内容”文本框中输入需查找的文本，在“替换为”文本框中输入替换后的文本。单击“替换”按钮可逐个查找并替换。如无须替换，可直接单击“查找下一处”按钮。如确定全文替换，可单击“全部替换”按钮。

② 高级替换。在“查找和替换”对话框中单击左下角的“更多>>”按钮，打开如图 2-12 所示的对话框，可进行格式替换（如字体格式）、特殊字符替换（如段落标志）和使用通配符进行替换。

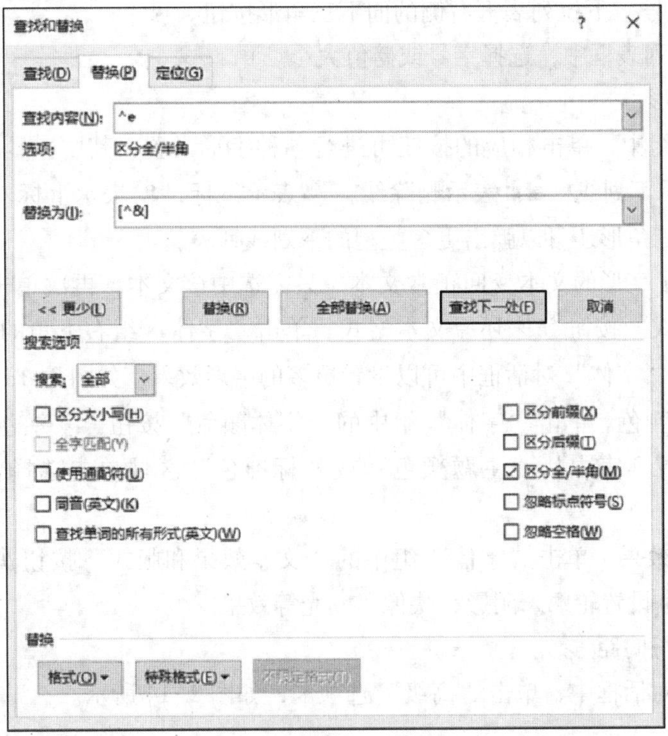

图 2-12 高级查找和替换设置

例如，给论文的尾注编号批量加［］，可进行如下操作：光标定位于“查找内容”文本框，单击“特殊格式”按钮，在打开的列表中选择“尾注标记”选项。这时在“查找内容”文本框会出现“^e”符号，在“替换为”文本框中输入“[ ]”，光标定位至方框中间。然后单击“特殊格式”按钮，在打开的列表中选择“查找内容”选项，此时替换为文本框内容变为“[^&]”，如图 2-12 所示。最后单击“替换”或“全部替换”按钮即可。

2.2.3 文档的排版

1. 字符排版

设置字符格式有两种方法。

第一种，对未输入字符的设置：在当前光标处进行字符格式设置，其后输入的字符将按设置的格式一直显示下去。

第二种，对文本块的设置：选定文本块，然后再进行设置。该方法只对选定的文本块有效。

（1）设置字体、字号

① 在“开始”选项卡“字体”组中，单击“字体”下拉列表框右侧的向下三角形按钮。

② 在随后弹出的列表框中，选择需要的字体，如“华文仿宋”。

③ 单击“字号”下拉列表框右侧的向下三角形按钮。

④ 在弹出的列表框中，选择字号或磅值大小。

（2）设置字形

在“字体”组中，单击相应的按钮可进行各种字形设置，其中：**B** 表示加粗，*I* 表示倾斜，U ▾表示下划线，abc 表示删除线，x_2 表示下标，x^2 表示上标。单击“下划线”按钮旁边的向下三角形还可以弹出更多类型的下划线列表。

如需把设置了字形的文本变回正常文本，只需选中该文本，再次单击相应按钮即可。或通过“清除格式”按钮来还原文本格式。单击“字体”组右下角的对话框启动器按钮，在打开的“字体”对话框中可以设置更多的字形效果，如图 2-13 所示。

① 设置字体颜色。单击“字体”组中的“字体颜色”按钮 A ▾旁边的向下三角形按钮，在弹出的下拉列表中从“主题颜色”或“标准色”区域单击选择自己喜欢的颜色即可。

② 设置文本效果。单击“字体”组中的“文本效果和版式”按钮 A ▾，在弹出的列表中可为选定文本设置轮廓、阴影、映像、发光等效果。

（3）设置字符间距

在“字体”对话框中，单击“高级”选项卡，如图 2-14 所示。

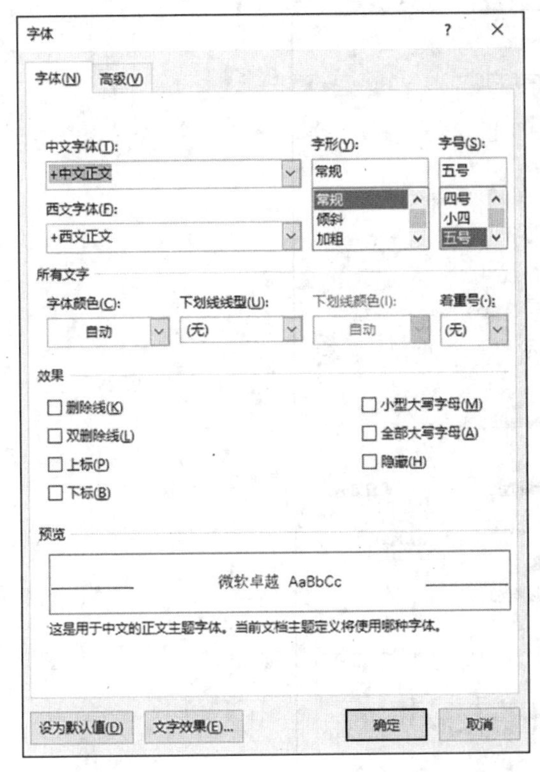

图 2-13 “字体”对话框的“字体”选项卡

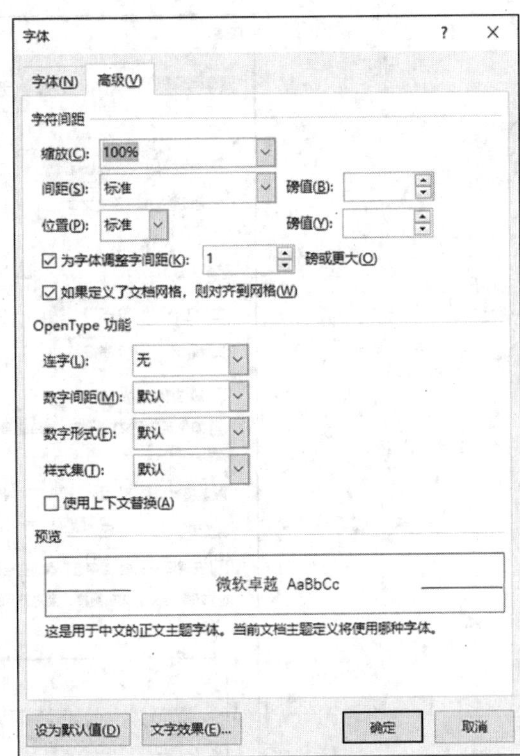

图 2-14 “字体”对话框的“高级”选项卡

在“字符间距”选项区域按需要调整字符间距。

① 在“缩放”下拉列表框中，有多种比例供选择，也可直接输入比例，%可不用输入，对文字横向缩放。

② 在“间距”下拉列表框中，有“标准”“加宽”和“紧缩”三种间距可供选择，可在右边的“磅值”微调框中输入合适的字符间距磅值。

③ 在“位置”下拉列表框中，有“标准”“提升”“降低”三种字符位置可选。

2. 段落排版

段落是以特定符号作为结束标记的一段文本，用于标记段落的符号是不可以打印的字符。通过“开始”选项卡“段落”组中的相应按钮可快速对段落进行设置，也可单击该组右下角的对话框启动器按钮，打开“段落”对话框，进行精确设置，如图 2-15 所示。

(1) 段落对齐

左对齐：将文字左对齐。

居中：将文字居中对齐。

右对齐：将文字右对齐。

两端对齐：将文字左右两端同时对齐，并根据需要增加字间距。

分散对齐：使段落两端同时对齐，并根据需要增加字符间距。

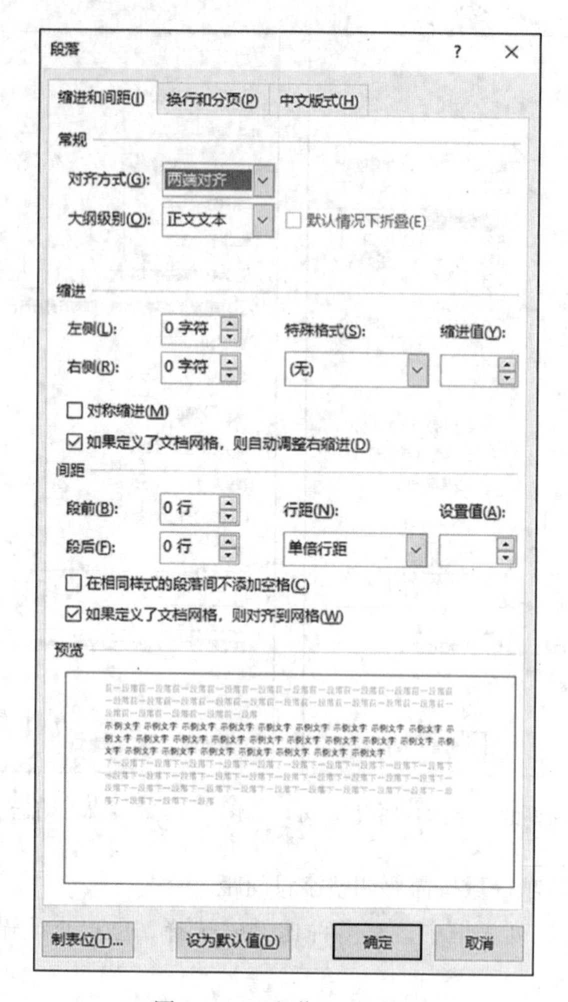

图 2-15 “段落”对话框

（2）段落缩进

段落缩进是在相对于左右页边距的情况下，将段落向内缩进。主要有标尺法、“段落”对话框两种设置方法。

① 标尺法。标尺可通过在“视图”选项卡“显示”组勾选“标尺”复选框打开。

水平标尺上主要包括“首行缩进”、“悬挂缩进”、“左缩进”、“右缩进”4 个按钮。其中，首行缩进表示只缩进段落中的第一行，悬挂缩进表示缩进除第一行之外的其他行，左缩进表示将段落整体向左缩进一定的距离，右缩进表示将段落整体向右缩进一定的距离。例如，拖动标尺中的“首行缩进”按钮缩进首行。

②“段落”对话框。如图 2-15 所示，在“缩进”组中，用户可以按照特殊格式设置首行缩进与悬挂缩进。例如，在“特殊格式”下拉列表中选择“首行缩进”选项，并在旁边的“缩进值”微调框中设置缩进值，如 2 字符。同时，也可以按照自定义左侧与右侧的方法设置段落的整体缩进。例如，在“左侧”与“右侧”微调框中设置缩进值为 1.5 个字符。另外，勾选“对称缩进”复选框时，“左侧”与“右侧”微调框将变为“内侧”

与“外侧”微调框，两者的作用大同小异。

(3) 段间距与行间距

段间距是指段与段之间的距离，行间距是指行与行之间的距离。在“段落”对话框的“间距”组中，可以设置段间距和行间距。具体设置方法如下。

① 段间距：包括段前与段后距离，在“段前”微调框中设置该段距离上段的行数，在“段后”微调框中设置该段距离下段的行数。

② 行间距：“段落”对话框中的“行距”下拉列表包括单倍行距、1.5 倍行距、2 倍行距、最小值、固定值、多倍行距 6 种规格。可在列表中根据需要选择行距。另外，还可以在“设置值”微调框中自定义行间距。例如，定义 1.25 倍行距，则可以选择“多倍行距”选项，再将“设置值”微调框中的数值改为 1.25。

此外，也可通过“开始”选项卡“段落”组的“行和段落间距”按钮来设置。

(4) 段落的边框和底纹

边框和底纹的主要作用是使得内容更加醒目、突出。通过“段落”组中的“底纹”按钮和“边框”按钮来快速设置。如需进行详细设置，可单击“边框”按钮右侧的向下三角形箭头，在弹出的菜单中选择“边框和底纹”命令，打开“边框和底纹”对话框来设置，如图 2-16 所示。

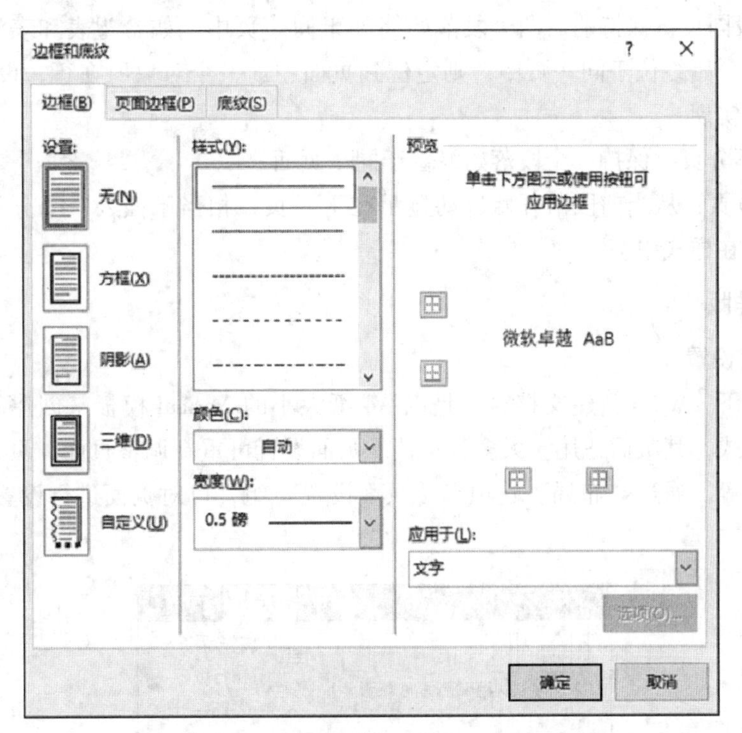

图 2-16 “边框和底纹”对话框的“边框”选项卡

①“边框”选项卡：可对选定的段落或文字加边框，设置框线颜色、样式、宽度等。

②“页面边框”选项卡：可对整篇文档或节的页面设置边框，仅增加“艺术型”下拉

列表框。

③“底纹”选项卡：可对选定的文字或段落加底纹。

（5）换行和分页设置

对于专业的或长文档排版时，需对某些特殊段落进行格式调整。这时，可通过如图2-17所示的“段落”对话框中的“换行和分页”选项卡进行设置。

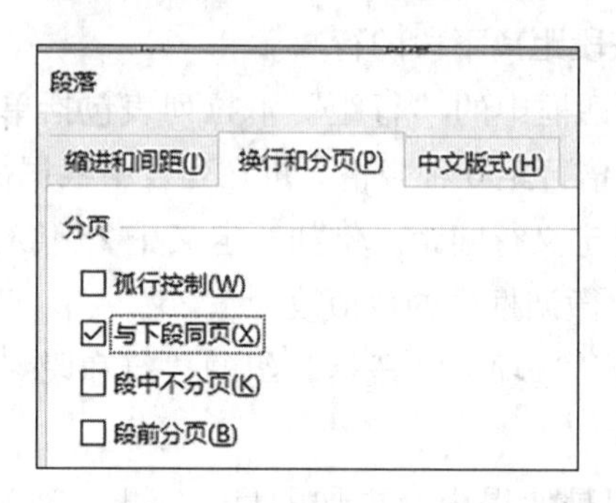

图2-17 “段落”对话框的“换行和分页”选项卡

① 孤行控制：如在页面顶部只显示段落的最后一行，或在页面底部仅显示段落的第一行，则称该行为孤行。勾选该项，可避免出现这种情况。

② 与下段同页：保持前后两个段落始终处于同一页中。如希望表和表注、嵌入型图和图注不分离，始终位于同一页中，则定位到页面中前一个对象所在行，设置段落属性，勾选该选项来实现。

③ 段中不分页：保持一个段落始终位于同一页面。

④ 段前分页：从当前段落开始自动显示在下一页，相当于插入一个分页符，可作为段落格式定义在样式中。

3. 页面排版

（1）页面设置

默认情况下，Word新建文档时，是以A4纸大小的Normal模板来创建新文档，内有预设的页面格式，其版面适用于大多数文档。页面设置可重新调整页面、页边距、纸张方向、纸张大小等。通过“布局”选项卡“页面设置”组，可对页面进行设置，如图2-18所示。

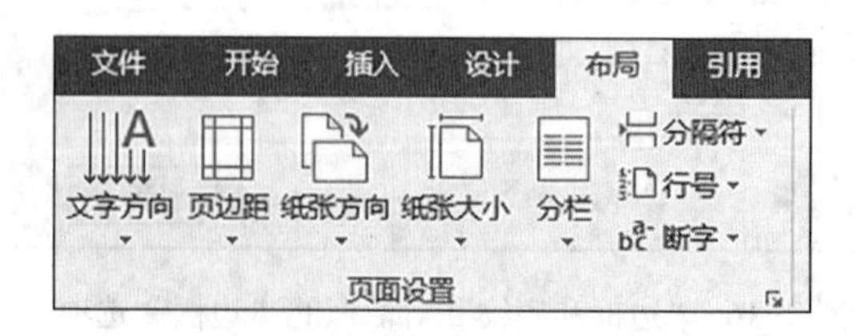

图2-18 “页面设置”组

单击“页面设置”组右下角的对话框启动器按钮，打开“页面设置”对话框，如

图 2-19 所示。

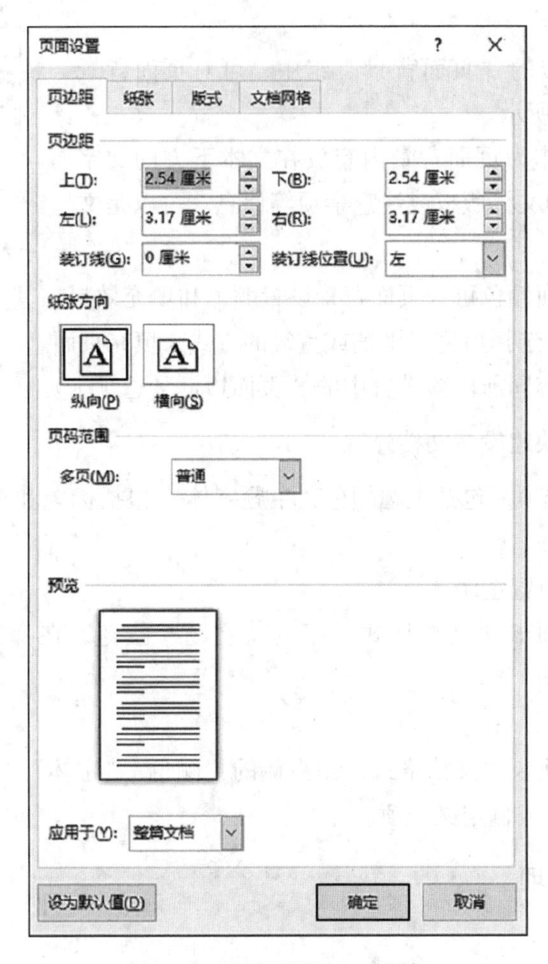

图 2-19 “页面设置”对话框

① 设置页边距。页边距是文档中页面边缘与正文之间的距离。选择“布局”选项卡“页面设置”组中的“页边距”命令，在下拉列表中选择相应的选项即可设置页边距。也可在“页面设置”对话框中自定义页边距。

纸张方向：Word 默认纸张方向为纵向，用户可在“纸张方向”选项组中单击“纵向”或“横向”按钮来设置纸张方向。

设置页边距可指定页边距设置的应用范围，可指定应用于整篇文档、插入点之后的文本。

② 纸张大小设置。在“页面设置”对话框的“纸张”选项卡中，默认的纸张大小是 A4 纸，在下拉列表中可选择其他纸张大小，也可自定义纸张大小。

③ 版式设置。该项内容参考 3.2.3 节和 3.2.4 节相关内容。

④ 文档网格设置。Word 文档每页的行数和每行的字符数都可在这里进行设置。方法是选择“页面设置”对话框的“文档网格”选项卡，在“网格”组中选择“指定行和字

符网格”单选按钮来进行设置。

（2）页面背景

在“设计”选项卡的“页面背景”组中，可对页面背景进行设置，如图2-20所示。

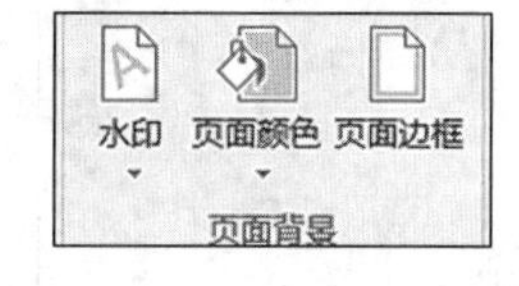

图2-20 “页面背景”组

① 水印。水印是作为页面背景内容放在文本下方的文字或图片，通常用于声明文档版权或注意事项等信息。可以是文字水印或图片水印。

② 页面颜色。页面颜色可为页面背景设置颜色和填充效果。其中填充效果包括渐变、纹理、图案、图片等，选择后将以平铺或重复的方式来填充页面。

③ 页面边框。内容同前段落设置中的“页面边框”选项卡。

4. 使用文档主题快速设置文档外观

主题是一套格式选项，包括主题颜色、主题字体（包括标题和正文文本字体）、效果（包括线条和填充效果）。

（1）应用Office内置主题

单击“设计”选项卡“文档格式”组的“主题”按钮，在弹出的列表中选择所需主题。

（2）自定义主题

单击“设计”选项卡“文档格式”组右侧的“颜色”“字体”“效果”按钮，在弹出的列表中进行选择预设或自定义选项。

2.2.4 特殊对象的处理

1. 表格和图表

（1）表格的建立

① 即时预览创建表格。单击“插入”选项卡“表格”组中的“表格”按钮，在弹出的下拉列表的“插入表格”区域，以拖动鼠标的方式指定表格的行数和列数。与此同时，可在文档中实时预览到表格的大小变化，如图2-21所示。

确定行列数目后，单击鼠标左键即可将指定行列数目的表格插入到文档中。此时，功能区中出现“表格工具”的“设计”选项卡和“布局”选项卡。通过这两个选项卡可对表格进一步设置。

② 使用“插入表格”命令创建表格。单击“插入”选项卡“表格”组中的“表格”按钮，在弹出的下拉列表中选择“插入表格”选项，出现“插入表格”对话框，如图2-22所示。在“表格尺寸”选项区中可指定列数和行数。设置完毕后，单击“确定”按钮。

③ 手动绘制表格。单击“插入”选项卡“表格”组中的“表格”按钮，在弹出的下拉列表中选择“绘制表格”选项，此时，鼠标变为铅笔状，在文档中拖动鼠标即可自由绘

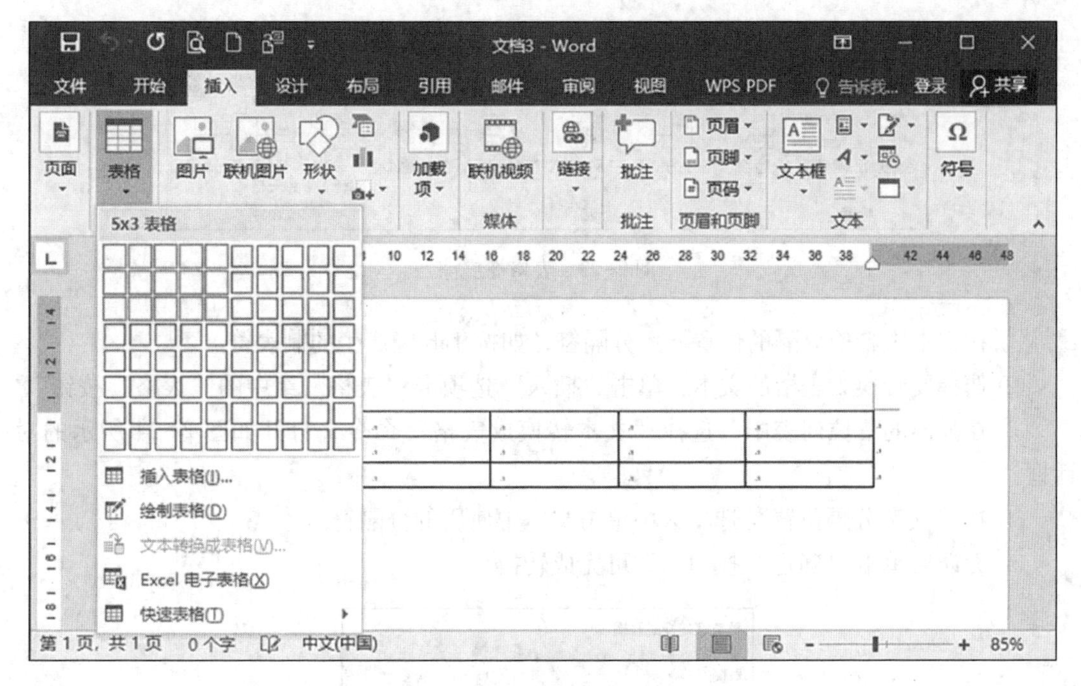

图 2-21 即时预览创建表格

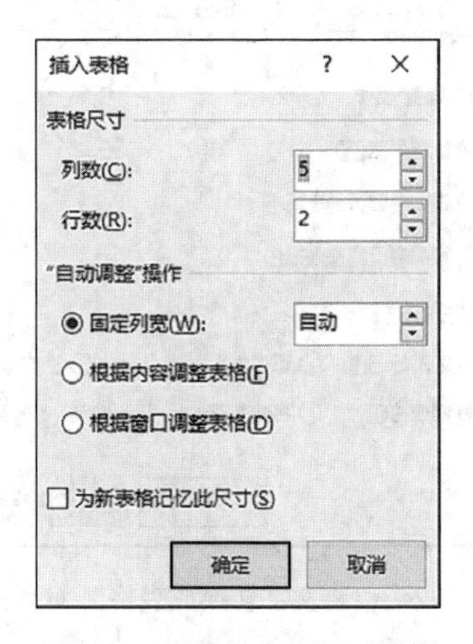

图 2-22 “插入表格”对话框

制表格。可以先绘制一个矩形来定义表格的外框线，然后在该矩形内根据实际需要绘制行线和列线。如需擦除某条线，可通过单击“表格工具｜布局”选项卡“绘图”组中的“橡皮擦”按钮来擦除，如图 2-23 所示。擦除完成后，再次单击“橡皮擦”按钮，使其不再处于选中状态。

（2）将文本转换成表格

将文本转换成表格只需在文本中设置分隔符即可。分隔符可以是制表符、空格、逗号以及其他一些可以输入的符号。每行文本对应一行表格内容。

步骤如下：

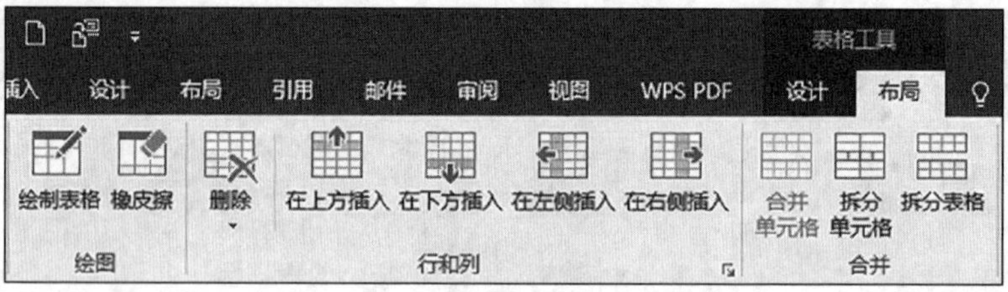

图 2-23 表格橡皮擦

① 在文本中希望分隔的位置插入分隔符，如按 Tab 键产生的制表符。

② 选择要转换为表格的文本，单击“插入”选项卡“表格”组中的“表格”按钮。

③ 在弹出的下拉列表中，选择“文本转换成表格”命令，打开如图 2-24 所示的对话框。

④ 在“文字分隔位置”选项区中单击文本中使用的分隔符。

⑤ 无误后单击“确定”按钮，即可完成转换。

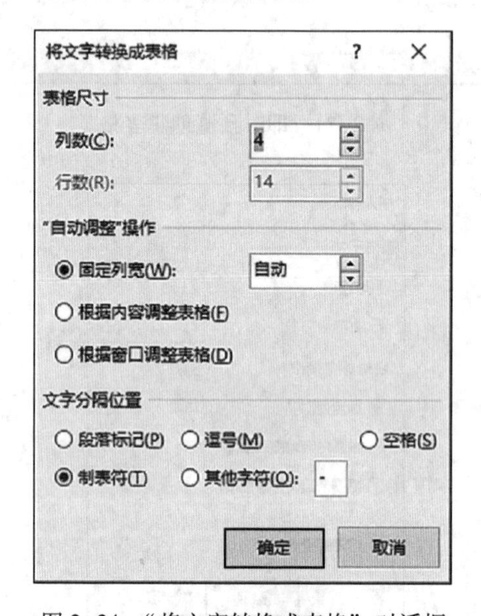

图 2-24 “将文字转换成表格”对话框

(3) 调整表格布局

当光标位于表格中任意位置时，会出现“表格工具 | 设计”和“表格工具 | 布局”两个选项卡。利用如图 2-25 所示的“表格工具 | 布局”选项卡，可对表格设置属性，进行删除行，插入行，合并单元格，拆分单元格，拆分表格，设置单元格大小，设置表格内容对齐方式，表格数据排序，插入计算公式等操作。

设置表格标题行跨页重复的方法。如果表格较长，就会出现表格跨页的情况。为了便于查看表格标题行，可以让表格标题行自动出现在每个页面的表格上方，操作方法如下。

① 选择需要在每个页面上方出现的标题行。

② 单击“表格工具 | 布局”选项卡“数据”组中的“重复标题行”按钮。

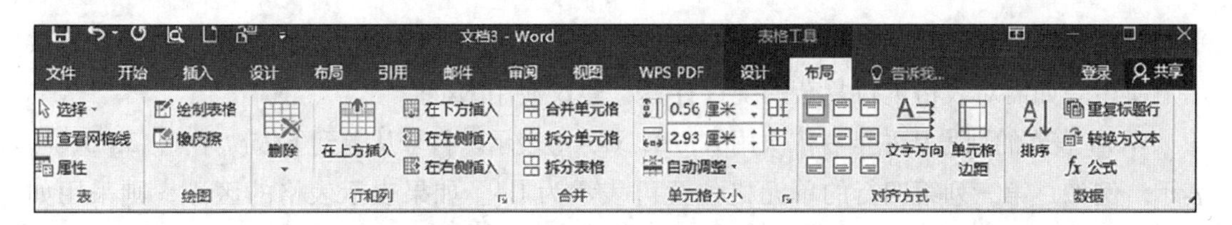

图 2-25 “表格工具|布局”选项卡

(4) 简单制作三线表格

① 去掉表格框线。在表格左上角单击，选中表格，单击“表格工具|设计”选项卡“边框”组中的“无框线”按钮。

② 设置表格的上、下框线。

第1步，选中表格，单击“表格工具|设计”选项卡“边框”组右下角的对话框启动器按钮，打开“边框和底纹”对话框。

第2步，在“设置”选项中选择“自定义”选项，“宽度”设置为“1.5 磅”，“颜色”为黑色，“样式”为单实线，设置后在“预览”区域中分别单击“上边框”和“下边框”按钮，“应用于”选择“表格”。最后单击“确定”按钮。

③ 给标题栏添加下框线。单独选择标题行，单击“表格工具|设计”选项卡“边框”组中的“下框线”按钮即可。“宽度”为“0.5 磅”。

(5) 创建表格样式

如果文档多处都需要使用“三线表”样式，每一个表格都重复设置一遍很麻烦。最好的方法是创建一个“三线表”样式，然后重复引用。

① 新建表格样式。选择上面做好的三线表，单击“表格工具|设计”选项卡“表格样式”组中的“其他”下拉三角按钮。在打开的表格库中，选择最下方的“新建表格样式”选项。

② 自定义表格样式。

第1步，设置表格的上、下框线。

在打开的“根据格式化创建新样式”对话框中，“名称”命名为“三线表”，“将格式应用于”选择“整个表格”，然后单击左下角的“格式”按钮，选择“边框和底纹”命令。在“边框和底纹”对话框中，首先设置“宽度”为“1.5 磅”，再在“预览”区域中分别单击“上边框”和“下边框”按钮，最后单击“确定”按钮关闭对话框。

第2步，设置标题栏下框线。

首先“将格式应用于”改为“标题行”，然后“宽度”选择“0.5 磅”，“表格边框”选择“下框线”，“文字对齐方式”选择“水平居中”，在“预览”区域中可以看到效果。

③ 应用“三线表”样式。单击“确定”按钮退出“根据格式化创建新样式”对话框，此时在样式库的“自定义”栏中就会有刚才创建的“三线表”样式。选择任意表格，单击“三线表”按钮，即可快速应用“三线表”样式。

(6) 表格的计算和排序

① 表格的计算。Word 中提供了在表格中进行简单计算的函数，如求和函数 SUM、求

平均值函数 AVERAGE、求最大值函数 MAX、求最小值函数 MIN、统计函数 COUNT 等供用户使用。如需对表格进行复杂的统计计算，建议使用 Excel。

Word 表格的列号从左至右依次用 A，B，C，…表示。行号从上到下依次用 1，2，3，…表示。例如，第三列第四行的单元格位置可表示为 C4。如果表示表格的区域，则采用如下形式："左上角单元格号:右下角单元格号"，如"B3:E8"。也可通过输入 LEFT（左边数据），RIGHT（右边数据），ABOVE（上边数据）和 BELOW（下边数据）来指定数据的计算方向，例如，求单元格左边行数据之和的公式可表示为"=SUM(LEFT)"。

先将光标定位在要插入公式的单元格中，再通过单击"表格工具|布局"选项卡"数据"组中的"f_x 公式"按钮，如图 2-26 所示，弹出"公式"对话框，如图 2-27 所示。在"公式"文本框中输入相关公式。如需复制公式到多个单元格，可选中刚复制的单元格，按 F9 键来更新域（更新计算结果）。

图 2-26 "f_x 公式"按钮

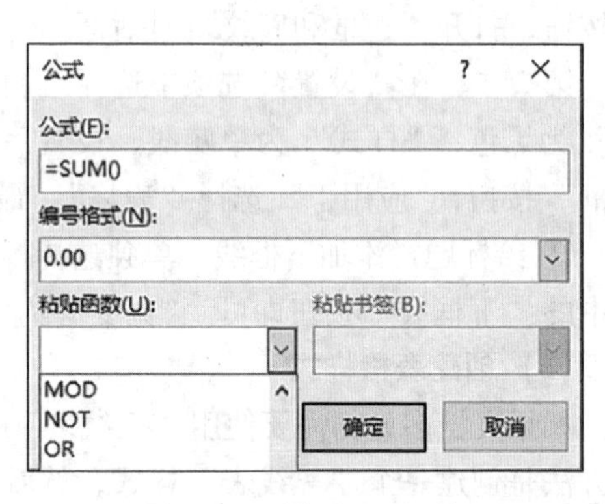

图 2-27 "公式"对话框

② 表格的排序。在 Word 中，还可对表格按数字、笔划、拼音、日期等方式以升序或降序进行排序，并且最多可选择 3 个关键字。方法是首先选中表格，然后单击"表格工具|布局"选项卡的"数据"组中的"排序"按钮，调出如图 2-28 所示的对话框，再进行设置。优先按主要关键字排序，如相同再按次要关键字排序，同样则按第三关键字排序。

（7）图表

图表可对表格中的数据图示化，增强可读性。图表包括柱形图、折线图、饼图、条形图等。具体方法如下。

① 在文档中将光标定位于需要插入图表的位置。

② 在"插入"选项卡"插图"组中，单击"图表"按钮，打开"插入图表"对话框。

③ 选择合适的图表类型，如"柱状图"，单击"确定"按钮，自动进入 Excel 工作表窗口。

④ 在指定的数据区域中输入生成图表的数据源，拖动数据区域的右下角可以改变数据区域的大小。同时 Word 文档中显示相应的图表。

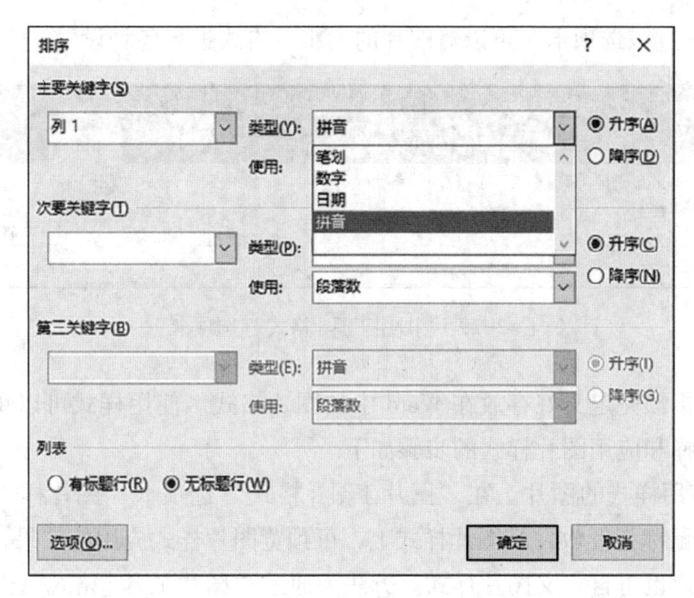

图 2-28 “排序”对话框

⑤ 退出 Excel，然后在 Word 文档中通过“图表工具|设计”“图表工具|格式”两个选项卡对插入的图表进行各项设置。

2. 图片和图形

在 Word 文档中可以插入各类图片、绘制各种形状等，以形成图文混排的效果。插入到 Word 中的图片可以进行各种处理以达到符合展示要求的图片效果。

(1) 在文档中插入图片

① 插入本地图片。是指插入本地计算机硬盘中保存的图片以及链接到本地计算机中的照相机、U 盘与移动硬盘等设备中的图片。

方法如下。

a. 光标定位在插入位置。

b. 在“插入”选项卡“插图”组单击“图片”按钮，打开“插入图片”对话框。

c. 找到图片所在位置，单击“插入”按钮，即可将所选图片插入到文档中。

② 插入联机图片。是指插入网络中搜索的图片。单击“插入”选项卡“插图”组中的“联机图片”按钮，弹出“插入图片”对话框。在“必应图像搜索”文本框中输入搜索内容，单击“搜索”按钮搜索网络图片，在展开的搜索列表中，选择需要插入的图片，单击“插入”按钮，将图片插入到文档。此外，还可以选择“OneDrive-个人”选项，插入用户保存在 OneDrive 中的图片。

③ 插入屏幕截图。单击“插入”选项卡“插图”组中的“屏幕截图”按钮，在其列表中选择“屏幕截图”选项。然后，拖动鼠标在屏幕中截取相应的区域，即可将截图插入到文档中。

(2) 设置图片格式

在文档中插入图片并选中图片后，功能区就自动出现“图片工具|格式”选项卡，如

图 2-29 所示。通过该选项卡，可以对图片的大小、格式进行各种设置。

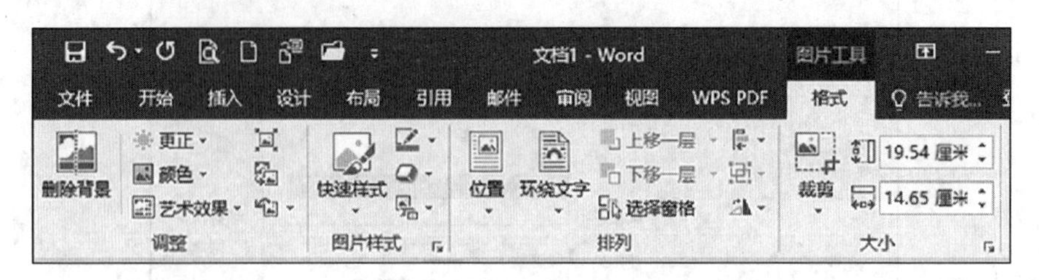

图 2-29 “图片工具|格式”选项卡

图片样式是指预先定义好存放在 Word 中的图片格式。使用样式可以快速地设置美观的图片格式。选择和应用图片样式的步骤如下。

① 选中要应用样式的图片。在“图片工具|格式”选项卡“图片样式”组的“图片样式库”中，将鼠标指针放在某图片样式上，可预览图片样式应用的效果，单击即可应用样式到图片。用户也可自定义图片样式。方法为通过“图片工具|格式”选项卡“图片样式”组右侧的“图片边框”“图片效果”“图片版式”3 个命令按钮，对图片属性进行多方面的设置。

② 设置图的文字环绕方式。文字环绕主要用于设置 Word 文档中的图片、文本框、自选图形、艺术字等对象与文字之间的位置关系。Word 提供了 7 种设置图片环绕文字的方式，具体情况如下。

a. 嵌入型：通过该选项可以将插入的图片当作一个字符插入到文档中。

b. 四周型环绕：通过该选项可以将图片插入到文字中间。

c. 紧密型环绕：通过该选项可以使图片效果类似四周型环绕，但文字可以进入到图片空白处。

d. 衬于文字下方：通过该选项可以将图片插入到文字的下方，而不影响文字的显示。

e. 浮于文字上方：通过该选项可以将图片插入到文字上方。

f. 上下型环绕：通过该选项可以使图片在两行文字中间，旁边无字。

g. 穿越型环绕：通过该选项可以使图片效果类似紧密型环绕，环绕顶点可以调整，而且图片周围文字可以随着环绕顶点的调整而发生改变。

如果插入的图片位置不停变化，只要将图片的“环绕文字”设置为“四周型”即可。然后，选中图片，单击鼠标左键，便可以随意移动图片了。

③ 设置图片在页面上的位置。当插入图片的文字环绕方式为非嵌入型时，如“顶端居左，四周型文字环绕”，可通过设置图片在页面的相对位置，合理地根据文档类型布局图片。方法如下。

a. 选中图片，打开“图片工具|格式”选项卡。

b. 单击“排列”组中的“位置”按钮，在展开的下拉列表中选择某一位置布局方式。

也可在“位置”下拉列表中单击“其他布局选项”按钮，在“布局”对话框中进一步设置。选中“位置”选项卡，设置其中的“水平”“垂直”位置参数以及设置“选项”

中的可选项，这些可选项的含义如下。

对象随文字移动：使 Word 文档中的图片与其周围文字关联起来，当文字位置发生变化时，图片位置也做相应变化，从而使得图片与文字的相对位置关系保持不变。

锁定标记：锁定图片在页面上的位置。

允许重叠：允许图片与其他图形对象相互覆盖重叠。

表格单元格中的版式：允许使用表格在页面上安排图片的位置。

④ 删除图片背景。插入联机图片，在必应搜索对话框中输入“飞机”，单击搜索必应。

具体操作方法如下。

a. 选中图片，打开“图片工具|格式”选项卡。

b. 单击“调整”组中的“删除背景”按钮，此时图片上出现遮幅区域。

c. 在图片上调整选择区域四周控制柄，使得要保留的内容浮现出来。最后在“背景消除”选项卡中单击“保留更改”按钮，则图片背景被删除，如图 2-30 所示。

图 2-30　删除图片背景

⑤ 图片大小与裁剪图片。插入到文档中的图片大小可能不符合要求，需要对图片的大小进行处理。

图片缩放：单击选中的图片，图片四周出现控制柄，用鼠标拖动图片边框上的控制柄可以快速调整其大小，如需等比例缩放，则需拖动 4 个角上的控制柄。另外，在“图片工具|格式”选项卡“大小”组中单击对话框启动器按钮，打开如图 2-31 所示的对话框。

裁剪图片：单击图片，进入“图片工具|格式”选项卡，单击“大小”组中的“裁剪”按钮，图片四周出现裁剪标记，拖动标记，调整到适当的图片大小。调整完成后，在图片外单击或按 Esc 键退出裁剪操作。如需裁剪出更多的效果，可以单击“裁剪”按钮旁边的向下三角箭头，从打开的下拉列表中选择合适的形状进行裁剪。注意：裁剪完成后，被裁减掉的多余区域仍然保留在文档中，只不过看不到而已。如果需要彻底删除被裁剪的区域，可以单击“调整”组中的“压缩图片”按钮，在“压缩图片”对话框中，勾选“压缩选项”区域中的“删除图片的裁剪区域”复选框，再单击“确定”按钮完成操作。

（3）图形的绘制

① 使用绘图画布。绘图画布可用来绘制和管理多个图形对象。使用绘图画布，可以将多个图形对象作为一个整体，在文档中移动、调整大小或设置文字绕排方式。也可以对

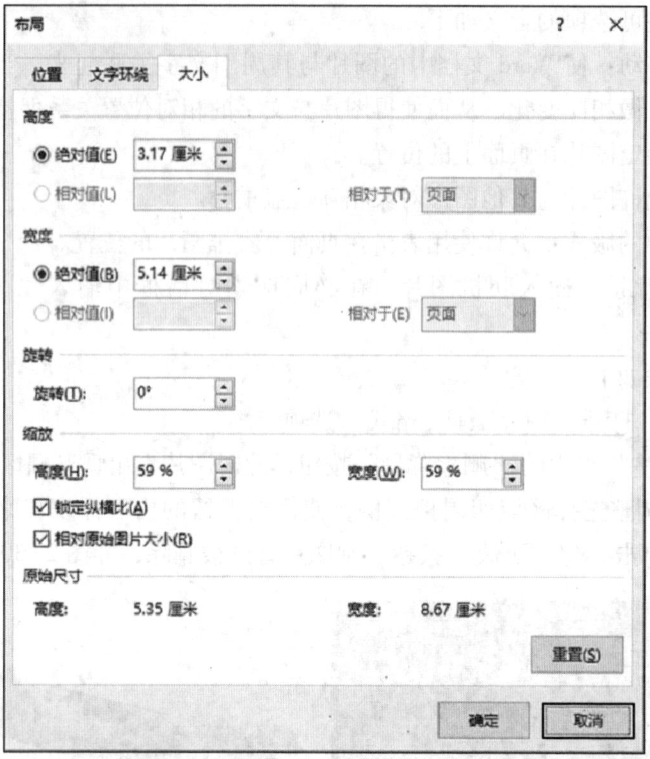

图 2-31 “布局”对话框“大小”选项卡

其中的单个图形对象进行格式化操作，且不影响绘图画布。绘图画布内可以放置自选图形、文本框、图片、艺术字等多种不同的图形。

插入绘图画布的操作步骤如下。

第 1 步，将光标定位于插入绘图画布的位置。

第 2 步，单击“插入”选项卡“插图”组中的“形状”按钮。

第 3 步，在弹出的下拉列表中单击最下方的“新建绘图画布”选项，将在文档中插入一幅绘图画布。

第 4 步，插入绘图画布后，可以在“绘图工具 | 格式”选项卡中进行详细设置。

② 绘制图形。在 Word 中，既可在插入的绘图画布上绘制图形，也可直接在文档指定位置绘制。绘制图形的步骤如下。

第 1 步，打开“插入”选项卡，单击“插图”组中的“形状”按钮，打开列表。

第 2 步，在列表中提供了各种线条、基本形状、箭头、流程图、标注以及星与旗帜等形状。在该列表中单击选择需要的图形形状。

第 3 步，在文档的绘图画布中或其他合适的位置拖动鼠标即可绘制图形，如图 2-32 所示。如需绘制标准的正圆或正方形，绘制时需按 Shift 键。

第 4 步，结合“绘图工具 | 格式”选项卡上的各个选项组功能，可以设置图形的更多格式。还可对多个形状进行组合。

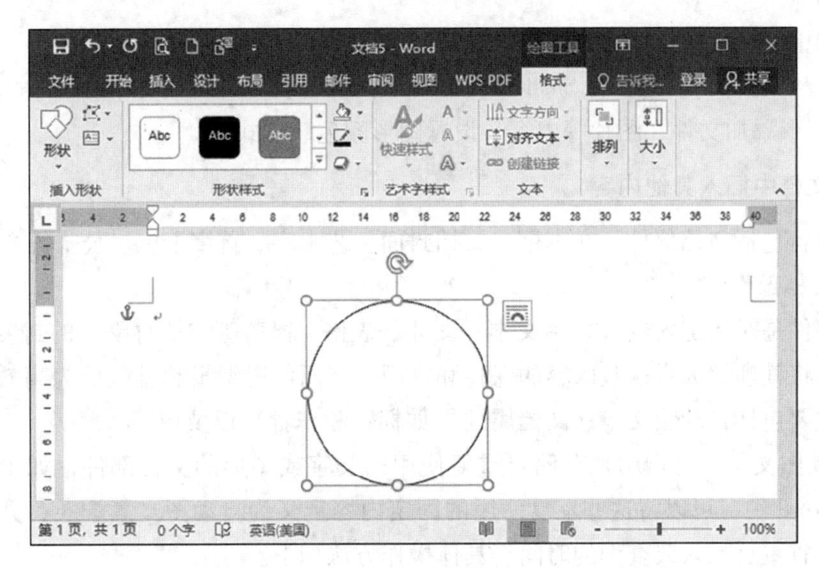

图 2-32　绘制图形

第 5 步，如需删除整个绘图或部分绘图，可以选择绘图画布或要删除的图形对象，然后按 Delete 键。

（4）使用 SmartArt 图形

SmartArt 图形是用来表现结构、关系或过程的图表，以非常直观的方式展示信息，它包括图形列表、流程图、关系图和组织结构图等各种图形。

插入 SmartArt 图形的方法如下。

① 单击“插入”选项卡“插图”组中的 SmartArt 按钮，弹出“选择 SmartArt 图形”对话框。

② 从左侧类别列表中单击选择某一图形类别，如“流程”，如图 2-33 所示。

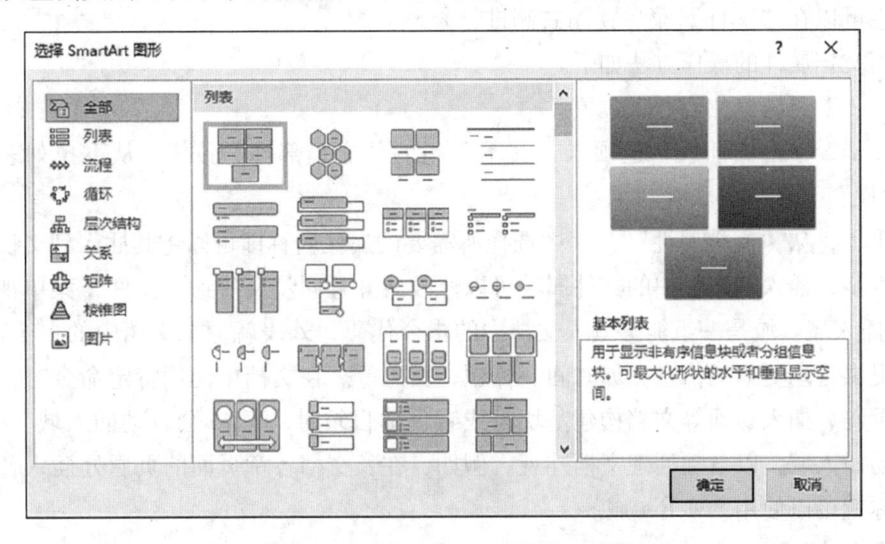

图 2-33　“选择 SmartArt 图形”对话框

③ 在中间区域中单击选择图形，如“基本流程”，右侧显示预览效果。

④ 单击“确定”按钮，将 SmartArt 图形插入到文档中。

⑤ 为图形添加文件、图片等内容。设置图形颜色、样式。

3. 在文档中插入其他内容

这些内容包括文档部件、文本框、文档封面、艺术字、首字下沉、公式等。

（1）文档部件

文档部件是对指定内容（包括文本、图片、表格、段落等文档对象）的封装手段，也可以单纯地将其理解为对这些内容的保存和复用，从而使得编辑和排版更为高效。文档部件的内容主要包括自动图文集、文档属性（如标题和作者）以及域等。

① 自动图文集。是指用来存储要重复使用的文字或图形的文档部件，如出版社联系方式。在 Word 中，可以将这些反复使用的固定内容定义为自动图文集词条，并在需要时使用，以节省重复录入或查询的时间。具体操作方法如下。

第 1 步，在文档中输入要定义为自动图文集词条的内容，如单位名称、通信地址、E-mail、电话等组成的联系方式即可作为一组词条，并对其进行适当的格式设置。

第 2 步，选择需要定义为自动图文集词条的内容。

第 3 步，单击“插入”选项卡“文本”组的“文档部件”按钮，在下拉列表中选择“自动图文集”下的“将所选内容保存到自动图文集库”命令，打开“新建构建基块”对话框。

第 4 步，输入词条名称，设置其他属性后，单击“确定”按钮。

第 5 步，复用时，只需单击“插入”选项卡“文本”组的“文档部件”按钮，从“自动图文集”中选择定义好的词条名称，即可快速插入已保存的词条。

② 文档属性。文档属性包括当前编辑文档的标题、作者、主题、摘要等文档信息。这些信息可以在“文件”菜单视图右侧进行修改。

调用文档属性的操作方法如下。

第 1 步，光标定位到插入位置。

第 2 步，单击“插入”选项卡“文本”组的“文档部件”按钮，从下拉列表中选择“文档属性”选项。

第 3 步，从“文档属性”列表中选择所需要的属性名称即可以将其插入到文档中。

第 4 步，插入到文档中的文件属性可以修改，并且同步反映到“文件”菜单视图中。

③ 插入域。域是一组能够嵌入文档中的指令代码，外表就像是文档中的一个占位符。它可以提供自动更新的信息，如时间、标题、页码等。在文档中使用特定命令时，如插入公式、页码、插入封面等文档构建基块时或者创建目录时，Word 会自动插入域。必要时，可以手动插入域，以自动处理文档外观。例如，在长文档各章页面的页眉处插入各章的编号和名称就可以使用 StyleRef 域。

插入方法如下。

第 1 步，光标定位到页眉。

第2步，单击“插入”选项卡“文本”组的“文档部件”按钮，在弹出的菜单中选择“域”命令。

第3步，在“域”对话框中，选中StyleRef域，在中间“样式名”列表框中选中“标题1”，在右侧勾选“插入段落编号”复选框，单击“确定”按钮。

第4步，再次插入StyleRef域，这次不勾选“插入段落编号”复选框，单击“确定”按钮，完成标题1内容的插入。

第5步，在域上右击，可实现切换域代码、更新域、编辑域等操作。按F9键更新域，按Ctrl+Shift+F9键可将域转化为普通文本。按Shift+F9或Alt+F9键切换至域代码。

④ 自定义文档部件。对于文档中反复使用的内容片段，可自定义为文档部件，如做好的表格框架可能在其他文档中再次使用。具体方法如下。

第1步，编辑保存需定义为文档部件的内容。

第2步，单击“插入”选项卡“文本”组的“文档部件”按钮。

第3步，从下拉列表中选择“将所选内容保存到文档部件库”命令，打开“新建构建基块”对话框。

第4步，输入文档部件的名称，并在“库”类别下拉列表中指定其存储的部件库，如选择“表格”选项，单击“确定”按钮。

第5步，打开或新建另一个文档，将光标定位在要插入文档部件的位置，单击“插入”选项卡“文本”组的“文档部件”按钮，从下拉列表中选择“构建基块管理器”命令，在弹出的对话框中选择新创建的文档部件，单击“插入”按钮，即可复用。

(2) 插入其他对象

① 文本框。文本框是一种存放文本或者图形的对象，不仅可以放置在页面的任何位置，而且还可以进行更改文字方向、设置文字环绕、创建文本框链接等一些特殊的处理。

插入文本框：单击“插入”选项卡“文本”组中的“文本框”按钮，在下拉列表中选择相应的文本框样式即可。

绘制文本框：单击“插入”选项卡“文本”组中的“文本框”按钮，选择“绘制文本框”或“绘制竖排文本框”命令，此时鼠标指针变为“+”形状，拖动鼠标即可绘制横排或竖排的文本框。

② 文档封面。Word 2016内置的“封面库”提供了多种预设的漂亮封面供用户选择。通过单击“插入”选项卡“页面”组的“封面”按钮，在下拉列表中选择相应的封面。若要删除已插入的封面，则在下拉列表中选择“删除当前封面”选项即可。如果设计了符合特定需求的封面，可以通过单击“插入”选项卡“页面”组的“封面”按钮，选择“将所选内容保存到封面库”命令，将其保存到“封面库”以备下次使用。

③ 艺术字。艺术化的字体插入文档可以增强视觉效果。插入方法如下。

第1步，光标定位于插入位置。

第2步，单击“插入”选项卡“文本”组的“艺术字”按钮，在弹出的列表中选择一种样式。

第 3 步，在文本框中输入艺术字的内容，并通过“绘图工具 | 格式”选项卡，设置艺术字的形状、样式、颜色、位置及大小。

④ 首字下沉。可以设置每段落首行第一个字或前两个字放大突出显示的效果。方法如下。

第 1 步，选择需要设置下沉效果的文字。

第 2 步，单击“插入”选项卡“文本”组的“首字下沉”按钮，从下拉列表中选择下沉样式。

第 3 步，单击“首字下沉选项”选项命令，打开对话框，可以详细设置效果。

⑤ 公式。Word 2016 为用户提供了二次公式、二项式定理、勾股定理等 9 种公式，单击“插入”选项卡“符号”组中的“公式”按钮，在打开的下拉列表中选择公式类别即可。另外，单击“插入”选项卡“符号”组中的“公式”按钮，选择“插入新公式”命令，在插入的公式范围内输入公式字母，如图 2-34 所示。调整页面右下角的显示比例，可放大公式的编辑窗口。

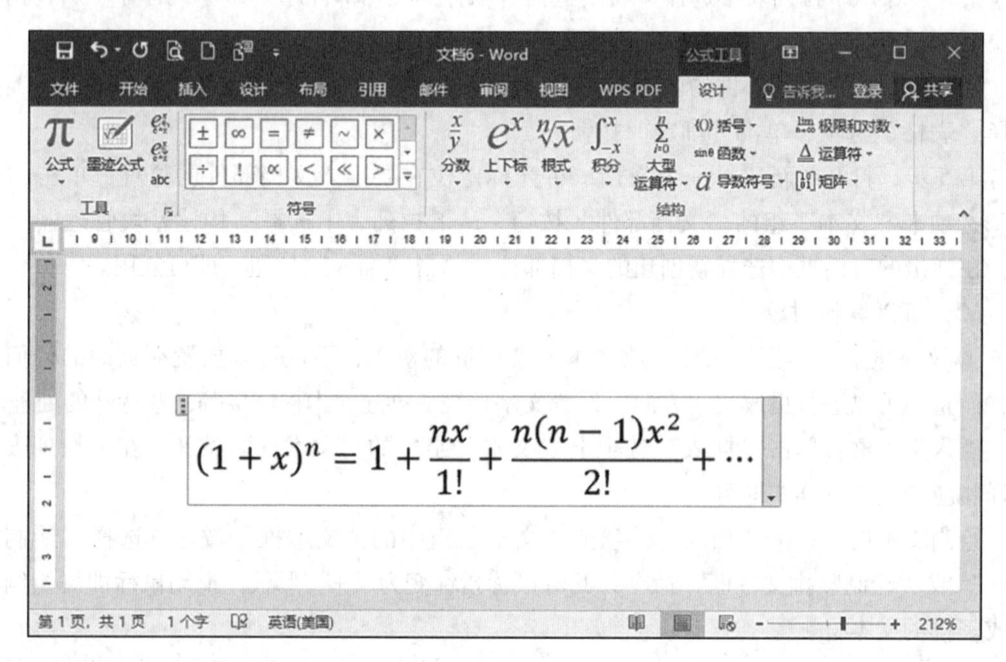

图 2-34 插入数学公式

4. 邮件合并处理批量文档

“邮件合并”功能除了可以批量处理信函、信封等与邮件相关的文档外，还可以批量制作准考证、带照片的工作证、邀请函、奖状、工资条等文档。

邮件合并的基本过程包括三个步骤，下面以批量制作“带照片的工作证”为例进行说明。需要注意的是，文档中的照片要与 Word 主文档、Excel 数据源保存在同一个文件夹中。

（1）主文档和数据源的制作

① 准备照片。照片统一为1寸照、照片类型为.jpg格式，照片文件命名由员工姓名和照片文件后缀名组成，如“王兰.jpg”。切记，照片文件名中不能有空格！照片文件素材可在百度中搜索关键词“一寸照片”下载获取。

② 制作Excel数据源。首先，在Excel工作表第一行填入表头信息。其次，在工作表的A~D列中输入员工信息，其中D列在00前面输入英文单引号，使该列变为文本类型。在E2单元格中，用英文输入法输入公式“=A2&".jpg"”，并双击该单元格右下角的填充柄，将公式自动填充到该列单元格，如图2-35所示。

	A	B	C	D	E
1	姓名	部门	职务	工号	照片
2	张艳	销售部	职员	001	张艳.jpg
3	李刚	人事部	部长	002	李刚.jpg
4	王兰	财务部	科员	003	王兰.jpg
5	李勇	秘书部	秘书	004	李勇.jpg

图2-35 数据源

③ 制作Word主文档。带照片的工作证需要包含照片区和个人基本信息区域。此外，由于工作证需要打印出来，还需进行页面设置。

页面设置：由于国家标准的工作证大小是5.4 cm×8.5 cm，因此将页面纸张大小设置为5.4 cm×8.5 cm，上、下、左、右页边距都设置为0厘米。

文本框设置：照片放在文本框中，1寸照片大小为2.5 cm×3.5 cm，因此文本框大小也设为2.5 cm×3.5 cm。设置文本框的“垂直对齐方式”为“中部对齐”，让照片位于页眉正中位置。文本选项的上、下、左、右边距都设置为0厘米，让照片填满整个文本框。

文字信息设置：通过绘制一个4行2列的表格来放置员工文本信息，将表格边框线颜色去除，仅保留第二列单元格的下框线。选中表格，右击，打开“表格属性”对话框，设置表格的文字环绕方式为“环绕”。

（2）邮件合并

① 导入数据源。单击“邮件”选项卡“开始邮件合并”组中的“选择收件人”按钮，选择“使用现有列表”选项。打开“选取数据源”对话框，双击前面创建的Excel数据源文件，然后在打开的“选择表格”对话框中选择有数据源的工作表，然后单击“确定”按钮。

② 插入文字合并。将光标置于表格中的相应位置，然后单击“邮件”选项卡“编写和插入域”组中的“插入合并域”按钮，在弹出的下拉列表中选择对应的选项。

③ 插入照片合并域。

第1步，将光标定位在照片文本框内，然后单击“插入”选项卡“文本”组中的“文档部件”按钮，选择“域”命令。

第2步，在打开的“域”对话框中，“域名”选择“IncludePicture”，在“文件名或URL”文本框中输入任意一个名称，如“88”。稍后再对此名称进行修改。单击“确定”按钮。

第 3 步，选择文本框内插入的内容，按 Shift+F9 键切换域代码。选择域代码中输入的“88”，单击“邮件”选项卡“编写和插入域”组中的“插入合并域”按钮，在弹出的列表中选择对应的“照片”选项即可。

第 4 步，插入完成后，再次按 Shift+F9 键切换回来。调整图像大小与文本框等同大小。

④ 开始邮件合并。

第 1 步，单击“邮件”选项卡“完成”组中的“完成并合并”按钮，在弹出的下拉列表中选择“编辑单个文档”命令项。

第 2 步，在打开的“合并到新文档”对话框中，选中“全部”单选按钮，然后单击“确定”按钮，此时 Word 会自动批量生成数据源中所有人员的工作证文档，但照片仍然无法显示。

第 3 步，将刚才批量产生的工作证文档保存到照片所在文件夹中，关闭文档后再次打开该文档，照片就能全部正常显示。若有无法显示的照片，选中照片文本框，再按 F9 键更新。

⑤ 设置邮件合并规则。在进行邮件合并时，可能需要设置一些条件来对最后的合并结果进行控制，例如，根据数据源中的性别来控制输出“先生”或“女士”等。在邮件合并时设置合并规则的方法如下：在主文档中插入合并域后，在“邮件”选项卡的“编写和插入域”组中单击“规则”按钮。在打开的“规则”下拉列表中，单击某一命令，进行规则设置即可。

选择“如果…那么…否则…”命令，可以设置显示条件以控制输入文档的显示信息。

选择“跳过记录条件”命令，则可设置符合指定条件的那些记录在合并结果中显示并输出。

2.3 实验内容

2.3.1 案例背景

为了召开“计算思维与大学计算机课程教学改革研讨会”，需要制作一批邀请函，邀请人员名单见“Word2 人员名单 . xlsx”，邀请函的最终效果参见“样例-图片”文件夹中的文件。

2.3.2 具体要求

微视频 2-1：基本设置

从实验素材文件夹中复制文件夹“实验 2 案例素材”到学生自建的实验文件夹下。解压 2-1. rar 后，进入解压目录，按照下列要求，完成 Word 文档的制作。

① 将“word2 初稿 . docx”文件另存为“Word2 终稿 . docx”。

② 设置文件自动保存时间间隔为 2 分钟。

③ 进行页面设置，纸张大小选A4纸，纸张方向纵向，页边距为上页边距3厘米，下页边距2厘米，左页边距2厘米，右页边距2厘米。

④ 设置“##大学计算思维学术研讨会”为红色字体，黑体，三号，加粗，居中对齐。

⑤ 在该行文字下方插入艺术字“邀请函”，艺术字样式为“填充-黑色，文本1，阴影”，字体为“华文行楷”，小初，加粗，文本填充红色，文本轮廓橙色，环绕文字设置为嵌入型，移动艺术字到页面左右居中位置。

⑥ 选中剩余文本，设置字体为微软雅黑，小四号，单倍行距，段落两端对齐，首行缩进2字符。选中文本“尊敬的:”，设为黑体，加粗，首行不缩进，保持选中状态，并双击格式刷复制格式，仿照样例图片将格式应用在其余标题行上，并给标题行文本添加字符底纹。

微视频2-2：段落设置

⑦ 选中文本“##大学计算机科学与工程学院（代章）××××年4月16日”，设置为右对齐；并将日期调整为可以根据邀请函生成日期而自动更新的格式，日期格式显示为“2020年1月1日”。

⑧ 利用查找替换功能，将文档中的“××××”替换为“2020”。

⑨ 仿照样例，设置页面边框为红花，宽度为10磅；在第二页右侧插入图片“插图.jpg”，设置图片大小为高度4.58 cm，宽度7 cm，图片环绕文字为“四周型”。

⑩ 设置“##大学计算思维学术研讨会”回执至文末文字，字体为宋体、小四号、加粗。在文末插入如图2-36所示的表格。

微视频2-3：表格设置

将文字移入单元格，选择“插入”选项卡“符号”组的“符号”命令，在弹出的列表中选择“其他符号”选项，在“符号”对话框中的“字体”下拉列表中选择Wingdings2选项，字符代码为163的特殊符号“□”，按如图2-36所示位置插入。将表格标题设置为黑体，四号，加粗，居中对齐，段前、段后0.5行。选中整个表格，使表格在页面“居中”对齐，设置表格内容为“中部两端对齐”，表格外框线为双实线，1.5磅，内框线为单实线，1磅。

“##大学计算思维学术研讨会”回执

姓名		**性别**		**职务/职称**	
单位名称					
E-mail			手机号码		
住宿	**□不住宿····□合住····□单住标准间······□单住大床房**				
	预计到达时间:				
住宿日期	**□25·日··□26·日··□27·日 其他时间请注明**			**备注:**	

图2-36 回执表格

⑪ 为了可以在以后的邀请函制作中再利用会议回执表，将文档中的表格保存至文档部件库中的“表格”库，并将其命名为“回执表格”。

微视频 2-4：
电子公章

⑫ 制作如图 2-37 所示的电子公章。在邀请函落款处插入“形状”选项卡“基本形状”组中的“椭圆”形状，按住 Shift 键同时拖动鼠标绘制圆形，圆的形状高度、宽度都为 5.6 cm，设置形状轮廓颜色为“红色”，粗细为“3 磅”，形状填充为“无填充颜色”。将圆形图形复制，将图形大小改为高度、宽度 8 cm，设置形状轮廓为“无轮廓”，设置字体颜色为红色，并向该图形添加文本“##大学计算机科学与工程学院”，设为华文仿宋 20 号，加粗字体，艺术字样式文本效果为“上弯弧”，拖动图形中的黄色按钮调整幅度到合适位置，将第二个图形移动至第一个圆形上方合适位置。利用插入图形的方法插入一个五角星，将其移动到公章图形中，利用 Shift 键，调整大小到合适位置。设置五角星图形的形状轮廓为“无轮廓”，填充颜色为红色。选择“开始”选项卡“编辑”组中“选择”选项组中的“选择窗格”命令项，在右侧的“选择窗格”中，按住 Ctrl 键的同时，选中构成电子公章的三个对象，将其组合为一个图形，将组合名称改为“电子公章”，将其移动到邀请函落款处，并衬于文字下方。

图 2-37 电子公章

微视频 2-5：
邮件合并

⑬ 利用邮件合并功能将电子表格“Word2 人员名单.xlsx”中的姓名信息自动填写到“邀请函”中“尊敬的”三字后面，并根据性别信息，在姓名后添加“先生”（性别为男）、“女士”（性别为女）。

⑭ 将设计的主文档以文件名“Word2 终稿.docx”保存，完成合并后的文档以文件名“邀请函.docx”保存，并删除最后的空白页。将“邀请函.docx”文档 1~2 页另存为 pdf 格式。

2.4 课后思考

1. 如何输入生僻字“蕈”？

2. 如何显示/隐藏编辑标记？

3. 如何利用查找和替换功能去掉文本中多余的空行？

4. 如果表格占满了一整页，按 Backspace 键和 Delete 键都不能删除表格后的空白页，请问如何删除？

5. 如何制作如下的数学公式：

$$\phi'(x)=\frac{\mathrm{d}}{\mathrm{d}x}\int_a^x f(t)\,\mathrm{d}t=\left[\frac{x^3}{3}\right]_0^1$$

实验 3

文字处理及其高级应用

3.1 实验目的

1. 掌握毕业论文页面布局的设置方法。
2. 熟练设置文档中将要使用的样式并应用多级列表制作标题。
3. 制作不同节中的不同页眉与页脚。
4. 掌握正文中图片、表格的自动编号及交叉引用方法。
5. 能够将设定为样式的标题自动生成目录，并对目录进行更新和设置。
6. 熟练插入并排序参考文献。

3.2 课前预习

3.2.1 样式

样式就是一组特定格式，这组格式用它的用途作为名称保存起来，以方便重复使用。例如，文档中各级标题、正文、题注、列表、目录等样式，它们都有各自相应的字体大小和段落间距等设置。

样式可以帮助用户快速设置长文档的格式，对文档中应用了相同样式的文本，只需修改样式，即可做到一改全改。此外，样式也有助于生成文档大纲和目录。

1. 使用已有的样式

（1）快速样式库

① 选择要应用样式的文本。

② 在“开始”选项卡“样式”组中，单击右侧“其他”按钮，打开“快速样式库”下拉列表，如图 3-1 所示。

③ 使用鼠标在“快速样式库”下拉列表中移动选择，当鼠标停在某一样式上，所选文本会自动呈现该样式应用后的效果，以便用户预览。单击某一样式，该样式即应用到所选文本。

图 3-1 快速样式库

（2）使用“样式”窗格

在快速样式库中，如果找不到需要的样式。可以打开“样式”窗格查找更多的样式。其方法如下。

① 选定要更改的字符或段落。

② 单击“样式”组右下角的对话框启动器按钮，在弹出的“样式”窗格中的下拉列表框中选择所需的样式，如图 3-2 所示。如果“样式”窗格中仍未找到所需样式，可以单击“样式”窗格右下角的“选项”超链接，打开“样式窗格选项”对话框，如图 3-3所示。在“选择要显示的样式”下拉列表中选择“所有样式”选项即可。

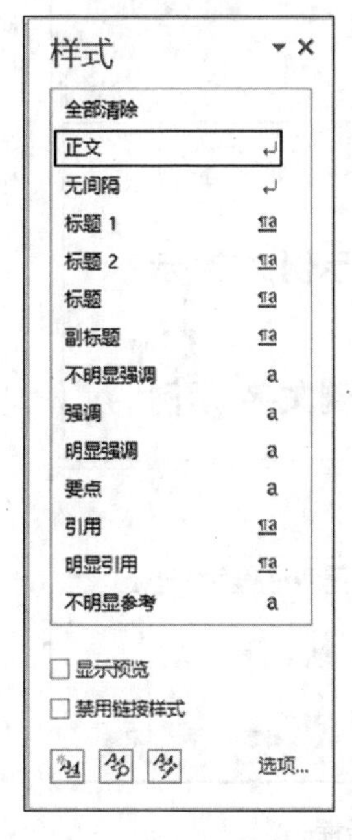

图 3-2 “样式”窗格

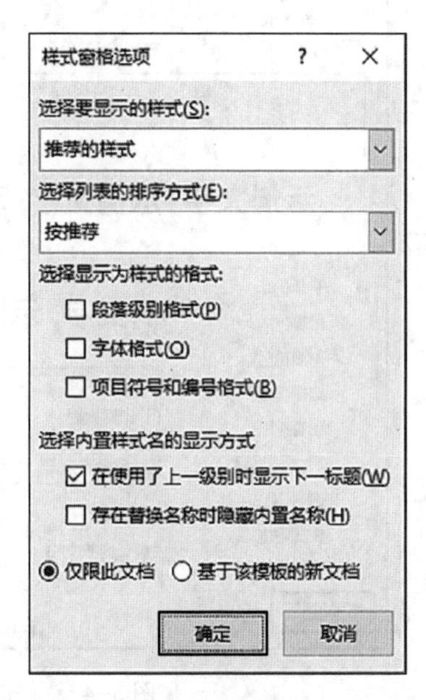

图 3-3 “样式窗格选项”对话框

③ 在“样式”窗格的列表框中选择某一样式，即可将该样式应用到当前段落中。

注意：内置样式中的“标题 1”“标题 2”“标题 3”等标题样式在创建目录、按大纲级别组织和管理文档时非常有用。例如，在编辑长文档时，可将各级标题分别赋予内置标题样式，然后可对标题样式进行适当修改以满足格式要求。

（3）样式集

样式集是一套用于整篇文档的样式组合。Word 2016 将样式集功能隐藏了，须通过单击“视图”选项卡旁边的“告诉我您想要做什么”文本框，在其中输入“样式集”，在弹出的“样式集”列表中选择某种样式集，即可应用于整篇文档。

2. 修改样式

可根据需要对样式进行修改。对样式的修改将会反映在所有应用该样式的文本上。

方法 1：在样式名称上修改。

① 在“快速样式库”或“样式”窗格中选择某一种样式，右击，选择“修改”命令项，打开“修改样式”对话框，如图 3-4 所示。

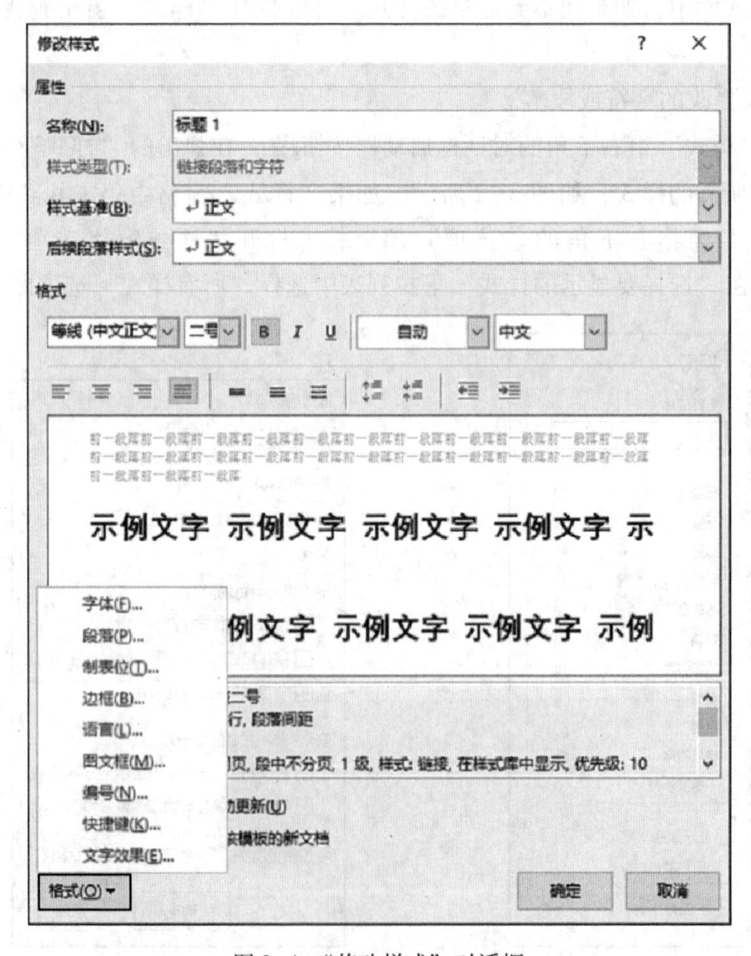

图 3-4 “修改样式”对话框

② 在“名称”文本框输入修改样式名称。在“样式类型”下拉列表框中，可选择样式的应用类型。如果是修改原有样式，则不能使用本选项，原有样式类型不能更改。

在“样式基准”下拉列表框中，可选择样式以哪一种样式为基准，当基准样式被修改时，以该基准样式为基础所建立的样式也将被改变。

在“后续段落样式”下拉列表框可设置该新样式的后续段落样式，即当前设置段落的下一个段落，通常设置在此段落后经常需要出现的段落样式。

③ 单击“修改样式”对话框底部左下角的“格式”按钮，在弹出的菜单中，根据需要可定义新样式的字体、段落等。

④ 修改完毕后，单击“确定”按钮，对样式的修改就会立即应用到使用该样式的文本上。

方法2：在文本中修改样式。

① 在文档中选中应用了某样式的文本，然后修改其格式。

② 在该“快速样式库”或“样式”窗格中，在对应样式名称上右击，在弹出的菜单中选择“更新＊＊＊以匹配所选内容”命令（“＊＊＊”为样式名）。则新设置的格式就应用到了该样式上。

3. 新建样式

操作步骤如下。

打开“快速样式库”列表，如图3-1所示，单击底部菜单上的“创建样式”命令项，可打开“根据格式设置创建新样式”对话框。单击“样式”窗格左下角的“新建样式”按钮，也能打开这一对话框。对话框的设置与修改样式类似。

4. 复制并管理样式

在编辑文档中，如需其他文档中的样式，可将其样式复制到当前编辑的文档中，而不必重复创建样式。具体方法如下。

① 打开需要接受新样式的目标文档，在“开始”选项卡“样式”组中，单击对话框启动器按钮，打开“样式”窗格。

② 单击“样式”窗格底部的“管理样式”按钮，打开“管理样式”对话框，如图3-5所示。

③ 单击左下角的“导入/导出”按钮，选择“管理器”对话框中的“样式”选项卡，如图3-6所示。在该对话框中，左侧区域显示的是当前文档中所包含的样式列表，右侧区域显示的是Word默认文档模板中所包含的样式。

④ 单击右侧“关闭文件”按钮，以显示“打开文件”按钮。从而可以打开需要复制样式的源文件。

⑤ 单击“打开文件”按钮，打开“打开”对话框。在“文件类型”列表中选择“所有Word文档”选项，找到并选择包含需要复制到目标文档样式的源文档后，单击“打开”按钮将源文档打开。

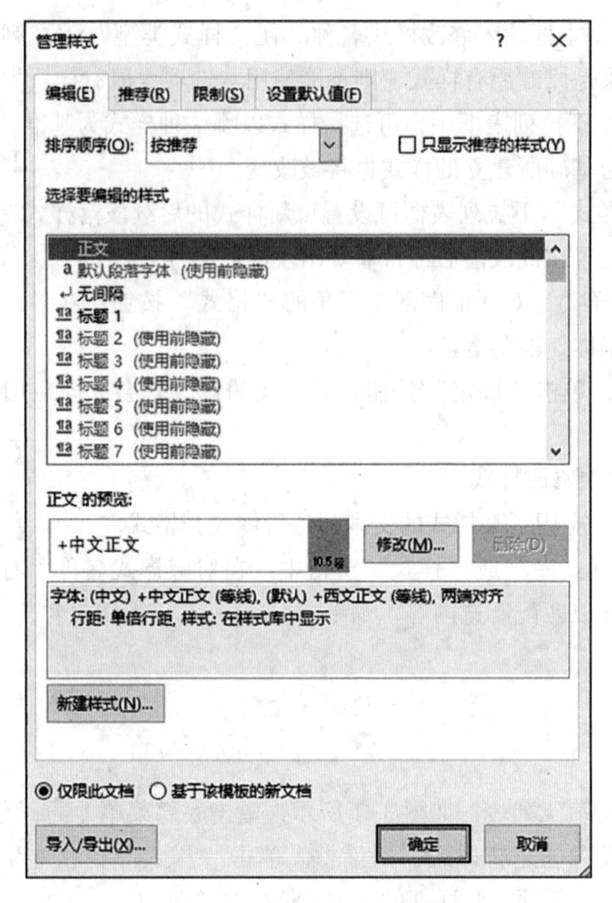

图 3-5 “管理样式”对话框

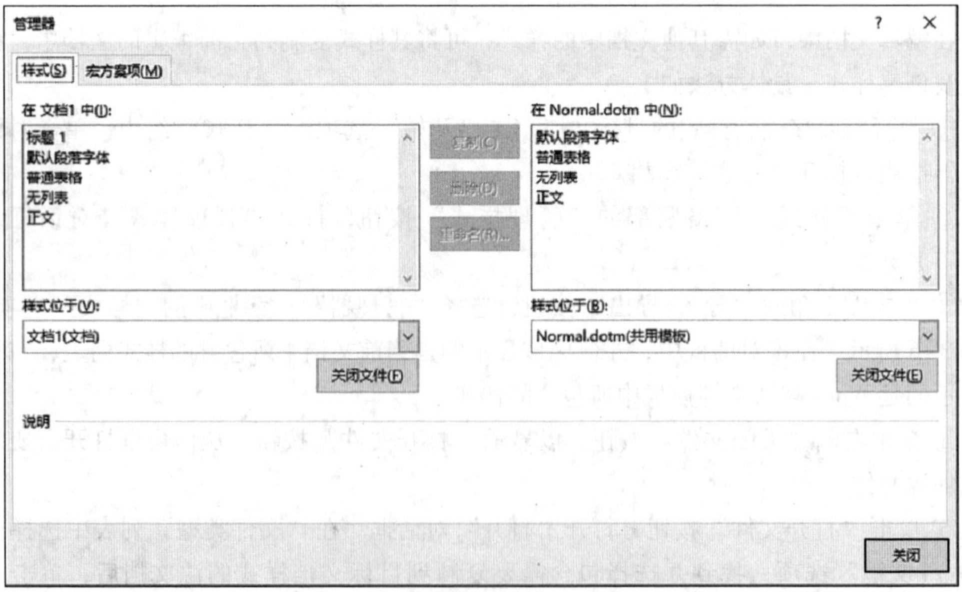

图 3-6 “管理器”对话框

⑥ 选中右侧样式列表中所需样式类型，单击“复制”按钮，即可将选中样式复制到左侧的当前目标文件中。

⑦ 单击“关闭”按钮，结束操作。

3.2.2 项目符号和编号、多级列表

使用项目符号和编号，可以使文档层次分明、条理清晰，便于阅读。一般而言，项目符号是图形或图片，无顺序；而编号是数字或字母，有顺序。多级列表则进一步对具体条目进行了细分。

1. 项目符号

具体方法如下。

① 将光标定位在插入项目符号的位置，或选择要向其添加项目符号的文本。

② 单击“开始”选项卡“段落”组的“项目符号”按钮，此时将添加默认格式的项目符号。如果单击“项目符号”按钮旁的向下三角形箭头按钮，将弹出如图 3-7 所示的项目符号列表，选择其中一种项目符号应用于当前文本。

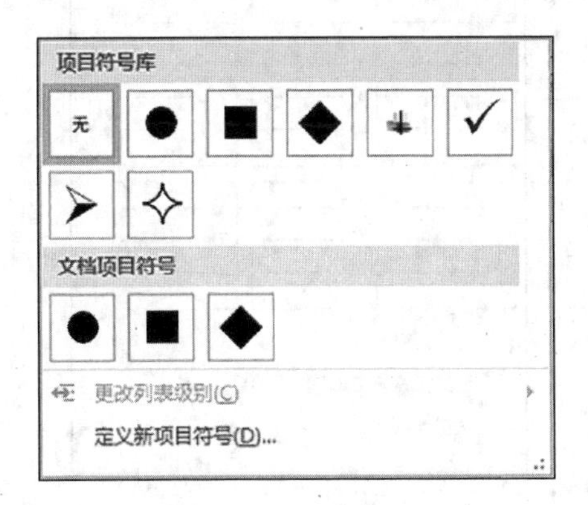

图 3-7 项目符号库

如需自定义项目符号，可在项目符号列表中选择“定义新项目符号”命令，之后在打开的“定义新项目符号”对话框中，可对项目符号的符号、图片、字体、对齐方式进行设置。

2. 编号

编号是指有先后顺序的文本，通常用连续的数字或字母表示。添加编号的方法如下。

① 将光标定位在要插入编号的位置，或选择要向其添加编号的文本。

② 单击“开始”选项卡“段落”组的“编号”按钮，此时将添加默认格式的编号。如果单击“编号”按钮旁的向下三角形箭头按钮，将弹出如图 3-8 所示的编号列表。选择其中一种编号应用于当前文本。

图 3-8 编号列表

如需定义新编号格式，可在编号列表中选择“定义新编号格式”命令，之后在打开的“定义新编号格式”对话框中，可对编号的样式、格式、对齐方式进行设置。

3. 应用多级列表

在长文档排版中，经常使用多级列表来使文档内容具有更多的层次感和条理性。例如，章、节、小节标题编号的生成就需要用到多级列表。多级列表与内置标题样式结合时，将会快速生成分级别的章节编号，且编号能自动更新。为文本添加多级列表的方法如下。

① 选择要添加多级编号的文本段落。

② 单击“开始”选项卡“段落”组中的“多级列表”按钮。

③ 从弹出的“列表库”下拉列表中选择一类多级编号应用在当前文本上。

④ 如需改变某一级编号的级别，可以将光标定位在文本段落之前，按 Tab 键，或单击

“开始”选项卡“段落”组的“减少缩进量”按钮、“增加缩进量”按钮来实现。

⑤ 如需自定义多级编号列表，应在“列表库”下拉列表中选择“定义新的多级列表”命令，在之后打开的“定义新多级列表”对话框中进行设置。多级编号与内置标题样式链接后，使用标题样式即可同时应用多级列表，方法如下。

a. 单击“开始”选项卡“段落”组中的“多级列表”按钮。从弹出的列表中选择“定义新的多级列表”命令，打开“定义新多级列表”对话框。单击对话框左下角的“更多”按钮，进一步展开对话框，如图 3-9 所示。

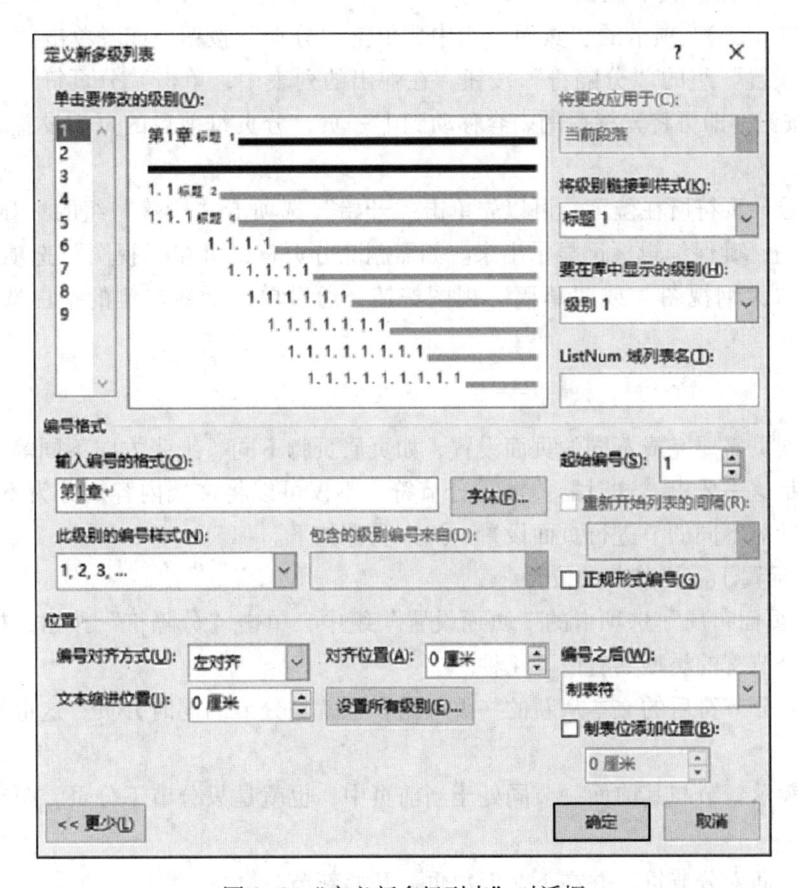

图 3-9 “定义新多级列表”对话框

b. 从左上方的级别列表中单击指定的列表级别，例如，“第 1 章”对应级别 1。在右侧的“将级别链接到样式”下拉列表中选择对应的内置标题样式。例如，级别 1 对应“标题 1”。

c. 在对话框下部的“编号格式”区域中可以修改编号的格式与样式、指定起始编号等。设置完毕后单击“确定”按钮。

d. 在文档中输入标题文本或者打开已输入了标题文本的文档，然后为该标题应用已链接了多级编号的内置标题样式。

3.2.3 分页、分节和分栏

1. 分页

如果用按 Enter 键产生空行的方式来分页，不仅增加工作量，效率低下，而且前面文档如有删减，下一页的内容就会回到上一页，调整起来十分不方便。利用手动插入分页符的这一功能，可以避免产生这种现象。具体方法如下。

① 单击要开始新页的位置。

② 在“插入”选项卡的“页面”组中，单击“分页”按钮。或者单击“布局”选项卡的“页面设置”组的“分隔符”按钮，在弹出的列表中，单击“分页符”命令集中的“分页符”按钮，即可将光标后的内容移动到下一页，分页符前后的页面设置属性及参数均保持一致。

如要查看分页符所在位置，可以先单击“开始”选项卡“段落”组的“显示/隐藏编辑标记”按钮，确保编辑标记显示出来。如需删除分页符，可在“视图”选项卡“视图”组中，单击“大纲视图”或“草稿”视图按钮，通过单击虚线左侧的空白选中分页符，按 Delete 键。

2. 分节

如果不同页需要完成不同的页面设置，如页眉页脚不同、纸张方向不同等，插入分页符就不能满足这一要求。这时需要插入分节符，不仅可以将文档内容划分为不同的页面，还可以分别针对不同的节进行页面设置。插入步骤如下。

① 将光标置于需要分节的位置。

② 在“页面布局”选项卡的“页面设置”组中，单击“分隔符”按钮，打开分隔符选项列表。分节符的类型共有以下 4 种。

下一页：分节符后的文本从新的一页开始，也就是分节的同时分页。这也是最常用的类型。

连续：表示新节与其前面一节同处于当前页中，也就是只分节不分页，两节同处于同一页中。

偶数页：插入分节符，并在下一偶数页上开始新节。

奇数页：插入分节符，并在下一奇数页上开始新节。

③ 单击选择某一类分节符后，在当前光标位置处插入一个分节符。

默认方式下，Word 将整个文档视为一节，所有对文档的设置都是应用于整篇文档的。当插入“分节符”将文档分成几“节”后，可以根据需要设置每“节”的页面格式。例如，当毕业论文分为不同章节时，可以将每一章分为一个节，为每章设置不同的页眉页脚，使得每一章都从奇数页开始。又如，页面方向的纵横混排，也可通过在不同页面方向分界处插入分节符来实现。

3. 分栏

分栏类似于杂志、报纸的排版方式，可以使文档容易阅读，版面美观。在 Word 中，分栏功能可以将整个文档分栏，也可将部分段落分栏。

在 Word 中，分栏需选择“页面布局”选项卡，单击“页面设置”组中的“分栏”按钮，在弹开的下拉菜单中可快速设置分栏数。如需进行详细设置，则需选择下拉选项最下面的“更多分栏”选项，打开“分栏”对话框，可设置栏数、每栏的宽度等。

若要取消分栏，只要选择已分栏的段落，进行一栏分栏操作即可。

注意，只有在“页面视图”下才能看到分栏的效果。当分栏的段落是文档的最后一段时，为使分栏有效，必须在分栏前按 Enter 键在最后添加一空行。

3.2.4 页眉和页脚、页码

页眉是文档中每个页面的顶部区域，页脚是文档中每个页面的底部区域。在页眉和页脚中可以插入文本、图形图片以及文档部件，如页码、时间和日期、单位徽标、文档标题、文件名等。

1. 插入页码

页码一般插入到文档的页眉和页脚位置。Word 提供一组预设的页码格式，另外也可以自定义页码。利用插入页码功能插入的实际是一个域而非单纯数字，因为域是可以自动变化和更新的。

（1）页码

① 在“插入”选项卡上，单击“页脚”组中的“页码”按钮，打开可选位置下拉列表。

② 光标指向希望页码出现的位置，如“页面底端”，右侧出现预置页码格式列表。

③ 从中单击选择某一页码格式，页码就能按预设格式插入。

（2）自定义页码格式

① 光标定位于需要设置页码格式的节中。

② 单击“插入”选项卡“页眉和页脚”组中的“页码”按钮。

③ 在弹出的下拉列表中选择“设置页码格式”命令，打开“页码格式”对话框。

④ 在“页码格式”对话框中，可打开“编号格式”下拉列表设置页码格式；可在“页码编号”组中设置起始页码。

⑤ 单击“确定”按钮完成页码设置。

2. 插入和设置页眉页脚

插入页眉和页脚的方法与插入页码的方法类似，操作步骤如下。

① 选择“插入”选项卡，单击“页眉和页脚”组中的“页眉”或“页脚”按钮。

② 在弹出的“页眉库”或“页脚库”列表中选择一个合适的页眉（页脚）样式，之后所选页眉（页脚）样式将应用到文档的所有页面中。

设置页眉和页脚的方法是，双击选择页眉或页脚区域，打开“页眉和页脚工具|设计”选项卡，如图 3-10 所示。

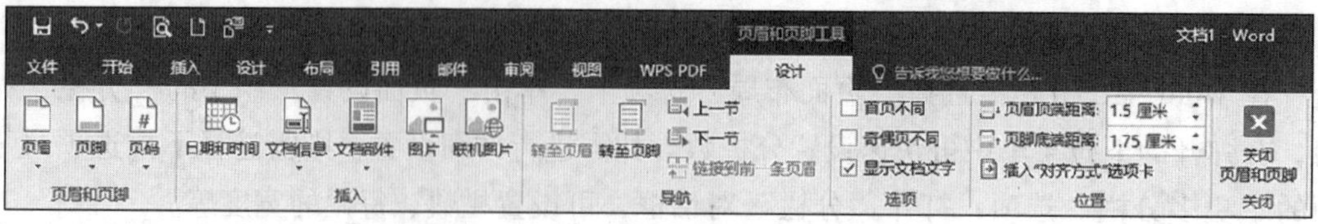

图3-10 “页眉和页脚工具|设计”选项卡

该选项卡中常用的设置选项如下。

①“首页不同”。是指在文档首页使用不同的页眉和页脚，以区别文档首页与其他页面的不同。例如，某文档要求首页不显示页码，其他页显示页码，这时就要勾选该选项。

②“奇偶页不同”。一般指在奇数页和偶数页使用不同的页眉或页脚，以体现不同的页面的页眉或页脚特色。例如，某校毕业论文的正文要求奇数页页眉为校名，偶数页为论文作者名和题目，就需要先勾选该选项，再分别对奇数页和偶数页设置相应的页眉。

注意：在“页眉和页脚工具|设计”选项卡中提供了“导航”选项组，单击“转至页眉”按钮或“转至页脚”按钮可以在页眉、页脚区域之间进行切换。如果文档已分节或勾选了“奇偶页不同”复选框，则单击“上一节”按钮或“下一节”按钮可以在不同节之间、奇数页和偶数页之间切换。

③“链接到前一条页眉”。该按钮主要用于为文档各节创建不同的页眉或页脚。当链接到前一条页眉按钮呈现深灰色底纹突出显示时，表示当前节的页眉与前一节的页眉还有关联，右侧空白处会显示“与上一节相同”的提示信息。此状态下，设置当前节的页眉就会影响前一节的页眉。如果希望不同节的页眉不同，则需要单击该按钮，使得链接到前一条页眉按钮呈现未突出显示状态，才表示当前节的页眉设置与前一节断开，右侧空白处不再显示“与上一节相同”的提示信息。此时，当前节的页眉设置不会影响前一节的页眉。页脚设置与页眉类似。

单击“关闭页眉和页脚”按钮，即可以退出页眉和页脚编辑状态。

3. 删除页眉或页脚

其方法如下。

① 光标定位在要删除页眉或页脚所在节的页面，单击“插入”选项卡。

② 在“页眉和页脚”组中，单击“页眉”按钮。

③ 在弹出的列表中选择“删除页眉”命令，即可将当前节的页眉删除。

④ 在“插入”选项卡“页眉和页脚”组中，单击“页脚”按钮，在弹出的列表中选择“删除页脚”命令即可将当前节的页脚删除。

3.2.5 题注、脚注和尾注

1. 题注

题注用来给文档中的图片、表格、图表、公式等项目添加自动编号和名称，如图3-11所示。自动编号的意思是，无论项目数量是否增减、位置是否移动，编号都会按顺序自动更新。

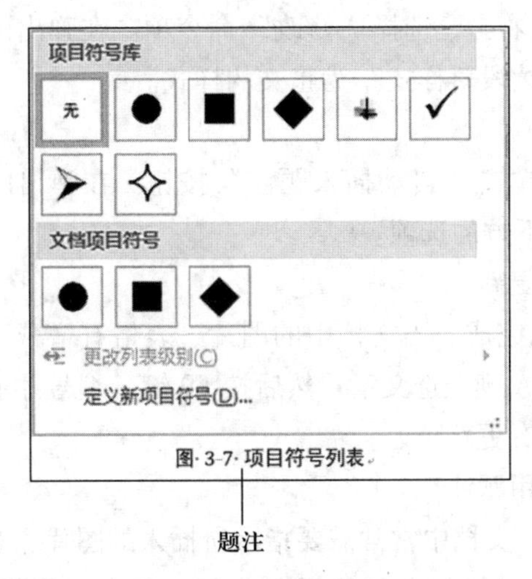

图 3-11 题注举例

(1) 添加题注的方法

① 以图片为例，在文档中插入图片，并选中图片，然后单击“引用”选项卡“题注”组中的“插入题注”按钮。

② 弹出的“题注”对话框，如图 3-12 所示。

图 3-12 “题注”对话框

选择标签和位置。在“标签”列表中如果没有想要的标签，则单击“新建标签”按钮，输入对应的标签即可。一般图片题注会放在项目的下方，表格题注会放在项目的上方。

③ 单击“编号”按钮，弹出“题注编号”对话框。勾选“包含章节号”复选框，单击“确定”按钮，完成题注插入。如弹出提示窗口“……选择一种链接到标题样式的编号方案”，则需要先为章节标题设置标题样式，并将章节标题与多级列表链接。

(2) 修改题注样式的方法

① 单击“开始”选项卡“样式”组右侧的“其他”按钮，打开样式库。找到“题

注”样式。

② 在“题注”样式上右击，选择“修改”命令项。在弹出的“修改样式”对话框中进行设置，注意保证“后续段落样式”为正文的样式。

（3）自动添加题注

需在“题注”对话框单击“自动插入题注”按钮。在弹出的对话框中勾选所支持的类型，并且需要单独设置下方的选项。

（4）题注编号的自动更新

需要借助于F9键辅助完成。当文档中的图片、表格有增减，或位置发生变化时，用户可以选中题注或按Ctrl+A键全选文章，然后按F9键，编号才能自动更新。因为题注编号由“域”产生，因此具有更新延迟。

（5）在正文中如何引用题注

利用交叉引用来实现。文档中常常需要指示所插入的图片、表格的编号，即“如……所示”。此时，将光标置于“如”和“所示”之间，单击“引用”选项卡“题注”组的“交叉引用”按钮。弹出“交叉引用”对话框，如图3-13所示。其中，在“引用类型”列表中选择所使用的标签，如“图”；在“引用内容”列表中选择“仅标签和编号”选项，单击“插入”按钮即可。交叉引用的编号可以随题注编号自动更新。按Ctrl键，单击交叉引用的内容，可以快速跳转到引用对象所在位置。

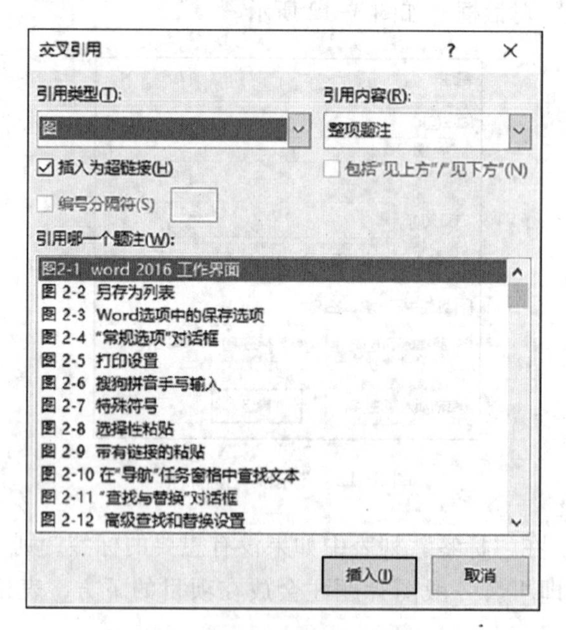

图3-13 “交叉引用”对话框

（6）题注变成“表一-1”怎么办？

如果毕业论文规范要求一级标题的编号是“第一章”“第二章”等这样的中文大写数字格式，那么在给表格添加题注时，就会遇到题注变成“表一-1”的问题，这样就不符合规范。应用“正规形式编号”可解决这一问题。具体方法如下。

当文档所有题注都按照“表一-1”的形式插入完后，最后再一次性更改。

① 选择任意级别的标题文本，单击“开始”选项卡“段落”组中的“多级列表”按钮，选择“定义新的多级列表”选项。

② 在“定义新多级列表”对话框中，选择级别 1，勾选“正规形式编号”复选框，这样章编号就会临时被更正为阿拉伯数字格式。单击“确定”按钮，关闭对话框。

③ 回到文档窗口，按 Ctrl+A 键全选文档内容，然后按 F9 键更新所有域，此时所有的题注编号都显示为阿拉伯数字格式“表 1-1”。

④ 打开“定义新多级列表”对话框，取消勾选“正规形式编号”复选框，使章编号恢复为中文大写数字格式即可。

此方法利用了域更新的延迟性，只适用于不再对文档中的域进行更新的情况。打印或导出为 pdf 格式都会导致域更新，题注会再次变成“表一-1”的形式。不受域更新影响的方法请参考 3.3.2 节实验内容部分的具体要求——定稿前的修改。

2. 脚注

脚注通常位于页面底部，作为文档中某个词语或句子的补充解释说明，常出现在科技论文和书籍中，如图 3-14 所示。脚注通过一条短横线与正文区分，字号略小。

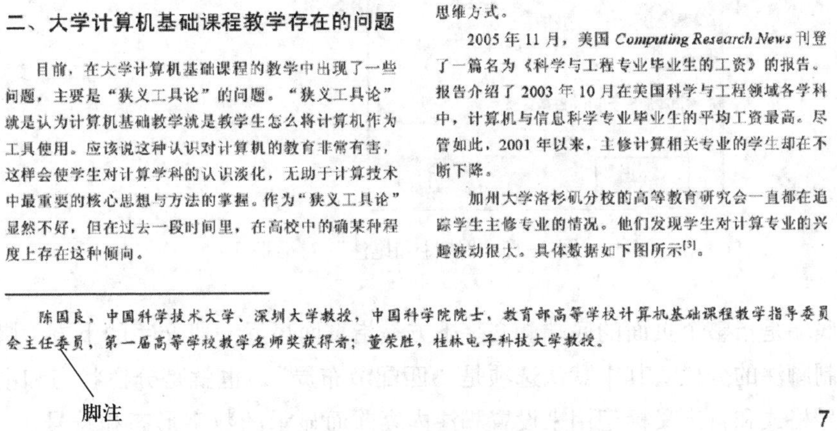

二、大学计算机基础课程教学存在的问题

目前，在大学计算机基础课程的教学中出现了一些问题，主要是“狭义工具论”的问题。“狭义工具论”就是认为计算机基础教学就是教学生怎么将计算机作为工具使用。应该说这种认识对计算机的教育非常有害，这样会使学生对计算学科的认识淡化，无助于计算技术中最重要的核心思想与方法的掌握。作为“狭义工具论”显然不好，但在过去一段时间里，在高校中的确某种程度上存在这种倾向。

思维方式。

2005 年 11 月，美国 *Computing Research News* 刊登了一篇名为《科学与工程专业毕业生的工资》的报告。报告介绍了 2003 年 10 月在美国科学与工程领域各学科中，计算机与信息科学专业毕业生的平均工资最高。尽管如此，2001 年以来，主修计算相关专业的学生却在不断下降。

加州大学洛杉矶分校的高等教育研究会一直都在追踪学生主修专业的情况。他们发现学生对计算专业的兴趣波动很大。具体数据如下图所示[3]。

陈国良，中国科学技术大学、深圳大学教授，中国科学院院士，教育部高等学校计算机基础课程教学指导委员会主任委员，第一届高等学校教学名师奖获得者；董荣胜，桂林电子科技大学教授。

脚注

7

图 3-14 脚注示例

（1）添加脚注

① 选择需要插入脚注的内容，单击“引用”选项卡“脚注”组的“插入脚注”按钮。

② 此时光标自动跳转到页脚区域，并产生上标数字编号，用户直接输入脚注内容即可。

要在正文中查阅脚注的插入位置，可双击页脚区域脚注编号快速跳转到对应的正文内容处；同样，双击正文内容的上标数字可以跳转到对应的脚注条目处。

（2）删除脚注

正确的做法是在正文内容中删除脚注的上标数字。错误的做法是在页脚区域直接删除脚注条目，这会导致空行产生，同时正文中的上标数字不会被删除，未被删除的脚注也不会重新编号。

（3）自定义脚注格式

单击“脚注”组右下角的对话框启动器按钮，打开“脚注和尾注”对话框，如图 3-15 所示。

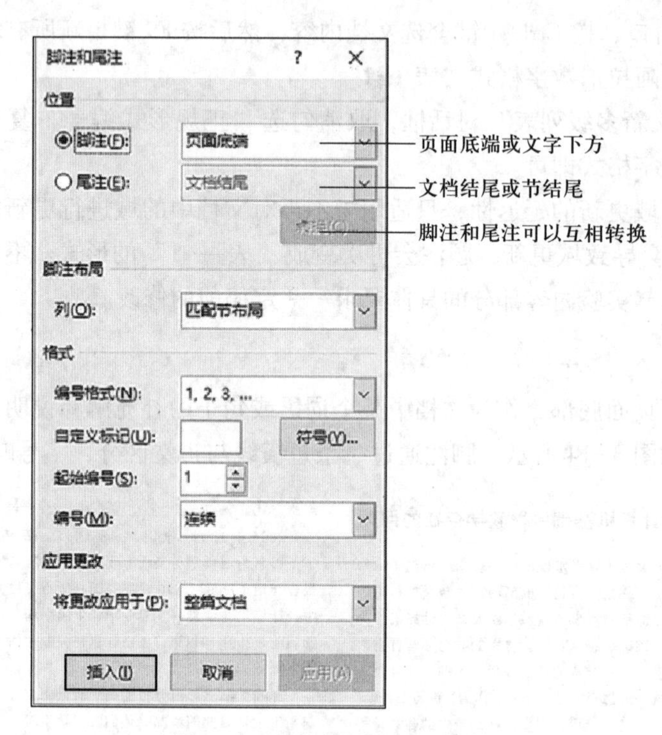

图 3-15 “脚注和尾注”对话框

页面底端是指整个页面的底端。文字下方是指页面最后一段文字的下方。脚注布局区域用于控制脚注的分栏。其中默认选项是“匹配节布局”，也就是分栏状态和主文档保持一致。编号格式和自定义标记用来设置脚注内容前面显示的数字形态和符号。“编号”选项可以选择“连续”“每节重新编号”“每页重新编号”。“应用更改”选项可以应用于整篇文档，也可仅应用于本节。

更改脚注编号的上标格式的方法是，选择脚注，单击“开始”选项卡“字体”组的“上标”按钮，即可取消上标格式。

3. 尾注

尾注一般位于文档的末尾，列出引文的出处。例如，在列举参考文献时，就经常使用尾注功能来完成，如图 3-16 所示。

插入尾注的按钮就在“引用”选项卡“脚注”组中。与脚注比较，除位置不同外，其他设置基本相同。

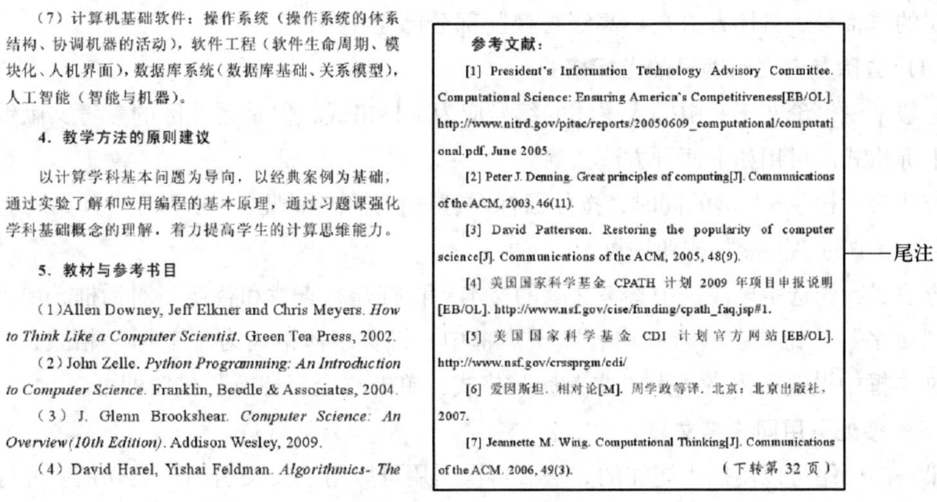

（7）计算机基础软件：操作系统（操作系统的体系结构、协调机器的活动），软件工程（软件生命周期、模块化、人机界面），数据库系统（数据库基础、关系模型），人工智能（智能与机器）。

4. 教学方法的原则建议

以计算学科基本问题为导向，以经典案例为基础，通过实验了解和应用编程的基本原理，通过习题课强化学科基础概念的理解，着力提高学生的计算思维能力。

5. 教材与参考书目

（1）Allen Downey, Jeff Elkner and Chris Meyers. *How to Think Like a Computer Scientist*. Green Tea Press, 2002.

（2）John Zelle. *Python Programming: An Introduction to Computer Science*. Franklin, Beedle & Associates, 2004.

（3）J. Glenn Brookshear. *Computer Science: An Overview(10th Edition)*. Addison Wesley, 2009.

（4）David Harel, Yishai Feldman. *Algorithmics- The*

参考文献：

[1] President's Information Technology Advisory Committee. Computational Science: Ensuring America's Competitiveness[EB/OL]. http://www.nitrd.gov/pitac/reports/20050609_computational/computational.pdf, June 2005.

[2] Peter J. Denning. Great principles of computing[J]. Communications of the ACM, 2003, 46(11).

[3] David Patterson. Restoring the popularity of computer science[J]. Communications of the ACM, 2005, 48(9).

[4] 美国国家科学基金 CPATH 计划 2009 年项目申报说明[EB/OL]. http://www.nsf.gov/cise/funding/cpath_faq.jsp#1.

[5] 美国国家科学基金 CDI 计划官方网站[EB/OL]. http://www.nsf.gov/crssprgm/cdi/

[6] 爱因斯坦. 相对论[M]. 周学政等译. 北京：北京出版社，2007.

[7] Jeannette M. Wing. Computational Thinking[J]. Communications of the ACM. 2006, 49(3).

（下转第 32 页）

尾注

图 3-16 尾注示例

（1）快速查阅尾注内容

对于像毕业论文一样的长文档编辑，要想快速查看文档末尾的参考文献，可以利用以下几种方法解决。

①“显示备注”对话框。通过单击“引用”选项卡“脚注”组的“显示备注”按钮，打开对话框，选择“查看尾注区”选项，即可迅速跳转。

② 正文上标与尾注编号相互链接。双击正文内容的上标数字可以迅速跳转到对应的尾注条目处，双击尾注编号也可以快速跳转到对应的正文内容处。

③ 下一条尾注。单击“引用”选项卡“脚注”组的“下一条脚注”命令旁边的向下三角形按钮，选择“下一条尾注”或“上一条尾注”命令项，就可以在正文中各尾注之间快速跳转。

（2）删除脚注/尾注横线

在科技论文和毕业论文中，参考文献和正文之间通常都没有短横线。要删除尾注区与正文之间的短横线可以使用如下方法。

① 单击“视图”选项卡“视图”组中的“大纲视图”按钮，进入大纲视图。

② 单击“引用”选项卡“脚注”组中的“显示备注”按钮，在弹出的“显示备注”对话框中选择“查看尾注区”选项，单击“确定”按钮。

③ 在文档底部出现的“尾注”栏中，单击“所有尾注”右侧的下拉按钮，分别选择“尾注分隔符”和“尾注延续分隔符”选项，在黑色线条左边空白位置单击，选中分隔线，按 Delete 键删除即可。在“尾注分隔符”选项中还可输入“参考文献”等文本，设置字体字号。删除后，再返回页面视图即可。

删除脚注分隔线与尾注类似。

（3）给尾注编号添加[ ]

科技论文和毕业论文的格式要求参考文献的编号需要加[ ]。用户可以在插入完所有尾注后，再利用“查找和替换”功能，一次性为所有尾注编号添加[ ]，否则会出现一层套一层的方括号。具体方法在“高级替换”部分已经介绍过。

（4）去除参考文献编号的上标格式

一般来说，论文正文中插入尾注的编号应为上标格式，但是尾注区的参考文献编号不能为上标格式。可用如下两种方法去除。

方法一：按住Alt键的同时，按住鼠标左键拖拽选中编号区，再单击“开始”选项卡“字体”组中的“上标”按钮即可。

方法二：先选中尾注区中参考文献的文本，再打开“查找和替换”对话框，单击左下角的“更多”按钮，在“查找内容”文本框中只设置字体格式为“上标”格式，“替换为”文本框中设置字体格式为“非上标”格式，单击“全部替换”按钮即可。

（5）多处引用同一篇文献

第一次引用可以用插入尾注的方法。再次引用可以用“交叉引用”的功能。光标定位到正文中再次引用位置，单击“引用”选项卡“题注”组的“交叉引用”按钮，打开“交叉引用”对话框。在“引用类型”列表中选择“尾注”选项，在“引用内容”列表中选择“尾注编号（带格式）”选项，在“引用哪一个尾注”内容框中选择需要引用的参考文献内容，单击“插入”按钮。使用“交叉引用”插入的上标编号不能自动更新，需要按Ctrl+A键全选后，再按F9键更新域。

（6）一处引用多篇文献

如何把诸如“[1][2][3][4][5][6]”变成“[1-6]”的形式呢？可以使用隐藏字符法。将“][2][3][4][5][”字符选中，再打开“字体”对话框，勾选“隐藏”复选框即可。在6前添加连接符“-”，并设置为上标格式。

3.2.6 创建目录

目录列出了文章中的各级标题及其所在的页码，以便于阅读者快速检索，查阅相关内容。

1. 自动引用目录

在引用目录之前，必须先对标题应用“样式”。例如，一级标题使用“标题1”样式，二级标题使用“标题2”样式等。通常这些样式还要与多级列表关联，以产生章节编号。再按以下步骤插入。

① 自动引用目录是在正文内容完成以后，一次性生成的。将光标定位于插入目录的位置，通常在目录页前后各插入一个“下一页”类型的分节符。

② 单击“引用”选项卡“目录”组的“目录”按钮，在打开的下拉列表中，选择一种内置的自动目录样式即可。

2. 自定义目录样式

如果毕业论文规范对目录的字体格式有明确的要求，就需要自定义目录样式。

单击“引用”选项卡“目录”组的“目录”按钮，在打开的列表中，选择下方的

“自定义目录”选项。

（1）修改目录显示样式

主要修改“显示页码”“页码右对齐”“制表符前导符”三个选项。

（2）修改目录字体格式

单击“目录”对话框右下角的“修改”按钮，如图 3-17 所示。打开“样式”对话框，如图 3-18 所示。

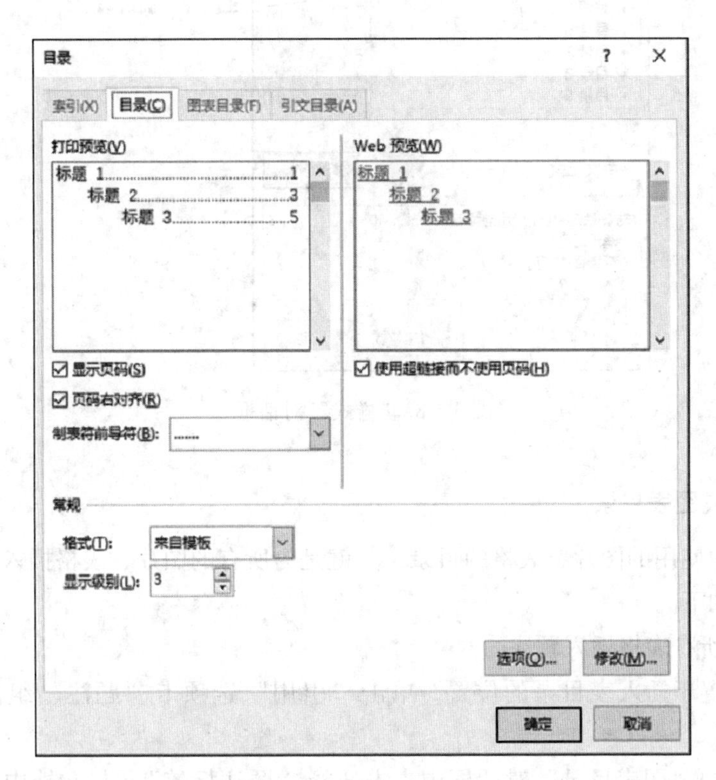

图 3-17 “目录”对话框

“目录 1”即为目录中的一级标题样式，“目录 2”即为目录中的二级标题样式，“目录 3”即为目录中的三级标题样式。要修改哪一层级，首先选中相应样式，再单击“修改”按钮。在打开的“修改样式”对话框中，进行设置即可。

3. 目录显示“标题”样式

如果毕业论文要求正文标题应用“标题 1”“标题 2”“标题 3”等样式，而像摘要、附录、致谢等大标题与“标题 1”样式的格式要求不同，不能应用标题 1 样式。为了让这些标题可以在目录中显示，可以应用“标题”样式。然后，在“目录”对话框中，单击下方的“选项”按钮，在“目录选项”对话框中，找到“标题”（论文中摘要、附录、致谢等应用的样式名称），然后在右侧的“目录级别”框中输入“1”，单击“确定”按钮即可。

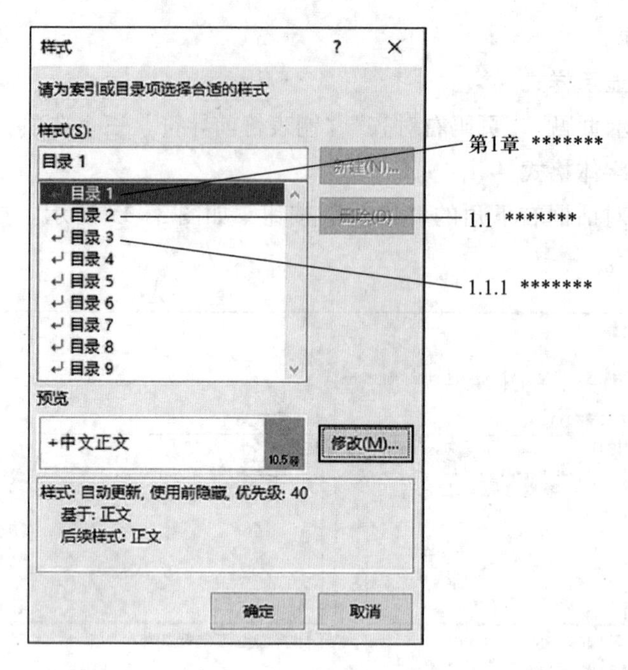

图 3-18 “样式”对话框

4. 自动生成图表目录

制作文档中使用的图片、表格的目录，关键是为所有的图片、表格插入题注。

具体方法如下。

① 为文档所有表格插入题注。

② 将光标置于插入表目录的位置，单击“引用”选项卡“题注”组的“插入表目录”按钮。

③ 在打开的“图表目录”对话框中，先选择“题注标签”（与文档中自定义的题注标签一致），然后单击“确定”按钮。

5. 自动更新目录

当文档标题调整了、页码变动了，用户需要更新目录。有三种方法可更新目录。

方法一：单击“引用”选项卡“目录”组的“更新目录”按钮，在弹出的对话框中，根据需要选择“只更新页码”或“更新整个目录”选项，单击“确定”按钮。

方法二：将光标置于目录中，右击，选择“更新域”命令。

方法三：选择目录，按 F9 键。

6. “目录”不包括目录本身

选中“目录”两字，打开“段落”对话框，把“大纲级别”改为“正文文本”，然后选中目录，按 F9 键，更新目录即可。

3.2.7 索引

索引用于列出一篇文档中讨论的术语和主题以及它们出现的页码。最常见的是为某些词汇、短语创建索引项，例如，为书籍创建关键词页，以便于查找。当选择文本，并将其标记为索引项时，Word 将会添加一个特殊的 XE（索引项）域，如{ XE“…”}{ XE“ABC 分类法”}{ XE“ABC 分类法”}。该域需要打开显示/隐藏编辑标记才能看到，只用于显示，不会被打印。

1. 创建单个索引的方法

① 在文档中选择要作为索引项的文本。

② 单击“引用”选项卡“索引”组中的“标记索引项”按钮，在弹出的对话框中单击“标记全部”按钮，单击“关闭”按钮，即可将文档中所有相同的文本标记为索引项。

③ 找到并删除目录和图表目录中该文本后面的索引标记“{XE…}”。

④ 光标定位于索引页，单击“引用”选项卡“索引”组的“插入索引”按钮，打开“索引”对话框，如图 3-19 所示。

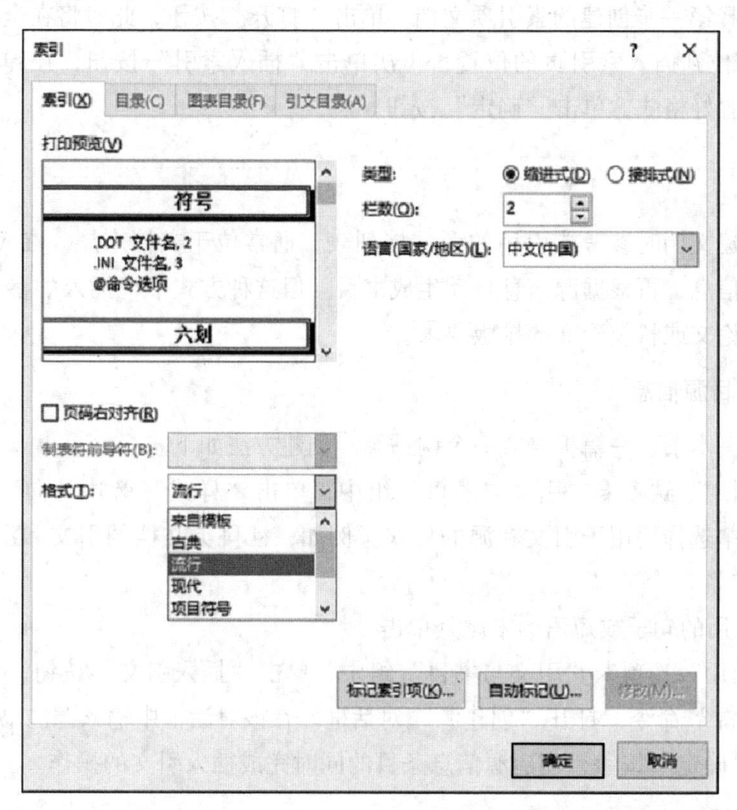

图 3-19 “索引”对话框

⑤ 在“索引”对话框的索引选项卡中，可进行如下索引设置。

a. “格式”下拉列表可选择索引的风格，选择的结果可以在“打印预览”列表框中查看。

b. “栏数”文本框中指定分栏数以编排索引。

c. “排序”下拉列表可选择拼音或笔划。

设置完成后，单击“确定”按钮，创建的索引就会出现在文档中。

2. 删除索引的方法

① 单击“开始”选项卡，在“编辑”组中单击“替换”按钮，打开“查找和替换”对话框。在“查找内容”文本框中输入待删除的索引项，将光标定位在索引项文本之后，单击“更多”按钮，单击“特殊格式”下拉按钮，选择“域”选项。在“替换为”文本框中输入索引项文本，单击“全部替换”按钮，单击“关闭”按钮。

② 将光标定位在索引页的索引内容上，右击任意索引文字，选择“更新域”命令。

3. 插入批量索引的方法

① 新建 Word 文档，创建 1 列若干行的表格，每行输入一个索引项文本，保存。

② 在“引用”选项卡中，单击“索引”组中的“插入索引”按钮，单击“自动标记”按钮，选择第一步创建的索引项文档，单击“打开”按钮，此时将在全文标记索引。

③ 光标定位到插入索引页的位置，再次单击“插入索引”按钮，在弹出的“索引”对话框中，设置好格式，单击“确定”按钮。

3.2.8 书目

书目是创建文档时参考或引用的源文档列表，通常位于文档末尾。在 Word 2016 中，需要先组织源信息，再根据源信息自动生成书目。但这种方式下，插入的参考文献格式通常不满足毕业论文或科技论文的排版要求。

1. 创建书目源信息

源可能是一本书、一篇报告或一个网站等。创建方法如下。

① 在“引用”选项卡“引文与书目”组中，单击“样式”旁边的向下三角形箭头，从源样式列表中选择要用于引文和源的样式。例如，社科类文档的引文和源使用 MLA 或 APA 样式。

② 在要引用的句子或短语的末尾处单击。

③ 在“引用”选项卡“引文与书目”组中，单击“插入引文”按钮，从下拉列表中选择“添加新源”命令，打开“创建源”对话框。在该对话框中输入源的书目信息。

④ 单击“确定”按钮，创建源信息条目的同时完成插入引文的操作。

2. 导入书目源信息

单击“引用”选项卡“引文与书目”组的“管理源”按钮，弹出“源管理器”对话框，单击“浏览”按钮，在弹出的对话框中选择书目源文件，单击“打开”按钮，在左侧的书目源信息列表中选择要导入到本文档的源信息，单击中间的“复制”按钮，单击

“关闭”按钮。

3. 创建书目

向文档插入一个或多个源信息或导入书目源信息后，就可以随时创建书目。方法如下。

① 将光标定位于插入书目的位置，如文档尾部。

② 在“引用”选项卡“引文与书目”组中，单击“书目”按钮，打开书目样式列表。

③ 从中单击一个内置的书目格式，或者直接选择“插入书目”命令，即可将书目插入。

3.2.9 模板

Word 模板保存了对页面设置、字体、段落、样式等各种格式的设置，还可以包含文字等信息。用户可以通过模板来快速创建各种具有固定格式内容的文档，例如，搜索联机模板来创建新文档。用户每次新建的空白文档都是基于预设的 Normal 模板创建的。

举例来说，如果在一份 Word 文档中，在页眉区添加了单位的标志，在页脚区添加了单位的通信地址，然后保存为模板，并在桌面创建了快捷方式。这样每次双击该快捷方式，就可以直接使用页眉有单位标志、页脚有单位网址的文档了，不需要每次都进行重新设置。

1. 自定义模板

用户可以将经常用到的有固定格式、版式要求的内容做成一份 Word 模板。

(1) 创建 Word 模板

创建模板非常简单：当文档的格式、版式等设置完后，按 F12 键（“另存为”的快捷键），或通过选择“文件”菜单中的“另存为”选项，在打开的对话框中，将“保存类型”设为“Word 模板（*.dotx）”即可。

下次双击该模板文档，即可新建一份 Word 文档。新建的文档类型是 .docx 格式，且文档内容的格式、版式、样式等与原模板文档一致。如果在自定义文档时启用了宏，则文档保存类型选择“.dotm”格式的模板，“*.dotm”格式是启用宏的模板。

(2) 快速查找已创建的模板

当文档模板创建过多时，可以在“新建”选项卡中快速查找已创建的模板。

选择“文件”菜单中的“新建”选项，选择“个人”选项，可以在这里快速找到自定义的 Word 模板。此处，创建一个模板后，“个人”选项才会出现。单击模板图标，即可快速完成创建。

若要删除模板，则首先找到模板所在的文件夹位置，然后直接删除不要的模板文件即可。模板的默认位置可通过在“文件”菜单中选择“选项”选项，在打开的“Word 选项”对话框的“保存”选项中设置。

2. Normal 模板

新建的空白文档都是基于 Normal 模板（扩展名为 .dotm）创建的。Normal 模板是 Word 的默认模板，是所有新建文档的基准，同时也是 Word 的基层模板，只要在该模板中保存的设置，就会影响到所有的文档。

（1）Normal 模板损坏的处理方法

Normal 模板损坏后会导致 Word 无法正常启动。例如，在 U 盘中打开了 Word 文档却强制拔出 U 盘或者 Word 打开时突然断电导致 Normal 模板损坏。解决方法是，找到 Normal 模板删除即可。因为 Normal 模板的重要性，Word 发现该文件不存在，会在下次启动时自动创建新的 Normal 模板文件，恢复原始设置。

（2）查看 Normal 模板位置

可在“Word 选项”对话框中确认模板位置。具体方法如下。

① 选择“文件”菜单中的“选项”选项，打开“Word 选项”对话框。

② 在“Word 选项”对话框中，单击“信任中心”选项，单击“信任中心设置”按钮。

③ 在打开的“信任中心”对话框中，单击“受信任位置”按钮，在中间的列表中单击第一行的“用户模板”默认位置，再单击“修改”按钮，在打开的“Microsoft Office 受信任位置”对话框中复制该路径。

④ 按 Win+R 键，打开“运行”对话框。把该路径粘贴到“打开”框中，单击“确定”按钮即可快速打开 Normal 模板所在的文件夹，在这里就可以找到 Normal 模板了。

3.2.10 文档的修订与共享

在多人共同处理同一文档的过程中，例如，毕业论文写完后，要交给导师审阅，导师可以使用“批注”的功能，在 Word 文档中只提意见不修改。如需修改，则需开启“修订”状态，以记录下修改的过程，并且修改的内容可根据情况予以还原。如修改前，对方忘记开启修订状态记录修改过程，而自己有需要查看对方修改的内容，可通过“比较”的功能查看。

1. 审阅与修订文档

（1）批注

在多人审阅同一文档时，有时需要彼此对文档变更的内容做解释，或仅向文档作者提出一些修改意见而不去直接修改原文，这时使用“批注”最为恰当。“批注”是在文档页面右侧的空白区域添加注释信息，并用带有颜色的方框括起来。

① 添加批注：光标定位于插入批注的位置或选择对应的文本，然后单击“审阅”选项卡“批注”组的“新建批注”按钮，在批注框中输入批注信息。

② 删除批注：删除某一条批注信息，只需右击此批注，在快捷菜单中选择“删除批注”命令。删除所有批注，可以单击“审阅”选项卡“批注”组的“删除”按钮的向下

三角形，在弹出的列表中选择“删除文档中的所有批注”命令项。

③ 显示审阅者：单击“审阅”选项卡“修订”组的“显示标记”按钮，在弹出的列表中选择“特定人员”子菜单，从中选择具体的人员，通过勾选审阅者姓名前面的复选框，查看不同人员对本文档的修订或批注意见。

（2）修订

修订状态下修改文档，Word 会把当前文档中修改、删除、插入的每一项内容都标记出来。

① 开启修订状态：默认情况修订处于关闭状态。打开要修订的文档，单击“审阅”选项卡“修订”组的“修订”按钮，使其突出显示，即进入修订状态。

② 更改修订选项：可通过不同颜色来区分不同修订者的修订内容。单击“审阅”选项卡“修订”组右下角的对话框启动器按钮，弹出“修订选项”对话框来设置，如图 3-20 所示。

③ 设置修订的标记及状态。

更改修订者名称：在“修订选项”对话框中，单击“更改用户名”按钮，进入 Office 后台视图来修改。

设置修订状态：如需查看修订信息，则在“修订”组的“显示以供审阅”下拉列表中选择带有修订标记的选项，如“所有标记”。

设置显示标记：在“修订”组中，单击“显示标记”按钮，从打开的列表中设置显示何种修订标记以及修订标记显示方式。

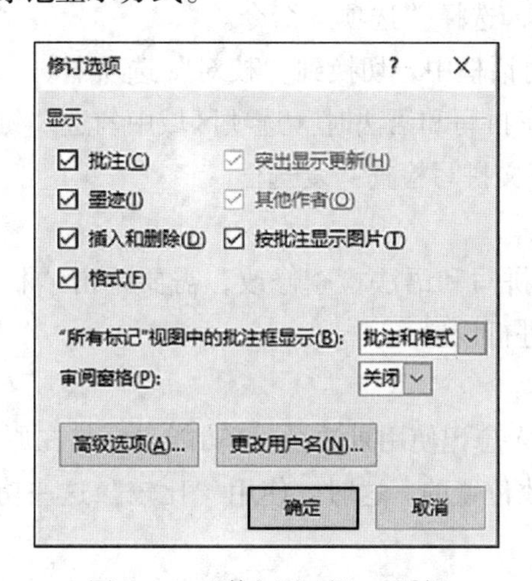

图 3-20 “修订选项”对话框

④ 退出修订状态。再次单击“修订”组的“修订”按钮，使其取消突出显示，即可退出。

（3）审阅修订和批注

文档内容修订完成后，作者最后需要对修订和批注的内容进行最后的审阅，以确定最终版本。可按如下步骤来接受或拒绝每一项更改。

① 在“审阅”选项卡的“更改”组单击“上一条”或“下一条”按钮，即可定位到文档上一条或下一条修订或批注的内容。

② 对于修订的信息可通过单击“更改”组的“接受”或“拒绝”按钮，来选择接受或拒绝对文档的更改。对批注信息可以在“批注”组，单击“删除”按钮选择逐条删除，或全部删除。

③ 重复前两步，直到审阅完毕。

④ 如需拒绝修订，可在“更改”组中，选择“拒绝”→“拒绝对文档的所有修订”命令；如需接受修订，可在“更改”组中，选择“接受”→“接受对文档的所有修订”命令。

2. 管理与共享文档

除修订外，在“审阅”选项卡中还可以检查拼写和语法，统计字数，进行简单即时翻译等。

通过“中文简繁转换”组可在简体和繁体之间快速转换；通过“保护”组可以限制对文档格式和内容的编辑修改。“比较”组可进行多个文档的比较，以快速发现修改的地方。

（1）检查文档的拼写和语法

文档中红色波浪线表示出现拼写错误，绿色波浪线表示出现语法错误，起到提醒作用。开启该功能的方法如下。

① 单击“文件”菜单，选择“选项”命令。

② 在“Word 选项”对话框中，切换到“校对”选项卡。

③ 在“在 Word 中更正拼写和语法时”选项区域中勾选“键入时检查拼写”“键入时标记语法错误”“使用上下文拼写检查”复选框。

④ 单击“确定”按钮。

⑤ 要对文档最后进行拼写和语法检查修改，需要单击“校对”组的“拼写和语法”按钮，在弹出的对话框中进行设置。

（2）比较与合并文档

① 比较文档。如果有人忘记使用批注/修订功能，而是在原文档中直接进行修改，仅靠肉眼是很难精确发现修改位置的。这时，使用“比较”这一功能，就可以很快发现。具体方法如下。

先单击“审阅”选项卡“比较”组的“比较”按钮，在打开的“比较文档”对话框中，按照提示分别打开修改前的原文档和修改后的修订文档，单击“确定”按钮进行比较。单击“更多”按钮，可以进行更多的比较设置，一般保持默认设置。最后，比较结果会生成一份新文档。在左侧的“修订”窗格中显示修改痕迹。

② 合并文档。合并文档可以将多位作者的修订内容组合到一个文档中，具体方法如下。

在“审阅”选项卡“比较”组中，单击“比较”按钮，从下拉列表中选择“合并”

命令，打开“合并文档”对话框。在“原文档”区域选择原始文档，在“修订的文档”区域中选择修订后的文档。单击“确定”按钮，将会新建一个合并结果文档。在该文档中，再进行审阅和修订，最后保存。

（3）删除文档中的个人信息

将文档发布共享之前，要检查文档中是否包含了隐藏数据或个人信息，以免发生错误。这些信息存储在文档本身或文档属性中，需要删除这些隐藏信息。

利用“文档查看器”工具，可实现这一目的。具体方法如下。

① 打开要检查的文档副本，以免误操作。

② 单击“文件”菜单，选择“信息”→“检查问题”→“检查文档”命令，打开“文档检查器”对话框。

③ 选择要检查的隐藏内容类型，然后单击“检查”按钮。

④ 检查完成后，审阅检查结果，单击要删除的内容类型右边的“全部删除”按钮，删除指定信息。

（4）标记文档的最终状态

如果文档编辑完成，为防止误操作修改文档，可将文档设置为此状态。该状态下文档为只读，并禁用相关的内容编辑。具体方法如下。

① 单击“文件”菜单。

② 单击“信息”组中的“保护文档”按钮，在打开的列表中选择“标记为最终状态”命令。

需要说明的是，该状态下的文档通过单击页面上方的“仍然编辑”按钮，仍可编辑。

（5）与他人共享文档

① 通过电子邮件共享文档，使用“文件”菜单的“共享”组的“电子邮件”命令，作为附件发送。但需提前安装邮件客户端软件如 Outlook 才能实现。

② 转换成 PDF 文档格式，可通过“文件”菜单“导出”组的“创建 PDF/XPS 文档”命令来实现。

3.3 实验内容

3.3.1 案例背景

大学生需要撰写毕业论文才能毕业，要想完成毕业论文的撰写，不仅需要掌握专业知识，还需熟练掌握 Word 长文档编辑排版技术。请根据某高校“本科毕业论文格式要求”，来练习掌握毕业论文排版编辑技术。

3.3.2 具体要求

从实验素材文件夹中复制文件夹“实验 3 案例素材”到学生自建的实验文件夹下。解压缩 3-1. rar 后，进入解压缩目录，将“Word3 初稿 .docx”文件另存为“Word3 终稿 .doc”格式。按照下列要求，完成 Word 文档的制作。

本科毕业论文格式主要要求如下。

微视频 3-1：各级标题

1. 毕业论文的基本版式

除封面外其他各部分：固定行距 20 磅。当正文中有公式、方程式、特殊符号、图表等影响行距美观时，可使用 1.25 倍行距。

2. 毕业论文内容

一篇本科毕业论文应依次包括以下主要部分，每一部分都应单起一页排版，其中正文中的每一章也应单起一页排版。

（1）封面

（2）摘要（含关键词）

（3）ABSTRACT（含 Key words）

（4）目录

（5）正文

（6）参考文献

（7）致谢

（8）附录（任选）

3. 毕业论文文字排版

整个毕业论文中的英文、数字和符号等均选用 Times New Roman 字体。

（1）正文

① 正文标题。正文标题可分为一级、二级、三级、四级等，建议最多用到四级标题。

一级标题为每一章的标题，序号采用汉字序号，“章”与标题名称之间加一个空格。正文每章（一级标题）单起一页排版。

毕业论文共 4 章，各章标题建议如下：

第一章　绪论

第二章　实验部分

第三章　实验结果与讨论

第四章　结论与展望

二级、三级、四级标题分别采用 2 个、3 个、4 个阿拉伯数字编制序号（通过修改“多级列表”，勾选“正规形式编号”复选框，将二至四级标题的汉字章序号改为阿拉伯数字），中间以点号连接，其后加一空格后接标题名称。示例如下：

2.1　实验材料及仪器

2.1.1　实验材料

2.1.1.1　铝合金

3.5.1.2　标题的字级、字体、占行及排版一级标题用三号黑体字，加粗，段前段后各 1 行，居中排。

二级标题用小三号黑体字，加粗，段前 1 行段后 0.5 行，居左排。

三级标题用四号黑体字，加粗，段前 0.5 行段后 0 行，居左排。

四级标题用四号楷体字，加粗，段前 0 行段后 0 行，居左排。

利用“多级列表”将编号链接到标题名称后，删除黄色底纹处编号。

② 正文文字。创建“论文正文”样式，正文文字选用小四号、宋体，首行缩进 2 字符，两端对齐。

③ 表格。表格编号和标题：每个表格必须有编号和标题，并置于表格之前，五号黑体，居中排，段前 0.5 行段后 0.25 行（此处通过创建“表格题注”样式来实现）。每章的表格应分别统一编号，编号规则为，第一个数字为章的序号（待定稿后将汉字序号改为阿拉伯数字），第二个数字为该表在本章中的表格序号，两个数字之间用短划线“-”连接（如表 1-1、表 2-3、表附 1-1 等）。每个表格都应在正文中相应位置引出编号（用“交叉引用”实现，替换黄色底纹处的编号），表格本身原则上不能先于该编号在正文中第一次出现的位置出现（即行文过程中不能先见表后见编号），确实因排版需要可适当灵活处理。为实现表注和表在调整过程中始终位于同一页，可设置表注行的段落属性为“与下段同页”。

微视频 3-2：表格、图片和公式

表格内文字采用五号宋体，表格宽度不能超过版心。自行制作的所有表格原则上均须采用三线表格式（创建“三线表”表格样式以便复用该样式，该样式上、下边框线宽度 1.5 磅，标题行下边框线 0.5 磅，其他边框线去除）。

④ 图片。图片单独占一行，所在行使用 1.25 倍行距，环绕文字选择“嵌入型”。如一行中需插入两幅图片，可插入 1 行 2 列的表格，在单元格中插入图片及标题，选择整个表格再插入题注，将表格边框设置为无。图片编号和标题：每个图片（或每组图片）必须有编号和标题，并置于图片之后，五号黑体，居中排，段前 0.25 行段后 0.5 行（通过创建“图片题注”样式来实现）。每章的图片应分别统一编号，编号规则为，第一个数字为章的序号（待定稿后将汉字序号改为阿拉伯数字），第二个数字为该图片在本章中的图片序号，两个数字之间用短划线“-”连接（如图 1-1、图 2-2、图附 1-2 等）。每个图片都应在正文中相应位置引出编号（用“交叉引用”实现，替换黄色底纹处的编号）。图片本身原则上不能先于该编号在正文中第一次出现的位置出现（即行文过程中不能先见图后见编号），确实因排版需要可适当灵活处理。

为实现图注和图在编辑过程中始终位于同一页，可设置“嵌入型”图片所在行段落属性为“与下段同页”。

⑤ 数学公式与方程式、化学分子式与化学反应方程式。每个数学公式与方程式、化学分子式与化学反应方程式都应另起一行缩进 4 个字符排版；并用两个阿拉伯数字依次编制序号，前面冠字“式”，用括号括起来，序号右对齐排版。编号规则为，第一个数字为章的序号，第二个数字为该式在本章中的序号，两个数字之间用短划线“-”连接，如

（式1-1）、（式2-1）、（附式1-1）等。

例如，在素材文档3.2节中插入傅里叶级数公式的方法如下。

第1步，在“文件”菜单“信息”组“兼容格式”选项中，单击“转换”按钮，在弹出的对话框中，单击“确定”按钮，将文档升级到最新的文件格式，以使插入公式的按钮变为可用状态。

第2步，创建“公式”样式。单击“样式”组的“其他”按钮，在列表中选择“创建样式”命令项。在弹出的对话框中，输入样式名称为“公式”，单击“修改”按钮，在弹出的对话框中，样式类型改为“段落”，后续段落样式改为“论文正文”，单击左下角的“格式”按钮，设置字体、段落、制表位三项。其中字体格式与正文字体相同，段落中的行距改为多倍行距，设置值为1.25。单击“制表位”命令项，弹出如图3-21所示的对话框。

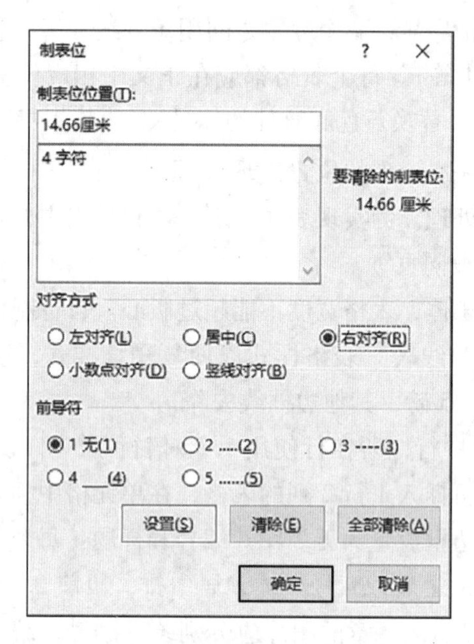

图3-21 “制表位”对话框

在“制表位位置”输入框中第一次输入“4字符”，对齐方式选“左对齐”，单击“设置”按钮，添加第一个制表位，第二次输入“14.66厘米”，对齐方式选“右对齐”，单击“设置”按钮，添加第二个制表位。

第3步，将光标定位至3.2节正文部分，单击“插入”选项卡“符号”组中的“公式”按钮，在弹出的列表中选择“傅里叶级数”公式插入正文。保持光标在公式所在行，单击新创建的“公式”样式。将光标定位至公式编辑框所在行外侧的最左边，按Tab键将公式移动到第一个制表位。

第4步，单击公式左上角，选中整个公式。单击“引用”选项卡“题注”组中的“插入题注”按钮，在“题注”对话框中，新建标签“（式”，并包含章节号，在“题注”输入框中再输入“）”，位置默认在所选项目下方，最后单击“确定”按钮。

第5步，将光标定位在公式编辑框右侧，按 Ctrl+Alt+Enter 键插入样式分隔符，此时公式下方的题注与公式位于同一行，按 Tab 键，公式题注移动到第二个制表位。

第6步，在正文中利用“交叉引用”功能引用已插入的公式题注，如（式三-1）所示。

公式题注中汉字章序号将在最后定稿后改为阿拉伯数字。

（2）参考文献

微视频 3-3：参考文献

① 文后参考文献编排格式。参考文献单起一页排版。“参考文献”四字格式参照正文中的一级标题处理（用“标题 1”样式，再删除编号），即三号黑体字，段前段后各一行，居中排。

行间距：固定行距 20 磅。

中文字体为宋体，数字、英文字体为 Times New Roman 字体，字号五号，段落两端对齐。

参考文献按在正文中出现的先后次序列于文后，并用数字加方括号表示序号，如[1]、[2]、……，建议采用加方括号的自动数字序号的方式列出参考文献序号。每一参考文献条目均以方括号内的数字序号开始，右方括号后按 Tab 键后输入或粘贴条目内容，以句点符号“.”结束，首行左顶格、悬挂缩进 2 字符排版。

② 正文中参考文献的标注。参考文献是为撰写论文而引用的有关文献的信息资源，参考文献采用实引方式，根据顺序编码制，按引用文献出现的先后顺序连续编排序号，序号置于方括号中，用上标的形式（置于右上角），直接放在引文之后（如[1]、[2]、……），用插入尾注的方式替换“Word3 终稿 . doc”文档中黄色底纹处的编号，并与文末参考文献表列示的参考文献的序号及出处等信息形成一一对应的关系。

③ 同一文献被多次引用时的著录问题及处理。同一文献在文中被引用多次，只编一个首次引用的序号，并在后续引用处一直使用该序号。文后的参考文献表中著录所引用的全部页码。第二次及以上引用同一文献，推荐使用“交叉引用”功能实现。

示例：“张某某[4]……”；“张某某[4]……”；“……[4]”。

④ 同一处引用多篇文献时的著录问题及处理。同一处引用多篇文献时，只需将各篇文献的序号在方括号内全部列出，各序号间用“,”隔开。如遇连续序号，应用短划线“-”标注起止序号（利用字体隐藏的方式实现）。

示例：裴伟[57, 59]提出……；莫拉德对稳定区的节理模式的研究[25-26]。

（3）致谢

致谢单起一页排版。

“致　　谢”两字中间加两空格，格式参照正文中的一级标题处理（用“标题”样式），即三号黑体字，段前段后各一行，居中排。

致谢的文字内容排版格式与正文相同。

（4）附录

每一个附录均应单起一页排版。

附录应标明序号，各附录依次编排。例如，“附录一”及其标题排在版心左上角（用“标题”样式），并用四号黑体字，段前段后各一行，居左排。附录文字用五号宋体字。

微视频 3-4：目录、页眉和页码

（5）目录

目录单起一页排版。

“目　　录”两字中间加两空格，格式参照正文中的一级标题处理（用“标题”样式），即三号黑体字，段前段后各一行，居中排。

目录内容应采用 Word 自动生成目录方式获得，删除自动生成的“目录”这一行内容，并按要求进行格式修改。目录中的标题不能超过三级。目录中应包括在其之前的摘要和 ABSTRACT，但不包括目录本身（“目录”两字大纲级别改为“正文文本”）。

一级标题用四号宋体加粗；左侧缩进 0 字符，右侧缩进 0 字符。

二级标题用小四号宋体加粗；左侧缩进 2 字符，右侧缩进 0 字符。

三级标题用小四号宋体。左侧缩进 4 字符，右侧缩进 0 字符。

标题文字居左，页码居右，之间用连续三连点连接。标题需转行的，转行后的标题文字应缩进至与该标题第一行文字对齐（用悬挂缩进实现）。

（6）页眉

页眉文字用五号宋体字，“##大学本科毕业论文”居左排，每一章的名称（包括摘要、ABSTRACT、目录、参考文献、附录等）居右排，中间为空格（可用 Tab 键实现）；页眉与正文之间用下划线分隔。封面不加页眉。

（7）页码

页码用小五号 Times New Roman 字体，排在页脚居中，前后各加一短划线“-”。封面不加页码；摘要、英文摘要及目录的页码使用大写罗马字母表示（Ⅰ、Ⅱ、Ⅲ、……），从Ⅰ开始，连续编排；正文、参考文献、致谢及附录的页码使用阿拉伯数字（1、2、3、……），从 1 开始，连续编排。

微视频 3-5：域

（8）修改编号格式

以下操作建议在整个文章定稿后，再进行，以避免反复修改的麻烦。将题注的汉字章编号改为阿拉伯数字。例如，图一-1 改为图 1-1，表一-1 改为表 1-1，式三-1 改为式 3-1。具体方法如下。

① 按 Alt+F9 键查看域代码。

② 在每一章开始位置的标题后插入域代码｛ SEQ ch \h ｝。其中｛ ｝不是用键盘上的｛ ｝输入的，而是按 Ctrl+F9 键产生的。注意中间的空格（应该为｛空格 SEQ 空格 ch 空格\h 空格｝）。SEQ 是对文档中的章节、表格、图表和其他项目按顺序编号的域，ch 表示需要编号的项目名称。该名称必须以字母开头并且限制为 40 个字符（字母、数字和下划线）。\h 表示隐藏该域结果。

③ 用｛ SEQ ch \c｝替换所有的｛ STYLEREF 1 \s ｝。\c 表示重复上一个编号，｛ SEQ ch \c｝显示小写数字编号。｛ STYLEREF 1 \s ｝是标题 1 文本编号的域代码。在文档空白位

置输入{ SEQ ch \c}，然后剪切到剪贴板。

④ 按 Ctrl+h 键打开“查找和替换”对话框，在“查找内容”框输入“^d 空格 STYLEREF 空格 1 空格\s 空格”即“^d STYLEREF 1 \s”，在“替换”框直接用“^c”即可，表示使用“剪贴板”内容进行替换；单击“全部替换”按钮。^d 代表域符号，^c 代表“剪贴板”内容，因为“替换为”框中能够识别的内容有限，所以需要将域放到粘贴板进行替换。

⑤ 再次按 Alt+F9 键，返回隐藏域代码的状态。

⑥ 按 Ctrl+A 键全选文档，再按 F9 键更新所有域代码。个别未更新的位置，需单独更新域。

建议：当重新插入图片时，将所有{ SEQ ch \c}域替换回{ STYLEREF 1 \s }域，重新编辑定稿之后再重复步骤①~⑥。

⑦ 利用“替换”功能去除题注标签后的空格。例如，“图　1-1”替换为“图 1-1”。

（9）检查和保存

最后，如需将文档保存为 pdf 格式，还需要检查输出文档中是否存在兼容性问题。如存在问题，可先选择“文件”菜单“信息”组“兼容模式”选项中的“转换”命令，再选择“文件”菜单“另存为”组中的“浏览”命令项，在保存文件的类型列表中选择 PDF（*.pdf）格式。

3.4 课后思考

1. 如果表格太宽，纸张方向需采用横向页面才能显示完整，如何与其他纵向页面保存在同一个电子文档中?

2. 如果表格太长，需要跨页时，如何使每页都出现标题行?

3. 数学公式与方程式、化学分子式与化学反应方程式的编辑除了用 Word 自带的公式编辑外，还可以用哪些软件编辑? 请百度搜索，然后列出软件名称。

4. 如何在同一行中实现数学公式居中对齐，公式的题注，如“(式 1-1)”右对齐排版?

5. 除专业的流程图绘制工具软件 Visio 外，Word 也能绘制一些简单的流程图，请问在 Word 中绘制流程图时，为何要先插入绘图画布，而不是直接插入流程图形?

实验 4

电子表格及其基本应用

4.1 实验目的

1. 熟悉 Excel 2016 软件的基本功能。
2. 掌握工作簿、工作表的创建、编辑、格式化及修饰方法。
3. 掌握单元格的填充及引用方法。
4. 掌握公式及常用函数的正确使用方法。

4.2 课前预习

电子表格是一类可以对各种表格文档进行编辑处理的计算机软件。该类软件凭借强大的数字运算能力、数据分析能力以及图表绘制功能，对输入的数据进行各种统计运算后显示为可视性极强的表格，形象化地将大量枯燥数据变为多种形态的商业图表显示出来，极大地增强了数据的可视性。电子表格软件广泛应用于商业、工程、科学等领域，是当今数据化处理领域中的重要软件。目前有多种不同公司开发的电子表格软件。如我国金山公司的金山表格，美国微软公司的 Excel 等。到目前为止，微软的 Excel 软件使用更为广泛。

4.2.1 基础知识

由于实验中所使用的电子表格软件是微软的 Excel 2016，因此涉及的知识内容以 Excel 2016 为标准。

Excel 2016 和 Word 2016 都属于微软 Office 套件，因此两个软件在窗口组成、格式设定、编辑操作等方面有很多相同或者类似的地方，涉及以上知识点在本课前预习不再详细描述。

1. 基本概念

(1) 工作簿

Excel 文件的文件扩展名通常是 xlsx、xls、xlsm 等。Excel 2016 以 xlsx 作为工作簿文件的默认扩展名。

一个工作簿文件包含一到多个工作表。

（2）工作表

显示在工作簿窗口中的表格，默认名称为“sheet1”“sheet2”“sheet3”等（工作表的名称可以更改）。

一个工作表最多由 1 048 576 行、16 384 列组成。其中行数按照 1~1 048 576 进行编号；而列按照字母 A、B、……、Z、AA、……、XFD 进行编号。

（3）单元格

单元格是工作表中的最小单位，是数据的最终存放地。单元格有默认地址名称，名称以“列行”命名，如 A1 单元格、H23 单元格。

类似于 Word 中的光标只有一个，Excel 中活跃单元格也只有一个，称为“当前单元格”。

单元格中可以存储的数据按照表现形式可以划分为常量和公式。

2. 常量

常量通常是用户在单元格中输入或者粘贴的直接数据。

常量一般划分为四类，分别是数值型、时间日期型、逻辑型、文本型常量。

（1）数值型常量

数值型常量通常由数字 0~9 组成，另外，如+、-、E、e、¥等符号以及小数点“.”和千分号“,”等特殊符号也可以组成数值型。

（2）日期时间型常量

日期时间型常量本质上是一种特殊的数值型常量，只是形式上呈现日期、时间的样式。

其中日期中的年、月、日通常以分隔符“-”或者“/”进行间隔，如日期 2019-10-12、2019/10/12 等表现形式。

时间以“:”作为分隔符，通常格式为“小时:分”。通过 Excel 中的设置，可以将时间表现形式在 12 小时制和 24 小时制之间进行切换。

（3）逻辑型常量

在数学计算中，逻辑运算是一种重要的运算方式，其运算结果以“真”“假”表达。在不同的运算软件中，“真”“假”的表达形式略有不同，但所表达的最终含义都是逻辑值。在 Excel 中，将“真”以常量 TRUE 代表，将“假”以常量 FALSE 代表。在这里把 TRUE 和 FALSE 称为 Excel 中的逻辑型常量。

逻辑型常量在公式函数中使用较多，其中 TRUE 在公式函数中代表数值 1，FALSE 在公式函数中代表数值 0，以此来进行运算；比较运算和逻辑函数所得到的运算结果通常也是 TRUE 或 FALSE。

（4）文本型常量

单元格中的内容如果不是数值型、时间日期型、逻辑型，也不是公式，则 Excel 将其作为文本型常量处理。文本型数据组成符号最多，表达含义最广。

Excel 会通过数据在单元格的对齐方式来智能区分不同种类的常量。

其中数值型、时间日期型常量在单元格中会“右对齐”；文本型常量在单元格中会“左对齐”；逻辑型常量在单元格中会“居中对齐”。

不同类型常量的对齐方式，可以通过“开始”选项卡“对齐方式”组进行更改。

特殊情况：当数值型常量需要 Excel 判断为文本常量时，可以在数值型常量左边添加一个单引号“'”，文本型常量在公式函数中进行引用时，需要加一对双引号。

3. 名称框和编辑栏

名称框和编辑栏在工作表列名上面。

名称框用于显示当前单元格的地址名称或者对象名称。名称框也可以输入相应的单元格地址名称或者选择对象名称，以达到快速定位到指定单元格或者区域范围和引用名称的目的。

编辑栏用于输入或显示当前单元格的数据，包括常量和公式。

4. 从其他途径获得数据

用户在 Excel 中除了手工输入数据外，也可以获得外部数据，在一定程度上提高操作效率。

在“数据”选项卡“获取和转换数据”组中，可以通过其他工作簿文件、文本文件、网站等途径获得外部数据。

4.2.2 工作表的基本操作

1. 单元格的选定

使用鼠标单击单元格，是常用的选定单元格的方法。另外使用键盘选择单元格在某些情况也比较方便。

常用选择单元格的键盘按键如表 4-1 所示。

表 4-1 选择单元格常用按键

按　键	说　明
方向键（↑、↓、←、→）	向上、下、左、右选定单元格
Home	选定该行第一个单元格
Ctrl+Home	选定该工作表第一个单元格 A1
Shift+Tab	选定（左）右边一个单元格
Shift+Enter	选定（上）下边一个单元格

2. 单元格区域的选定

工作表中，单元格区域的选定在公式中使用频率较高，快速而准确地选定单元格区域，能有效提高 Excel 的工作效率。

除了直接使用鼠标拖动在小范围单元格区域中进行选定以外，还可以通过其他方法进行区域的选定动作。

(1) 大区域的选定

① Shift 键。首先通过鼠标选定区域范围左上角的第一个单元格，然后通过窗口滑块移动工作表可视范围到准备选定区域的右下角位置，按住 Shift 键，再通过鼠标选定该区域右下角单元格，完成该区域的选定。

② F8 键。首先通过鼠标选定区域范围左上角的第一个单元格，然后按一次 F8 键，这时工作簿窗口的状态栏会有“扩展式选定”的字样出现，再通过鼠标选定该区域右下角单元格，完成该区域的选定。需要注意的是，当完成区域选定后，需要再按一次 F8 键，以关闭“扩展式选定”状态，否则此后鼠标做的任何一次点击都会被当成正在进行区域选定的工作。

(2) 使用方向键选定剩余区域

① 除了某指定行以外的区域要被选定。先选定该行的上一行，然后按 Ctrl+Shift+↑键，则会选定从选定行到第一行的所有行区域；先选定该行的下一行，然后按 Ctrl+Shift+↓键，则会选定从选定行到最后一行的所有行区域。

② 除了某指定列以外的区域要被选定。先选定该列的左一列，然后按 Ctrl+Shift+←键，则会选定从选定列到第一列的所有列区域；先选定该列的右一列，然后按 Ctrl+Shift+→键，则会选定从选定列到最后一列的所有列区域。

3. 数据的输入及修改

数据可以在单元格中直接输入，也可以在编辑框内进行输入。若要对单元格中的数据进行修改，可以直接在编辑框中进行修改，或者鼠标双击相应单元格，在单元格中进行修改。

输入常量数据时，要根据数据表中的数据类型从逻辑上进行区分，便于选择合适的常量类型进行输入。如数据中有“出生日期”类数据，则按照时间日期型数据格式进行输入更合理。

Excel 中日期型默认格式为“年-月-日”或者“年/月/日”。时间型按顺序为小时、分钟，以冒号“:”间隔。逻辑值只有两个关键字，分别是 TRUE 和 FALSE。除此以外的常量都被归纳为文本型。

4. 单元格区域的复制、粘贴与填充

(1) 复制、粘贴

Excel 中的对象不仅存在数据形式还具有格式形式，因此在对单元格（或区域）进行复制后，在目标单元格进行粘贴时，有不同的粘贴效果选择。

在目标单元格右击，选择“选择性粘贴”命令，出现如图 4-1 所示的对话框。根据不同的要求进行相关选项的选择，达到正确、合理地粘贴的目的。

例如，只需要粘贴被复制单元格的数据，而不粘贴被复制单元格的样式，可以选择“粘贴”组中的“数值”选项；又如对原始的数据表需要进行行、列互换操作，可以勾选“转置”复选框。

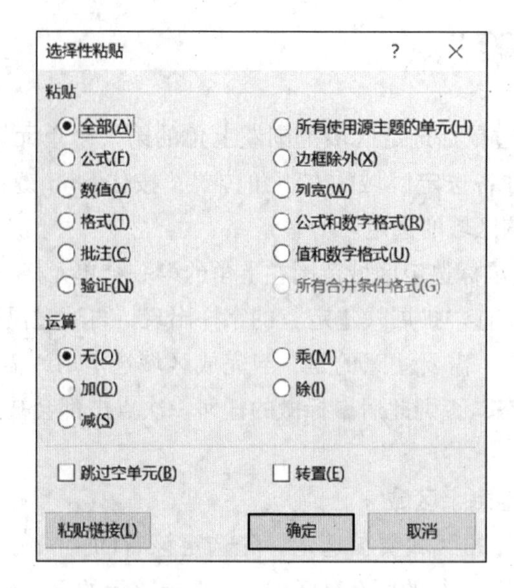

图 4-1 “选择性粘贴”对话框

（2）填充

填充是 Excel 中工作表的常用操作。填充能节约用户的操作时间，提高工作效率。

填充可以通过“填充柄”或者单击“开始”选项卡“编辑”组中的“填充”按钮，选择“序列”选项完成。

① 填充柄。填充柄位于当前单元格的右下角，呈实心小方块形状。当鼠标移到填充柄位置时，鼠标形状会从空心十字形变成实心十字形“十”，按住鼠标左键向上、下、左、右进行拖动，达到填充的目的。需要注意：填充结果通常以当前单元格的常量类型不同进行原样或者等差改变（公式的填充在后面讲解）。

② 填充菜单。由于用填充柄进行填充的结果主要是数据原样或者等差改变，在需要进行特殊要求填充时无法达到要求，因此 Excel 提供了功能更强大的菜单填充。

首先选定需要进行填充的当前单元格，然后单击“开始”选项卡“编辑”组中的“填充”按钮，在弹出的菜单中选择“序列”命令，出现如图 4-2 所示的“序列”对话框。

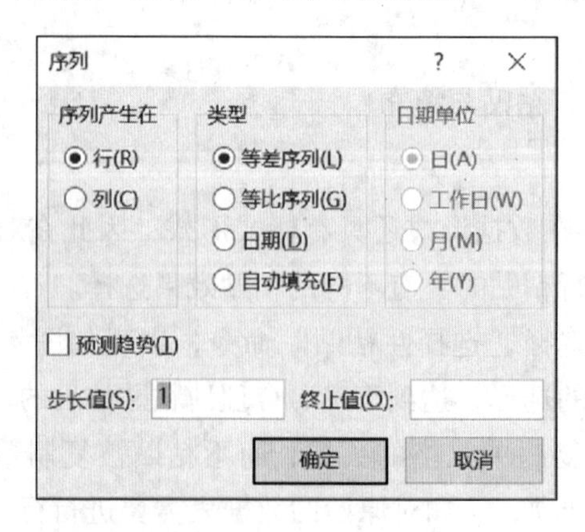

图 4-2 “序列”对话框

在对话框中可以进行多种方式的填充，灵活性高于使用填充柄方式进行的填充操作。

5. 数据格式修改

在工作表的数据运算分析过程中，难免会因为数据格式的不妥而进行格式的修改。

选定需要进行数据格式修改的单元格或单元格区域，在其范围内右击，选择“设置单元格格式”命令，出现“设置单元格格式”对话框，如图 4-3 所示。

图 4-3 “设置单元格格式”对话框

在该对话框中，有 6 个选项卡，其中进行数据格式修改的主要是第一个选项卡“数字”，对不同类型数据格式的修改都在其分类中进行。

其中的“自定义”选项，用于在其他分类都不能满足要求情况下，用户可以自己定义格式，简化输入过程并能保证数据长度的一致性。每个工作簿大约可以建立 200 种自定义数字格式。

6. 数据有效性和条件格式设置

（1）数据有效性设置

所谓数据有效性即通过列表规则对单元格中输入的数据类型进行限制。通常是为了创建有数据规格要求的工作表，是对单元格进行数据限定的一种有效方法。

如图 4-4 所示的工作表中，有三个标题字段，其中的“学号”标题字段内的数据应为文本类型，并且学号长度为7位；“性别”标题字段中的数据只能是“男”“女”两类值。

图4-4 数据有效性原始表

下面对上述两个字段进行数据有效性设置。

选定单元格A2，单击“数据”选项卡“数据工具”组中的“数据验证”按钮，在下拉列表框中选择“数据验证”选项，弹出如图4-5所示的“数据验证”对话框。

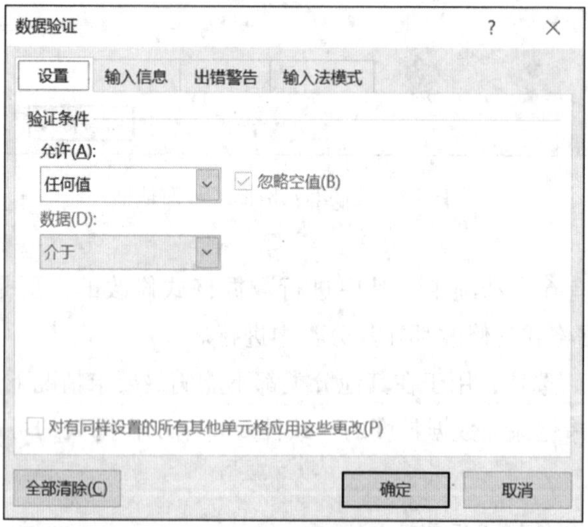

图4-5 “数据验证”对话框

在“设置”选项卡中“允许”下拉列表框中选择“文本长度”选项，在“数据”下拉列表框中选择“等于”选项，在“长度”文本框中输入数字“7”，在“出错警告”选项卡中“错误信息”文本框中输入“学号长度应为7位！请重新输入学号。”，单击“确定”按钮。在A2单元格输入文本“C1160201”，由于单元格中长度不是7位长度，在离开当前A2单元格时，会弹出如图4-6所示的错误提示对话框。

图4-6 学号验证出错提示对话框

选定单元格C2，单击“数据”选项卡“数据工具”组中的“数据验证”按钮，在下拉列表框中选择“数据验证”选项，在“数据验证”对话框中，在“设置”选项卡中“允许”下拉列表框中选择“序列”选项，在“来源”文本框中输入“男,女”，在“出错警告”选项卡中“错误信息”文本框中输入“只能从列表框中选择数据!”，单击“确定”按钮。单击C2单元格后的三角形按钮，出现如图4-7所示的下拉列表序列。

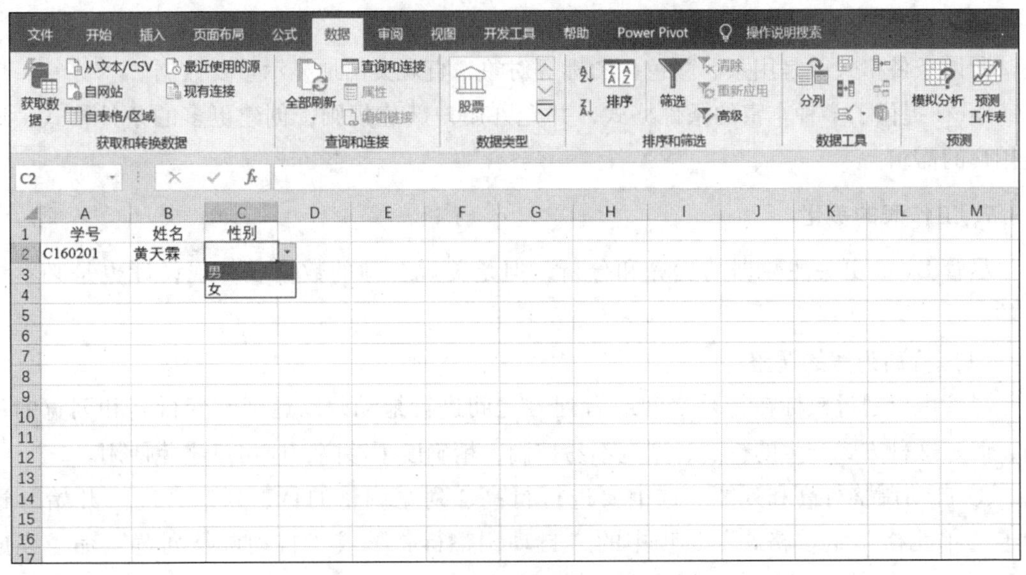

图4-7 “性别”字段下拉列表框

如果用户不选择列表中的内容，而是强制在 C2 单元格中输入数据，则会弹出如图 4-8 所示的错误提示对话框。

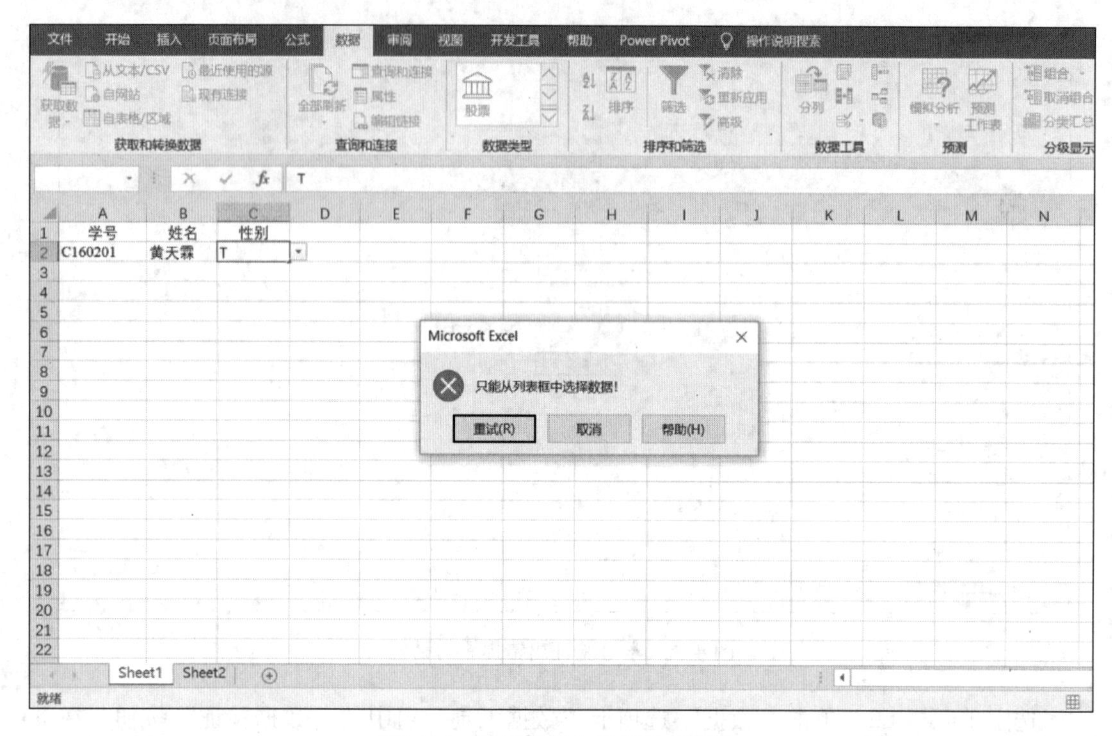

图 4-8　性别验证出错提示对话框

分别复制单元格 A2 和 C2，将两个单元格的数据验证方法分别粘贴给 A3 和 C3 单元格。需要注意：在粘贴时，应选择“选择性粘贴”对话框中的“验证”选项，否则无法将 A2 和 C2 单元格的数据验证规则复制给 A3 和 C3 单元格。

（2）条件格式设置

所谓条件格式就是用条、颜色、图标等对象，直观突出地显示重要数据。

Excel 提供了多种丰富的条件格式，并允许用户新建规则，创建更多的条件格式，满足用户的需求。

7. 工作表的美化

尽管 Excel 更关注数据的运算和分析，但是美观合理的数据表外观设计也是必不可少的。

（1）行高列宽的调整

尽管可以通过鼠标在行号之间或者列号之间进行拖动，以达到改变行高和列宽的目的，但是这种方式产生的行高、列宽不易控制，精确度不够高，应尽量避免使用。

① 自动调整行高和列宽。选中要进行行高、列宽调整的行、列，通过“开始”选项卡“单元格”组“格式”选项中的“自动调整行高”或“自动调整列宽”命令完成操作。

② 设置行高列宽为固定值。选定相应的行，在选定范围内右击，选择“行高”命令，在弹出的“行高”对话框中输入数字，完成相应行高设置。

选定相应的列，在选定范围内右击，选择“列宽”命令，在弹出的“列宽”对话框中输入数字，完成相应列宽设置。

（2）合并拆分单元格及对齐设置

合并拆分单元格可以使工作表整体上更加美观。

① 合并单元格及拆分。选定需要合并单元格的区域，在“开始”选项卡“对齐方式”组“合并后居中”下拉列表框中进行选择。可通过“开始”选项卡“对齐方式”组“合并后居中”下拉列表框中的“取消单元格合并”命令，将合并的单元格拆分恢复。需要注意：多个单元格合并后，除了最左边单元格数据能够保留，其他参与合并的单元格数据会消失。

② 拆分单元格内容。在某些情况下可以对单元格中的数据进行二次拆分。如图 4-9 所示，在 C1:C5 区域中有 5 个数值型数据，现在将该区域选定，进行单元格数据拆分，最终操作成功的结果如图 4-10 所示。选择“数据”选项卡“数据工具”组中的“分列”命令，在如图 4-11 所示“文本分列向导”对话框中，选择“固定宽度”选项后，单击“下一步”按钮，根据实际要求在数据合适位置单击，建立分列线，如图 4-12 所示，单击“下一步”按钮，如图 4-13 所示，根据分列数据的数据类型要求进行适当修改，单击“完成”按钮，单元格数据拆分完成。

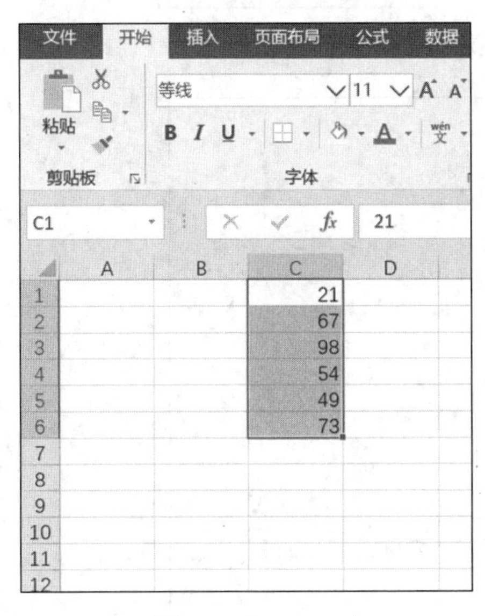

图 4-9　拆分原始数据

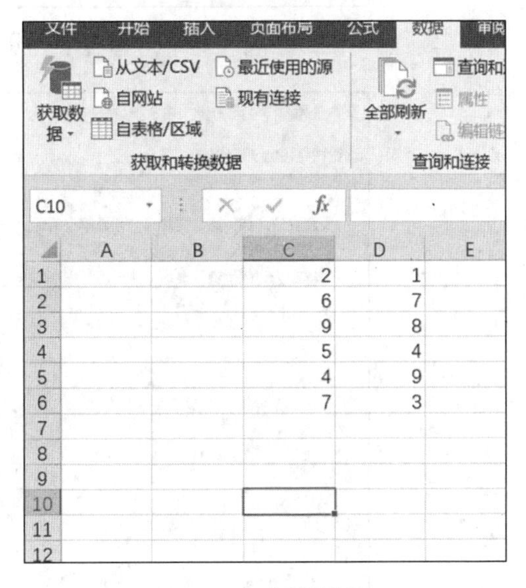

图 4-10　拆分结果

（3）套用表格样式

Excel 提供了丰富的表格样式供用户使用，提高了用户的工作效率。选定需要使用套用表格样式的数据区域，选择“开始”选项卡“样式”组中的“套用表格格式”命令，选择合适的表格样式即可完成套用表格样式操作。除了可以套用系统提供的表格样式，用户也可以在“套用表格格式”列表中选择“新建表格样式”选项，打开对话框，创建新的表格样式。还可通过“开始”选项卡“样式”组中的“单元格样式”命令，对单元格样式进行修改。

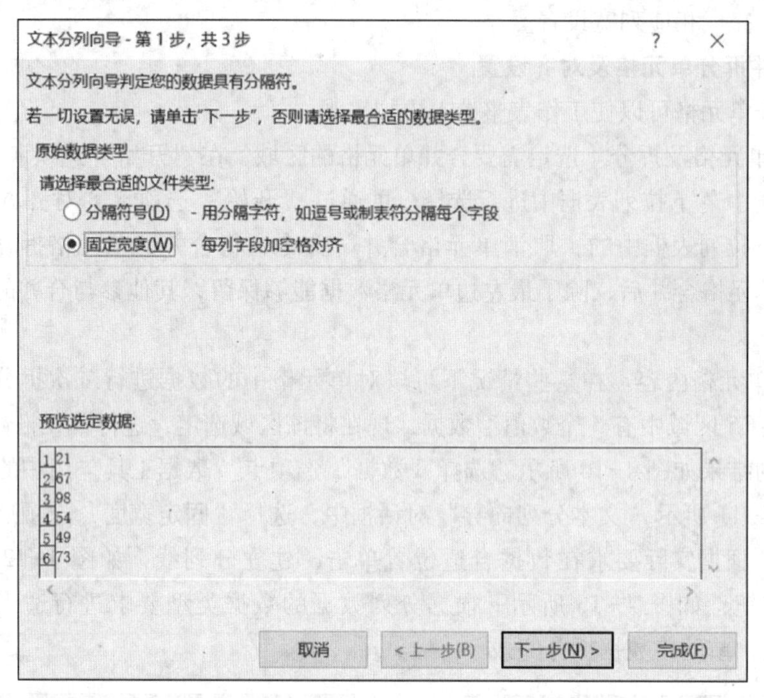

图 4-11　分列向导第 1 步

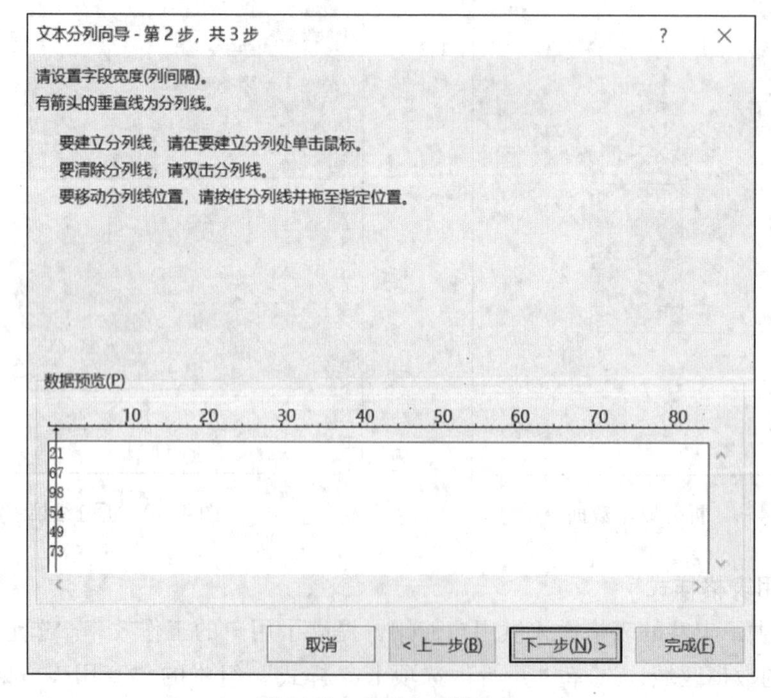

图 4-12　分列向导第 2 步

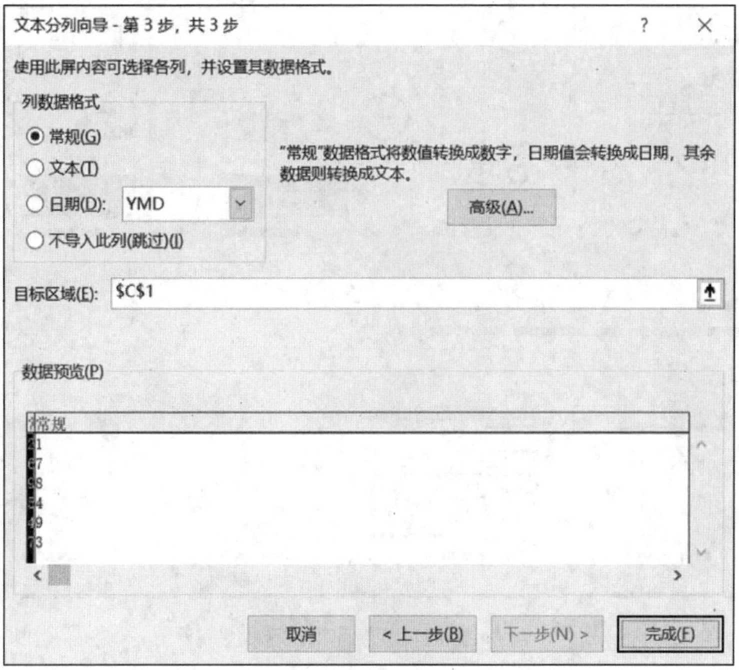

图 4-13　分列向导第 3 步

同时，用户可以通过“设置单元格格式”对话框中的“对齐”“字体”“边框”“填充”等选项卡，对表格中的样式进行设置。

（4）背景图片设置

选择“页面布局”选项卡“页面设置”组中的“背景”命令，在“插入图片”对话框中进行背景图片选择。

8. 工作表的管理

工作表的管理包括工作表创建（插入）、改名、复制、移动、删除、保护、隐藏、标签颜色更改等。进行相关操作的途径较多，这里仅介绍便于集中操作的方法。

将鼠标移动到工作表标签所在位置，右击，如图 4-14 所示，可以在该菜单中找到相关操作菜单命令，进行工作表的相应管理操作。

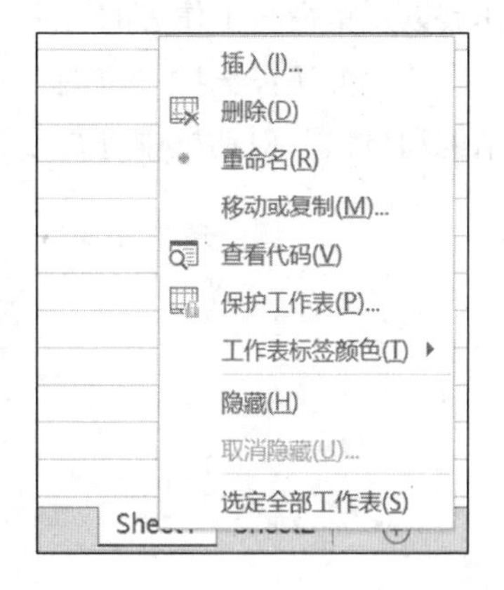

图 4-14　工作表右键菜单

4.2.3 工作簿的基本操作

1. 工作簿的创建

打开 Excel，默认状态下，Excel 会自动创建一个名称为“工作簿 1”的工作簿文件。

用户也可以在 Excel 中新建工作簿文件。选择“文件”菜单中的“新建”选项，如图 4-15 所示，用户可以创建“空白工作簿”，还可以联机下载模板来创建新工作簿。

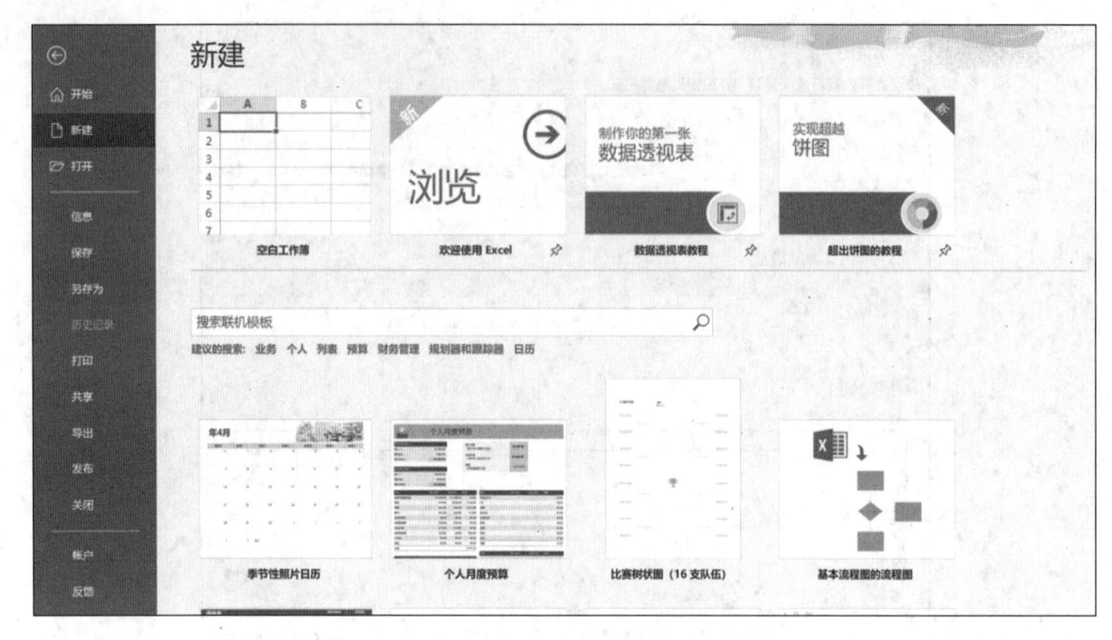

图 4-15 新建工作簿

联机模板通常会给用户带来操作方便，提高操作效率。

2. 工作簿的保护

工作簿保护的目的主要是防止其他用户进行查看隐藏的工作表，添加、移动或隐藏工作表以及重命名工作表的行为。

使用方法：选择“审阅”选项卡“保护”组“保护工作簿”命令，在弹出的“保护结构和窗口”对话框中进行设置，如图 4-16 所示。

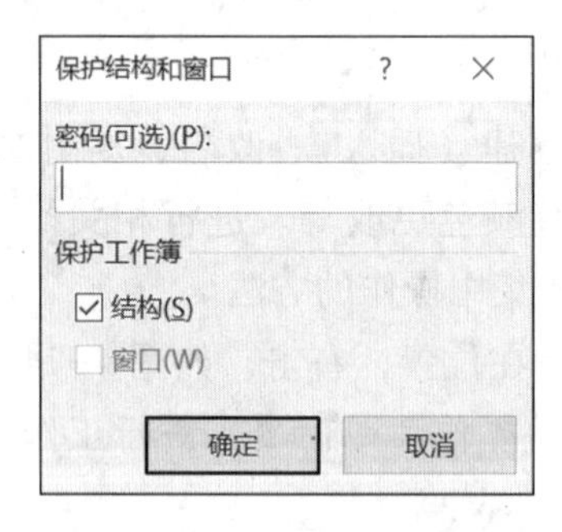

图 4-16 “保护结构和窗口”对话框

其中的“窗口”选项只针对 Excel 早期版本以及 Excel for Mac 2011 和 Excel 2016 for Mac，在 Excel 2016 中无效。

4.2.4 公式和函数

公式和函数是 Excel 重要组成部分，是用户进行数据分析和处理的重要工具。

Excel 为了区分常量和公式、函数，在当前单元格输入公式和函数时，必须首先输入一个“=”或者“+”，否则 Excel 会以常量对待，不会进行数据运算。

公式输入完毕确认后，最终会在单元格中显示出计算的结果。

一个公式可能由如下全部或部分成员组成：运算对象，包括常量（其中文本型常量在公式中需要加上一对双引号）、单元格引用（包括单元格区域引用）；运算符；函数。

1. 公式中所使用的运算符

运算符是数据运算操作的符号。表 4-2 所示为公式中的算术运算符及示例。

算术运算符运算结果为数值型。

表 4-2 算术运算符及示例

运 算 符	含 义	示 例
+	加	=2+3
-	减（负号）	=10-7
*	乘	=8*3
/	除	=12/4
%	百分比	=75%
^	乘幂	=4^2

比较运算符运算结果为逻辑型，即“TRUE”或“FALSE”。表 4-3 所示为比较运算符及示例。

表 4-3 比较运算符及示例

运 算 符	含 义	示 例
>	大于	=1>-1
>=	大于或等于	=5>=5
<	小于	=7<3
<=	小于或等于	=1<=2
=	等于	=7=8
<>	不等于	=4<>2

表 4-4 所示为公式中的文本连接运算符。

表 4-4 连接符及示例

运算符	含 义	示 例
&	将两个对象进行连接运算，最终结果为文本类型	=12&10 运算结果为文本值：1210

2. 使用公式时产生的主要错误信息

（1）######

列宽不足以显示包含的内容时，会产生这个错误信息。通常针对数值型和时间日期型数据。最优解决办法是调整列的宽度。

（2）#VALUE!

公式中所用的某个值是错误的数据类型，会出现这个错误信息，通常是使用了错误或不合适的常量表达方式造成的。解决办法是更改错误数据类型为正确数据类型。

（3）#REF

当单元格引用无效时，会出现这个错误信息。主要原因是公式所引用的单元格被删除。解决办法是合理使用引用单元格，避免误删单元格。

3. 公式的复制和移动

（1）公式的复制粘贴

公式在进行复制以后，进行粘贴的单元格可有多种粘贴方式选择，参见图 4-1 所示的“选择性粘贴”对话框。若选择“全部”选项，则原始公式所在单元格的格式以及公式全部粘贴到当前单元格，若选择“公式”选项，则仅原始公式所在单元格的公式粘贴到当前单元格。需要注意的是，以上两种情况中，粘贴的公式中如果有单元格引用，则新公式中的单元格引用会根据原始单元格的坐标位置到粘贴单元格的坐标位置发生行、列的相对改变。

如图 4-17 所示，C2 单元格中的公式是“=A2<B2”，现在复制 C2 单元格，在 C6 单元格中进行选择性粘贴，则 C6 单元格中的公式为“=A6<B6”，如图 4-18 所示。

图 4-17　公式复制及粘贴 1

图 4-18　公式复制及粘贴 2

原始公式所处的单元格是 C2，当公式被粘贴到 C6 单元格中时，位置向下移动了 4 行，所以 C6 单元格中公式的引用单元格就分别从 A2 变成了 A6，B2 变成 B6。

如果在“选择性粘贴”对话框中选择“数值”选项，则只是把原始单元格中的运算结果进行了粘贴。

（2）公式的移动

在进行公式“移动”操作中，即通过“剪切”方式进行的粘贴，只有一种结果，即保持公式所有内容不变。

4. 公式的填充

对公式进行填充在很大程度上能够提高数据表处理的工作效率。通常在公式中进行填充主要依靠“填充柄”。在填充柄所在位置，可以上、下、左、右 4 个方向拖动填充，也可以双击填充柄，实现快速向下填充。

和复制粘贴公式类似，使用填充方法进行公式填充，新公式中的单元格引用会根据原始单元格的坐标位置到填充单元格的坐标位置发生行、列的相对改变。尽管在多数公式填充的状态下，这正好符合计算规则，但是在某些情况这种填充会发生计算结果不真实甚至错误的情况，如图 4-19 所示的数据表就具有特殊性。在 C2 单元格输入了公式“=B2 * E3”后，C2 单元格得到了正确结果，但是通过填充，C3 到 C6 单元格中都没有得到正确的值，如图 4-20 所示。

	A	B	C	D	E
1	商品代码	价格	本次促销价格		促销打折比例
2	A-001	¥12.00			88%
3	A-002	¥276.00			
4	A-003	¥130.00			
5	B-010	¥7.90			
6	B-011	¥8.50			

图 4-19　公式的填充 1

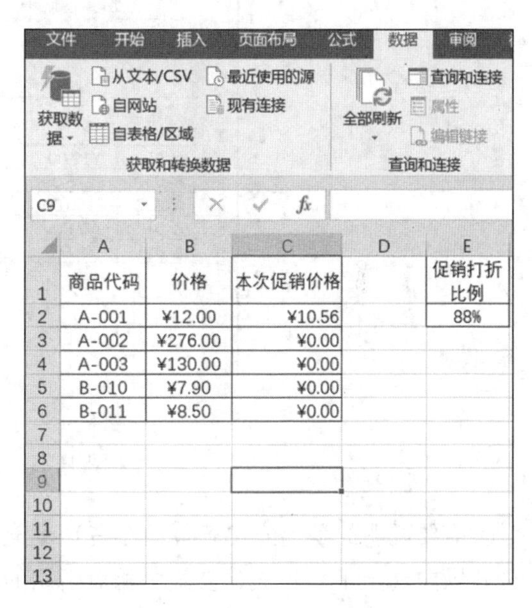

图 4-20　公式的填充 2

究其原因，是因为原始公式中的单元格在填充过程中，单元格引用发生了位置偏移。原始公式中单元格引用 B2 的确应该通过填充发生位移变化，但是原始公式中单元格引用 E3 在填充过程中不应该发生位置改变。怎么做到位置固定不发生位置偏移，就需要了解单元格引用的几种不同方法。

（1）单元格相对引用

以“列行”方式直接写到公式中的单元格引用称为相对引用，如 A3。单元格引用会根据原始单元格的坐标位置到填充单元格的坐标位置发生行、列的相对改变。

(2）单元格绝对引用

在列和行左边加上一个绝对引用符号“$”，称为绝对引用，如 $A$3。这种引用方式单元格不会发生行、列的改变。

(3）单元格混合引用

只在列或者行左边加上一个绝对引用符号“$”，称为混合引用，如 $A1、A$1。这种引用方式单元格的列或者行不会发生改变。

(4）跨工作表引用单元格

有时需要在当前工作表中引用另外一个工作表的单元格（区域），甚至另外一个工作簿文件中的单元格，使用格式为“[工作簿文件名]工作表名!单元格名（区域）”。

重新计算工作表中的“本次促销价格”列，在 C2 单元格输入了公式“=B2 * E$3”，进行填充，如图 4-21 所示，计算出了正确结果。

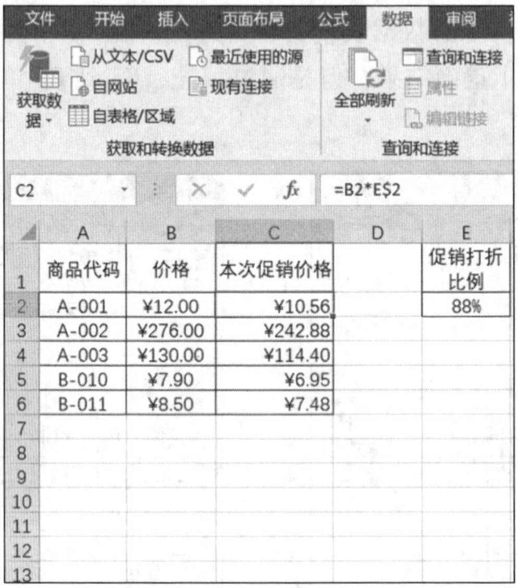

C2　=B2*E$2

	A	B	C	D	E
1	商品代码	价格	本次促销价格		促销打折比例
2	A-001	¥12.00	¥10.56		88%
3	A-002	¥276.00	¥242.88		
4	A-003	¥130.00	¥114.40		
5	B-010	¥7.90	¥6.95		
6	B-011	¥8.50	¥7.48		

图 4-21　公式的填充 3

需要说明的是，公式横向（左右）填充，公式中相对引用的单元格会发生列的偏移；公式纵向（上下）填充，公式中相对引用的单元格会发生行的偏移。据此来设计原始公式中单元格的正确引用方式。

5. 名称的定义与引用

Excel 允许为单元格（区域）、公式函数、常量值定义名称，便于对这些对象进行管理和维护。

(1）名称的定义规则

名称的定义需要遵循以下规则。

① 一个名称最多可以有 255 个西文字符，不区分大小写。

② 名称不能使用空格符。

③ 同一工作簿中定义的名称必须唯一，不能重名，不能和单元格的名称相同。

(2) 快速定义名称

名称的定义有两种方法。

① 选定需要定义名称的单元格（区域），单击“公式”选项卡“定义的名称”组中的“定义名称”按钮，选择“定义名称”选项，在弹出的“新建名称”对话框中进行名称的设定。

② 选定需要定义名称的单元格（区域），在“名称框”中输入需要定义的名称，然后按 Enter 键，即可完成名称的设定。

(3) 名称的引用和更改、删除

名称在引用过程采用的是绝对引用方式。可通过两种方法进行引用。

① 通过单击“公式”选项卡“定义的名称”组中的“用于公式”按钮，在弹出的列表中进行名称的选择。

② 单击“名称框”后面的黑色三角形箭头，在弹出的下拉列表中选择相应的名称。

名称的更改和删除的操作可以单击“公式”选项卡“定义的名称”组中的“名称管理器”按钮，在弹出的“名称管理器”对话框中进行相关操作。

6. 函数的使用

Excel 函数是一些预先编写的公式，使用参数按照特定的顺序或者结构执行运算。Excel 函数为用户进行数据运算和分析带来极大方便。Excel 函数包含财务函数、日期与时间函数、数学与三角函数、统计函数、查找与引用函数、数据库函数、文本函数、逻辑函数、信息函数、工程函数、多维数据集函数、兼容函数、Web 函数等。

函数的语法形式：函数名称（参数 1，参数 2，…）

其中的参数可以是常量、单元格（区域）、公式或者函数。

(1) 函数的输入方法

① 手工输入函数。输入函数公式的方法与输入其他数据一样，只要保证输入的内容符合函数的语法结构形式即可。需要注意函数是一种公式，因此一定要先输入“=”或者“+”。

此方法虽然在参数输入上有一定的不便，但是对提高用户对函数参数的理解和掌握能力有很大帮助。

② 插入函数。选定需要输入函数的单元格，单击“公式”选项卡中的“插入函数”按钮，在弹出的“插入函数”对话框中进行相应函数的选择，选定函数后（以 AVERAGEIF 函数为例），单击“确定”按钮，进入如图 4-22 所示的“函数参数”对话框。用户只需要将相应参数填写完成，该函数就会执行运算结果。

(2) 函数介绍

鉴于 Excel 函数较多，下面只介绍常用的部分函数，可以通过 Excel 帮助进一步学习掌握其他函数。

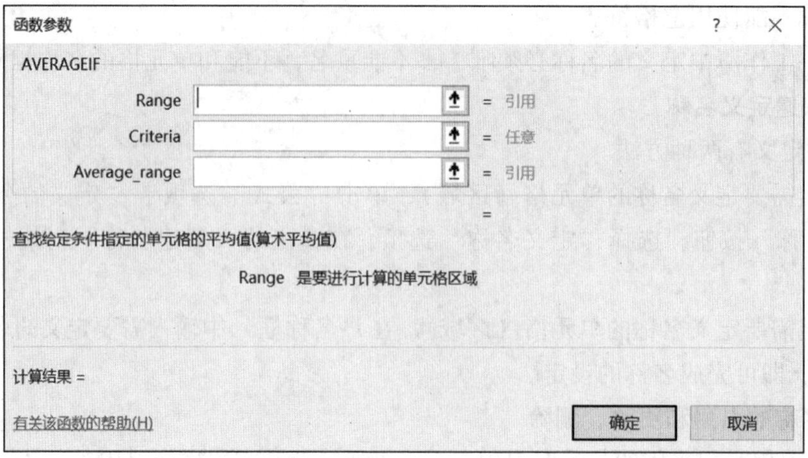

函数参数

AVERAGEIF

Range = 引用

Criteria = 任意

Average_range = 引用

=

查找给定条件指定的单元格的平均值(算术平均值)

Range 是要进行计算的单元格区域

计算结果 =

有关该函数的帮助(H)

确定 取消

图 4-22 “函数参数”对话框

① 条件判断函数 IF。根据逻辑测试来判断“真”（TRUE）、“假”（FALSE），从而返回相应不同值。

格式：IF(logical_test，value_if_true，value_if_false)

说明：参数 logical_test 是逻辑测试条件；参数 value_if_true 是 logical_test 为“真”（TRUE）时返回的值；参数 value_if_false 是 logical_test 为“假”（FALSE）时返回的值。

使用示例 1：=IF(A3<=300,"预算内","超出预算")，该示例的含义是当 A3 单元格的值小于等于 300 时，应返回文本“预算内”，否则应返回文本“超出预算”。

使用示例 2：IF 函数嵌套 IF 函数。例如，B2 单元格存储的是一个学生某科成绩，现在准备对该学生的成绩进行评价，评价标准有三类，分别是“优秀”（90 分及以上），“合格”（60 分到小于 90 分），“不合格”（低于 60 分）。=IF(B2>=90，"优秀",IF(B2>=60,"合格","不合格"))

② 逻辑与运算函数 AND。用于确定测试中的所有条件是否均为 TRUE，若不是，返回 FALSE。

格式：AND(logical1，logical2，…)

说明：参数 logical1 是要检验的第一个条件，其计算结果可以为 TRUE 或 FALSE；参数 logical2，…是要检验的其他条件，其计算结果可以为 TRUE 或 FALSE，最多可包含 255 个条件。

使用示例：=AND(2=2,6<>6)，返回结果 FALSE。

③ 逻辑或运算函数 OR。用于确定测试中的所有条件是否均为 FALSE，若不是，返回 TRUE。

格式：OR(logical1，logical2，…)

说明：参数 logical1 是要检验的第一个条件，其计算结果可以为 TRUE 或 FALSE；参数 logical2，…是要检验的其他条件，其计算结果可以为 TRUE 或 FALSE，最多可包含 255 个条件。

使用示例：=OR(2=2,6<>6)，返回结果 TRUE。

④ 当前系统日期函数 TODAY。返回当前系统日期。

格式：TODAY()

说明：该函数没有参数。该函数不仅可以显示系统日期，还可以进行时间间隔（如年、月）的计算。与该函数类似的是 NOW()函数，只不过 NOW 函数除了显示当前系统日期还要显示当前系统时间。

⑤ 计算天数函数 DAY。返回对应日期的天数。返回值范围从 1 到 31。

格式：DAY(serial_number)

说明：参数 serial_number 为日期型。

使用示例：已知 A1 单元格中是通过 TODAY()得到的当前日期（假设为 2019-12-5），在 B1 单元格中输入公式：="今天是"&DAY(A1)&"号"，最后 B1 单元格会显示“今天是 5 号”。

MONTH 函数、YEAR 函数分别返回指定日期的月份值（1 到 12）和年份值（1900 到 9999），使用方法和 DAY 函数类似。

⑥ 星期函数 WEEKDAY。返回对应于某个日期的一周中的第几天。默认情况下，天数是 1（星期日）到 7（星期六）范围内的整数。

格式：WEEKDAY(serial_number,[return_type])

说明：参数 serial_number，代表尝试查找的那一天的日期，使用日期类型的单元格引用最合适；参数 return_type，用于确定返回值类型的数字。若该参数为 2，则返回数字 1（星期一）到 7（星期日），**符合中国的习惯描述**；若该参数为 1 或者省略，则返回数字 1（星期日）到 7（星期六）。

使用示例：假设 A1 单元格中是日期型数据 2020-1-18，则=WEEKDAY(A1,2)，返回 6，即代表星期六。

⑦ 计算日期之间的间隔函数 DATEDIF。返回两个日期之间的年、月、日间隔数。该函数在 Excel 中被当成“隐藏函数”，即采用“插入函数”方式无法找到该函数，但可以直接输入该函数进行函数运算。

格式：DATEDIF(start_date,end_date,unit)

说明：参数 start_date，代表开始日期，可以是日期型也可以是日期式样的文本型（如"2019-10-15"）等；参数 end_date，代表结束日期，可以是日期型也可以是日期式样的文本型等。

参数 unit，代表单位代码，**使用英文双引号**。

具体代码及含义如下（大小写均可）。

"Y"代表相差的年数,"M"代表相差的月数,"D"代表相差的天数。

"YM"代表一年内相差的月数,"YD"代表一年内相差的天数,"MD"代表一月内相差的天数。

⑧ 求和函数 SUM。计算参数中所有数值之和。

格式：SUM(number1,[number2],…])

说明：参数范围从 1~255 个，无先后顺序之分。

⑨ 有条件求和函数 SUMIF。对区域中符合指定条件的值求和。

格式：SUMIF(range, criteria, [sum_range])

说明：参数 range，用于条件判定的单元格区域。每个区域中的单元格都必须是数字或名称、数组或包含数字的引用。空值和文本值将被忽略；参数 criteria 用于确定对哪些单元格求和的条件，其形式可以为数字、表达式、单元格引用、文本或函数。例如，条件可以表示为 12、">12"、D3、"一季度" 或 TODAY()等。

需要注意的是，任何文本条件或任何含有逻辑或数学符号的条件都**必须使用一对双引号**（"）括起来。如果条件为数字，则无须使用双引号。criteria 参数中可以使用通配符(包括问号（?）和星号（*）)。问号匹配任意单个字符；星号匹配任意一串字符。如果要查找实际的问号或星号，请在该字符前输入波形符（~）。

参数 sum_range 代表要求和的实际单元格（如果要对未在 range 参数中指定的单元格求和)。如果参数 sum_range 参数省略，则 Excel 会对在 range 参数中指定的单元格（即应用条件的单元格）求和。

使用示例：=SUMIF(B2:B5, "Tom", C2:C5)，该函数对单元格区域 C2:C5 中，满足单元格区域 B2:B5 中等于“Tom”的单元格的对应的单元格中的值求和。

⑩ 多条件求和函数 SUMIFS。对区域中满足多个条件的单元格求和。

格式：SUMIFS(sum_range, criteria_range1, criteria1, [criteria_range2, criteria2], …)

说明：参数 sum_range 是对一个或多个单元格求和，包括数字或包含数字的名称、区域或单元格引用。忽略空白和文本值。

参数 criteria_range1 代表在其中计算关联条件的第一个区域。

参数 criteria1 代表第一个区域的条件。条件的形式为数字、表达式、单元格引用或文本，可用来定义将对 criteria_range1 参数中的哪些单元格求和。

参数 criteria_range2, criteria2, …可选，代表附加的区域及其关联条件。最多允许 127 个区域条件对。

使用示例：=SUMIFS(A1:A20, B1:B20, ">0", C1:C20, "<10")，该函数对区域 A1:A20 中符合以下条件的单元格的数值求和：B1:B20 中的相应数值大于 0，且 C1:C20 中的相应数值小于 10。

⑪ 统计平均函数 AVERAGE。返回参数的平均值（算术平均值）。

格式：AVERAGE(number1, [number2], …)

说明：参数 number1 是要计算平均值的第一个数字、单元格引用或单元格区域。

参数 number2, …可选，是要计算平均值的其他数字、单元格引用或单元格区域，最多可包含 255 个。

⑫ 有条件统计平均函数 AVERAGEIF。返回某个区域内满足给定条件的所有单元格的平均值（算术平均值）。

格式：AVERAGEIF(range，criteria，[average_range])

说明：参数 range 是要计算平均值的一个或多个单元格，其中包括数字或包含数字的名称、数组或引用。

参数 criteria 是数字、表达式、单元格引用或文本形式的条件，用于定义要对哪些单元格计算平均值。

参数 average_range 是要计算平均值的实际单元格引用。如果忽略，则使用参数 range 进行平均值计算。

⑬ 多条件统计平均函数 AVERAGEIFS。返回满足多重条件的所有单元格的平均值(算术平均值)。

格式：AVERAGEIFS (average _ range， criteria _ range1， criteria1， [criteria _ range2， criteria2]，…)

说明：参数 average_range 代表要计算平均值的一个或多个单元格，其中包括数字或包含数字的名称、数组或引用。

参数 criteria_range1 代表条件判断区域。

参数 criteria1 代表以数字、表达式、单元格引用或文本形式条件，用于定义将对哪些单元格求平均值。

参数 criteria_range2，criteria2，… 可选，代表附加的区域及其关联条件。最多允许 127 个区域条件对。

⑭ 计数函数 COUNT。计算包含数字的单元格以及参数列表中数字的个数。

格式：COUNT(value1，[value2]，…)

说明：参数 value1 是要计算其中数字的个数的第一个项、单元格引用或区域。

参数 value2，…可选，是要计算其中数字的个数的其他项、单元格引用或区域，最多可包含 255 个。

需要注意的是，这些参数可以包含或引用各种类型的数据，但只有数字类型的数据才被计算在内。

使用示例：=COUNT(C1:C20)，若函数返回值为 8，代表 C1:C20 区域中有 8 个单元格包含数字。

⑮ 有条件计数函数 COUNTIF。对区域中满足单个指定条件的单元格进行计数。

格式：COUNTIF(range，criteria)

说明：参数 range 是要对其进行计数的一个或多个单元格，其中包括数字或名称、数组或包含数字的引用。

参数 criteria 是条件，用于定义将对哪些单元格进行计数的数字、表达式、单元格引用或文本字符串。

使用示例：假设有一个工作表在列 A 中包含一列任务，在列 B 中包含分配了每项任务的人员的名字。可以使用 COUNTIF 函数计算某个人员（Mark）的名字在列 B 中的显示次数，以确定分配给该人员的任务数，则可以使用：=COUNTIF(B2:B25," Mark")。

⑯ 多条件计数函数 COUNTIFS。将条件应用于跨多个区域的单元格，并计算符合所有条件的次数。

格式：COUNTIFS(criteria_range1，criteria1，[criteria_range2，criteria2]，…)

说明：参数 criteria_range1 代表在其中计算关联条件的第一个区域。

参数 criteria1 代表条件，条件的形式为数字、表达式、单元格引用或文本，可用来定义将对哪些单元格进行计数。

参数 criteria_range2，criteria2，…是可选项，代表附加的区域及其关联条件。最多允许 127 个区域条件对。

⑰ 垂直查找函数 VLOOKUP。搜索某个单元格区域的第一列，然后返回该区域相同行上任何单元格中的值。

格式：VLOOKUP(lookup_value，table_array，col_index_num，[range_lookup])

说明：参数 lookup_value 代表需要在表格或区域的第一列中搜索的值，该参数是值或引用。

参数 table_array 代表包含数据的单元格区域。可以使用对区域（如 A2:D8）或区域名称的引用。

参数 col_index_num 代表 table_array 参数中必须返回的匹配值的列号。col_index_num 参数为 1 时，返回 table_array 第一列中的值；col_index_num 为 2 时，返回 table_array 第二列中的值，依此类推。

参数 range_lookup 是可选项，代表一个逻辑值，指定该函数查找精确匹配值还是近似匹配值。如果该参数省略或者为 1（TRUE），代表返回近似匹配值，如果为 0（FALSE），代表返回精确匹配值。**通常在使用过程中采用精确匹配方式。**

⑱ 计算最大/最小函数 MAX/MIN。返回一组值中的最大/最小值。

格式：MAX/MIN(number1，[number2]，…)

说明：参数中 number1 是必需的，number2，…后续数值参数是可选的。可提供 1 到 255 个参数。参数可以是数字或者是包含数字的名称、数组或引用。

⑲ 大值统计函数 LARGE。返回数据区域中第 k 个最大值。

格式：LARGE(array，k)

说明：参数 array 代表需要确定第 k 个最大值的数组或数据区域。

参数 k 为一个数字，代表返回值在数组或数据单元格区域中的位置（从大到小排）。

使用示例：=LARGE(A2:B6,3)，返回 A2:B6 区域中数据的第三个最大值。

⑳ 排序函数 RANK. EQ。返回一列数字的数字排位。其大小与列表中其他值相关；如果多个值具有相同的排位，则返回该组值的最高排位。

格式：RANK. EQ(number，ref，[order])

说明：参数 number 代表要找到其排位的数字。

参数 ref 代表对数字列表的引用。ref 中的非数字值会被忽略。

参数 order 是可选参数，是一个指定数字排位方式的数字。如果 order 为 0（零）或省略，Excel 对数字的排位是基于参数 ref 按降序排列的列表，如果 order 不为零，Excel 对数字的排位是基于参数 ref 按照升序排列的列表。

需要注意的是，RANK 函数与 RANK.EQ 函数功能和使用方式相同，可互换使用。

㉑ 字符个数统计函数 LEN。返回文本字符串中的字符个数。

格式：LEN(text)

说明：参数 text 表示要查找其长度的文本。空格将作为字符进行计数。

㉒ 文本截取函数 MID。返回文本字符串中从指定位置开始的特定数目的字符。

格式：MID(text，start_num，num_chars)

说明：参数 text 代表包含要提取字符的文本字符串。

参数 start_num 代表文本中要提取的第一个字符的位置。文本中第一个字符的 start_num 为 1，依此类推。

参数 num_chars 代表从文本中返回字符的个数。

使用示例：=MID("ChinaSiChuan",6,7)，返回的结果是字符串“SiChuan”。

㉓ 文本转换成数字函数 VALUE。将代表数字的文本字符串转换成数字。

格式：VALUE(text)

说明：参数 text 代表带引号的文本，或对包含要转换文本的单元格的引用。

4.3 实验内容

4.3.1 Excel 工作表的编辑

有 Excel 素材文件“实验项目 4-1.xlsx”，请按照如下操作指引对该文件进行编辑修改。

1. 指引一

对工作表“第一学期期末成绩”中的数据列表进行格式化操作：将第一列“学号”列设为文本，将所有成绩列设为保留一位小数的数值；将数据区域的行高设置为 16，列宽设置为 10，将标题行字体设置为“黑体”、12 号，其他数据区域字体设置为“仿宋”、12 号。设置数据对齐方式为居中，为数据区域增加边框，为标题行增加底纹，具体的边框、底纹形式自拟。

2. 指引二

利用“条件格式”功能进行下列设置：将语文、数学、英语三科中不低于 110 分的成绩所在的单元格以一种颜色填充，其他四科中高于 95 分的成绩以另一种字体颜色标出，所用颜色深浅以不遮挡数据为宜。

3. 指引三

利用公式函数计算每一个学生的总分及平均成绩。

4. 指引四

通过函数提取每个学生所在的班级并按表 4-5 所示的对应关系填写在“班级”列中。

表 4-5 对应关系

“学号”的 3、4 位	对应班级
01	1 班
02	2 班
03	3 班

5. 指引五

复制工作表“第一学期期末成绩”，将副本放置到原表之后；将该副本表标签的颜色设置为“深红色”；表改名为“期末成绩备份”。

6. 指引六

设定密码（密码自拟），保护工作表“第一学期期末成绩”（设置途径：单击“审阅”选项卡“更改”组中的“保护工作表”按钮）。

4.3.2 公式与函数的使用

有 Excel 素材文件“实验项目 4-2.xlsx”，请按照如下操作指引对该素材文件进行操作。

微视频 4-1：单元格自定义格式的使用 1

1. 指引一

在“费用报销管理”工作表“日期”列的所有单元格中，标注每个报销日期属于星期几，例如，日期为“2019 年 1 月 20 日”的单元格应显示为“2019 年 1 月 20 日 星期日”，日期为“2019 年 1 月 21 日”的单元格应显示为“2019 年 1 月 21 日 星期一”。

2. 指引二

如果“日期”列中的日期为星期六或星期日，则在“是否加班”列的单元格中显示“是”，否则显示“否”，使用公式完成。

微视频 4-2：单元格自定义格式的使用 2

3. 指引三

使用公式统计每个活动地点所在的省份或直辖市，并将其填写在“地区”列所对应的单元格中，如“北京市”“浙江省”。将 D3:D401 区域命名为“地区”。

4. 指引四

依据“费用类别编号”列内容，使用 VLOOKUP 函数，生成“费用类别”列内容。对照关系参考“费用类别”工作表。

5. 指引五

在“差旅成本分析报告”工作表B3单元格中，统计2019年第二季度发生在广东省的差旅费用总金额。

6. 指引六

在“差旅成本分析报告”工作表B4单元格中，统计2019年员工“张哲宇”所报销的火车票费用总额。

7. 指引七

在“差旅成本分析报告”工作表B5单元格中，统计2019年差旅费用中，飞机票费用占所有报销费用的比例（百分比），并保留2位小数。

8. 指引八

在“差旅成本分析报告”工作表B6单元格中，统计2019年发生在周末（星期六和星期日）的通信补助总金额。

4.3.3 数据共享

本项目所有素材文件都在“实验项目4-3”文件夹中。

1. 指引一

打开工作簿“学生成绩.xlsx”，在最左侧插入一个空白工作表，重命名为“学生档案”，并将该工作表标签颜色设为“紫色（标准色）”。

2. 指引二

将以制表符分隔的文本文件“学生档案.txt”自A1单元格开始导入到工作表“学生档案”中，注意不得改变原始数据的排列顺序。将第1列数据从左到右依次分成“学号”和“姓名”两列显示（提示：使用“拆分单元格内容”的方法，为了保证数据无遗漏，请先在“身份证号码”列左边插入一个新列）。最后创建一个名为“档案”、包含数据区域A1:G56、包含标题的表。

3. 指引三

在工作表“学生档案”中，利用公式、函数完成每个学生的性别“男”或“女”的数据填充（提示：身份证号的倒数第2位用于判断性别，奇数为男性，偶数为女性）。适当调整工作表的行高和列宽以及对齐方式等，以方便浏览。

4. 指引四

参考工作表“学生档案”，在工作表“语文”中使用公式完成与学号对应的“姓名”数据填充；按照平时、期中、期末成绩各占30%、30%、40%的比例计算每个学生的“学期成绩”并填入相应单元格中；按成绩由高到低的顺序统计每个学生的“学期成绩”排名并按“第n名”的形式填入“班级名次”列中；按照表4-6所示条件填写“期末总评”。

表 4-6 成绩与总评的关系

语文、数学的学期成绩	其他科目的学期成绩	期末总评
≥102	≥90	优秀
≥84	≥75	良好
≥72	≥60	及格
<72	<60	不合格

5. 指引五

将工作表“语文”的格式全部应用到其他科目工作表中，包括行高（各行行高均为22默认单位）和列宽（各列列宽均为14默认单位），并按上述指引四中的要求依次输入或统计其他科目的“姓名”“学期成绩”“班级名次”和“期末总评”（**提示：由于各科工作表结构相同，可以采用“组合工作表”的方法进行指引四、指引五操作，以提高操作效率**）。

微视频 4-3：组合工作表的使用

6. 指引六

分别将各科的“学期成绩”引入到工作表“期末总成绩”的相应列中，在工作表“期末总成绩”中依次引入姓名、计算各科的平均分、每个学生的总分，并按成绩由高到低的顺序统计每个学生的总分排名、并以1、2、3、……形式标识名次，最后将所有成绩的数字格式设为数值、保留两位小数。

7. 指引七

在工作表“期末总成绩”中分别用红色（标准色）和加粗格式标出各科第一名成绩。同时将前10名的总分成绩用浅蓝色填充。

8. 指引八

以工作簿“学生成绩.xlsx”中的“期末总成绩”表为数据源，在文档“通知单.docx”中进行“邮件合并”，以完成该文档的相关数据填充（提示：删除“期末总成绩”表的首行，导入数据小数点过长的情况可切换域代码，在域代码后添加\#"0.00"）。

4.4 课后思考

1. 常量在进行填充柄填充过程中，如何切换原样填充和等差填充这两种方式？
2. 如何取消套用了表格格式的数据区域？
3. 如何将数据区域中的行列转置？
4. 输入函数的方法有哪些？
5. 使用别名有什么优点？

实验 5

电子表格及其高级应用

5.1 实验目的

1. 熟练掌握数据排序、筛选及分类汇总三种基本操作。
2. 熟悉获取、转换数据及数据合并的方法。
3. 熟练掌握创建格式化图表的操作方法，熟悉图表的应用方法。
4. 熟练掌握创建透视表和透视图的方法。

5.2 课前预习

5.2.1 数据排序和筛选

1. 排序

排序是工作表数据处理中经常进行的操作。不仅可以对数字大小进行排序，还可以对颜色进行排序。排序可以按照一列或多列、升序或降序对表格进行排序，或执行自定义排序。

Excel 最多可对 64 个关键字进行排序，这很大程度地满足了用户各种排序情况的需求。

排序的具体步骤：首先选定需要排序的区域中的任意单元格，单击“数据”选项卡“排序和筛选”组中的“排序”按钮，在弹出的如图 5-1 所示的“排序”对话框中进行选择操作。

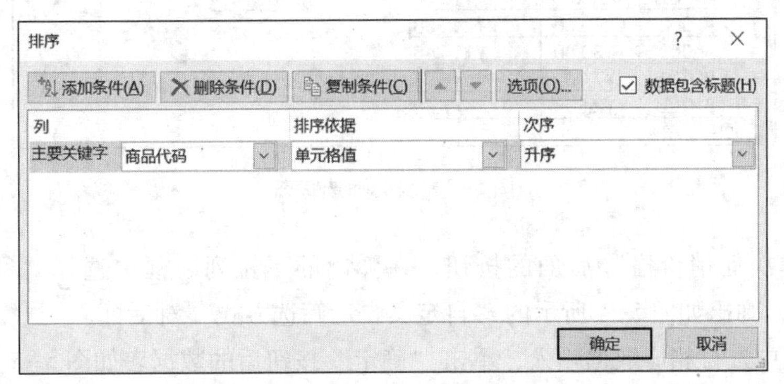

图 5-1 “排序”对话框

在“排序”对话框中，“添加条件”按钮的功能是增加排序字段；“选项”按钮的功能是弹出如图 5-2 所示的“排序选项”对话框，对排序做进一步设定。

在“排序依据”下拉列表框中，用户可以根据具体情况选择“单元格值”“单元格颜色”“字体颜色”“条件格式图标”等选项；在“次序”下拉列表框中，根据排序依据的不同，用户可以选择“升序”“降序”“在顶端”“在底端”等选项。

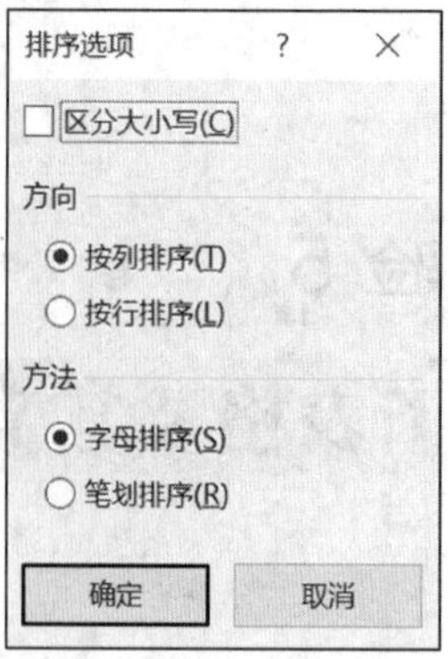

排序选项 ? ×
☐ 区分大小写(C)
方向
◉ 按列排序(T)
○ 按行排序(L)
方法
◉ 字母排序(S)
○ 笔划排序(R)
确定 取消

图 5-2 “排序选项”对话框

2. 筛选

在进行数据查询时，除了采用排序或者条件格式以外，还可以采用筛选的方法。筛选相对于前面所述方法，最大的优点在于能隐藏不符合要求的数据，给用户更直接的查询结果。

筛选分为自动筛选和高级筛选两种方式。

（1）自动筛选

选定筛选区域中的一个单元格，单击“数据”选项卡“数据和筛选”组中的“筛选”按钮，即可完成筛选操作。若要取消筛选，同样单击“数据”选项卡“数据和筛选”组中的“筛选”按钮，即可完成取消筛选操作。

以工作簿文件“价格折扣表 . xlsx”为例，进行自动筛选后如图 5-3 所示，现准备筛选出本次促销价格在 100 元到 200 元之间的商品数据。

文件 开始 插入 页面布局 公式 数据 审阅 视图 开发工具 帮
获取数据 从文本/CSV 自网站 自表格/区域 最近使用的源 现有连接
获取和转换数据
全部刷新 查询和连接 属性 编辑链接
查询和连接
股票
数据类型
N13

	A	B	C	D	E	F	G
1	商品代码	价格	本次促销价格		促销打折比例		
2	A-001	¥12.00	¥10.56		88%		
3	A-002	¥276.00	¥242.88				
4	A-003	¥130.00	¥114.40				
5	B-010	¥7.90	¥6.95				
6	B-011	¥8.50	¥7.48				
7							

图 5-3 表的筛选状态

单击“本次促销价格”后面的按钮，在弹出的下拉列表框中选择“数字筛选”→“介于”命令，弹出如图 5-4 所示的“自定义自动筛选方式”对话框。

在对话框中进行相应数据输入，单击“确定”按钮后的数据表如图 5-5 所示。

自定义自动筛选方式 ? ×
显示行:
本次促销价格
大于或等于 100
与(A) 或(O)
小于或等于 200
可用 ? 代表单个字符
用 * 代表任意多个字符
确定 取消

图 5-4 “自定义自动筛选方式”对话框

图 5-5 自动筛选结果

（2）高级筛选

高级筛选可以通过一次给多个筛选条件进行数据筛选，筛选结果还能够放于新的单元格区域，便于保存。

单击“数据”选项卡“排序和筛选”组中的“高级筛选”按钮，在弹出的如图 5-6 所示的“高级筛选”对话框中进行设置。

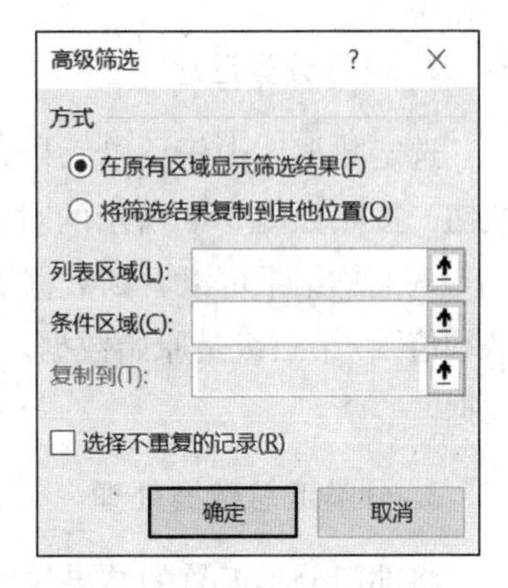

图 5-6 “高级筛选”对话框

若希望多条件筛选并将筛选结果复制到其他位置时，可在“方式”选项组中选择“将筛选结果复制到其他位置”选项，并在文本框中给出相应的区域范围。

若希望表中显示非重复记录，可以勾选“选择不重复的记录”复选框。

5.2.2　分类汇总

所谓分类汇总是把某个字段数据进行分类后再进行汇总计算，并显示出各级分类信息。对数据进行分类汇总之后，能够对数据有一个直观的了解，易于得到分析结果。

以如图 5-7 所示数据表为例，分类统计各部门商品的平均价格。

	A	B	C	D	E	F
1	部门	商品代码	价格	本次促销价格		促销打折比例
2	电子部	A-001	¥12.00	¥10.56		88%
3	电子部	A-002	¥276.00	¥242.88		
4	电子部	A-003	¥130.00	¥114.40		
5	生鲜部	B-010	¥7.90	¥6.95		
6	生鲜部	B-011	¥8.50	¥7.48		

图 5-7　分类汇总原始表

1. 进行排序

在分类汇总之前需要对分类字段进行排序。对工作表按照“部门”字段排序，这里采用的是降序。

2. 进行分类汇总

选定数据区中任意单元格，单击“数据”选项卡“分级显示”组中的“分类汇总”按钮，按照如图 5-8 所示的对话框进行设定后，产生相应分类汇总结果，如图 5-9 所示。

从汇总结果可以看到数据被分为了三级，第一级是“总计平均值”，第二级是“部门平均值”，第三级是原始数据。可以通过单击数据表左上方的 1、2、3，来显示不同级的数据。

3. 分类汇总数据处理

将部门分类汇总的结果复制到另外一个工作表中，便于保存。对分类以后的数据进行复制与对普通数据的操作有所不同。

首先选定两个部门分类汇总的数据区域（包括相应标题栏），单击“开始”选项卡“编辑”组中的“查找和选择”按钮，选择“定位条件”选项，在弹出的如图 5-10 所示的“定位条件”对话框中选择“可见单元格”选项，复制选定的区域，新建一个工作表，从A1单元格开始粘贴，效果如图5-11所示。

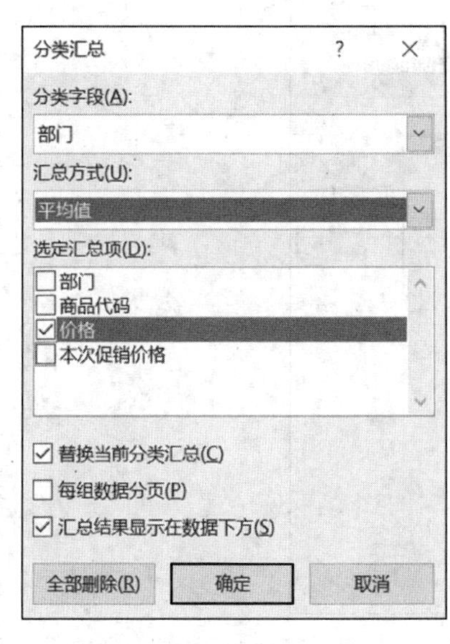

图5-8 “分类汇总”对话框

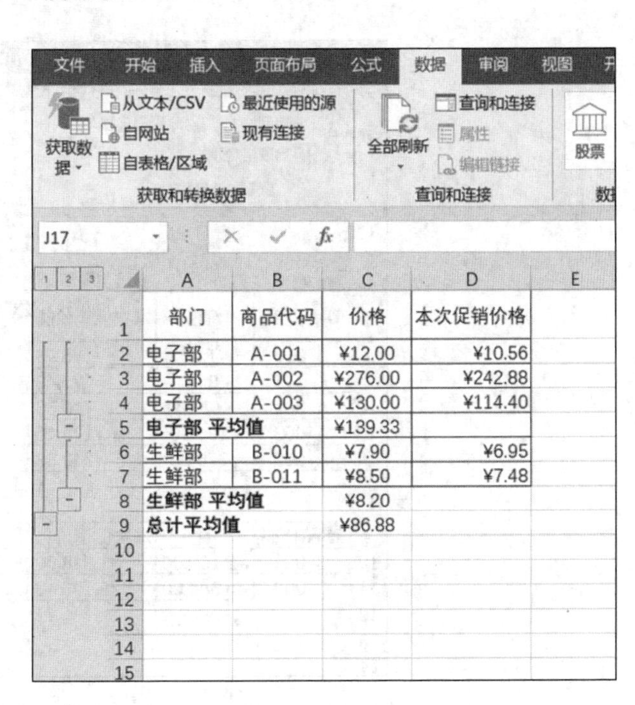

	A	B	C	D	E
1	部门	商品代码	价格	本次促销价格	
2	电子部	A-001	¥12.00	¥10.56	
3	电子部	A-002	¥276.00	¥242.88	
4	电子部	A-003	¥130.00	¥114.40	
5	电子部 平均值		¥139.33		
6	生鲜部	B-010	¥7.90	¥6.95	
7	生鲜部	B-011	¥8.50	¥7.48	
8	生鲜部 平均值		¥8.20		
9	总计平均值		¥86.88		

图5-9 分类汇总结果

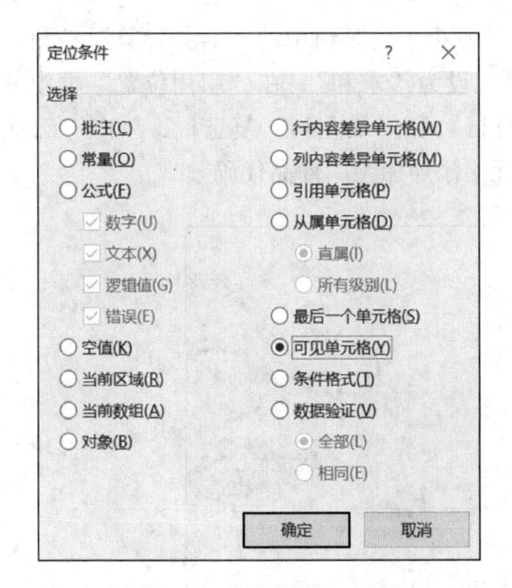

图5-10 “定位条件”对话框

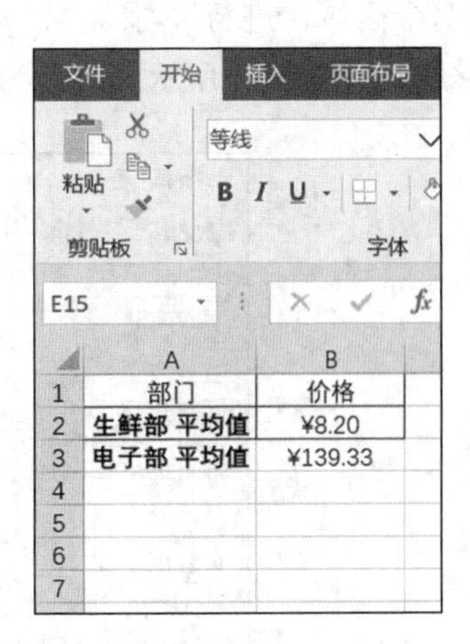

	A	B
1	部门	价格
2	生鲜部 平均值	¥8.20
3	电子部 平均值	¥139.33

图5-11 汇总结果复制

5.2.3 数据的合并

当数据量大而格式标题又相同的数据表要进行数据合并时，采用复制粘贴的方法效率较低，采用合并计算的方法能提高工作效率。

以如图 5-12 所示的表为例，将表中三大类商品合并在以 E7 开头的新数据表中。

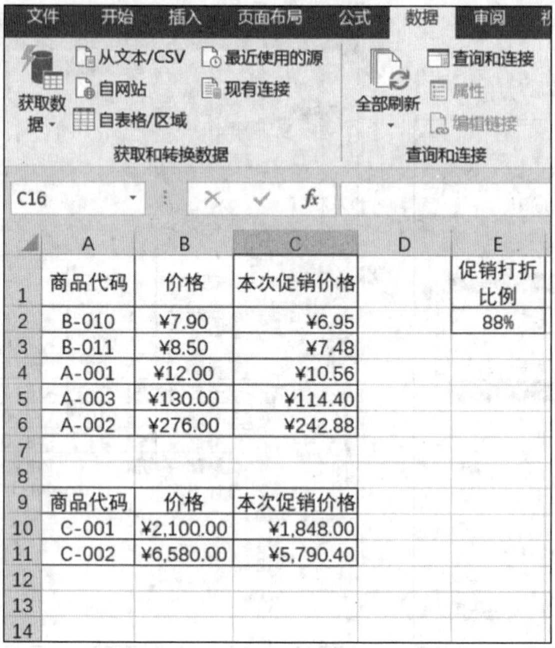

	A	B	C	D	E
1	商品代码	价格	本次促销价格		促销打折比例
2	B-010	¥7.90	¥6.95		88%
3	B-011	¥8.50	¥7.48		
4	A-001	¥12.00	¥10.56		
5	A-003	¥130.00	¥114.40		
6	A-002	¥276.00	¥242.88		
7					
8					
9	商品代码	价格	本次促销价格		
10	C-001	¥2,100.00	¥1,848.00		
11	C-002	¥6,580.00	¥5,790.40		
12					
13					
14					

图 5-12　数据合并原始数据

选择单元格 E7，单击“数据”选项卡“数据工具”组中的“合并计算”按钮，在如图 5-13 所示的“合并计算”对话框中将函数设为“求和”，在“引用位置”框中分别选择相应两个区域，进行“添加”，勾选“首行”和“最左列”复选框，单击“确定”按钮后的效果如图 5-14 所示。最后为 E7 单元格添加标题“商品代码”。

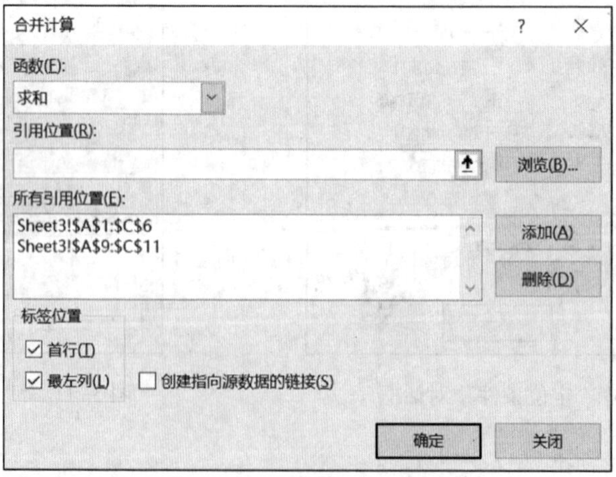

图 5-13　“合并计算”对话框

图 5-14　数据合并结果

5.2.4 图表的制作

图表以图形格式显示数据，可帮助使用者直观观察数据之间的关系。创建图表时，Excel 2016 有大量图表类型可供选择。创建图表后，可以通过应用图表快速布局或样式对图表进行进一步的完善。

图表中的基本元素包括图表标题、图表区、数据系列、图例、坐标轴、坐标轴标题、数据标签、网格线、数据表等。

1. 常用图表介绍

（1）柱形图

柱形图用于显示一段时间内的数据更改，或用于显示各项之间的比较。在柱形图中，类别通常沿水平轴和垂直轴上的值一起组织。

柱形图用高度反映数据差异，用来展示有多少项目（频率）会落入一个具有一定特征的数据段中。同时，柱形图还可以用来表示含有较少数据值的趋势变化关系。

柱形图的类型可分为四类。

① 簇状柱形图和三维簇状柱形图。簇状柱形图以二维柱形显示值。三维簇状柱形图以三维格式显示柱形，但不使用第三个数值轴。

② 堆积柱形图和三维堆积柱形图。堆积柱形图使用二维堆积柱形显示值。三维堆积柱形图以三维格式显示堆积柱形，但是不使用竖坐标轴。在有多个数据系列并且希望强调总计时适合使用此类型图表。

③ 百分比堆积柱形图和三维百分比堆积柱形图。百分比堆积柱形图使用堆积表示百

分比的二维柱形显示值。三维百分比堆积柱形图以三维格式显示柱形，但是不使用竖坐标轴。如果用户有两个或更多个数据系列，并且要强调每个值占整体的百分比，尤其是当各类别的总数相同时，适合使用此类型图表。

④ 三维柱形图。三维柱形图使用三个可以修改的坐标轴（水平坐标轴、垂直坐标轴和竖坐标轴），并沿水平坐标轴和竖坐标轴比较数据点。如果用户希望比较同时跨类别和数据系列的数据，适合使用此类型图表。

（2）折线图

在工作表中以列或行的形式排列的数据可以绘制为折线图。在折线图中，类别数据沿水平轴均匀分布，所有值数据沿垂直轴均匀分布。由于折线图可以在均匀按比例缩放的坐标轴上显示一段时间的连续数据，因此非常适合显示相等时间间隔（如月、季度或会计年度）情况下数据的趋势。

折线图的类型可分为四类。

① 折线图和数据点折线图。折线图在显示时带有指示单个数据值的标记，也可以不带标记，可显示一段时间或均匀分布的类别的趋势，特别当用户有多个数据点，并且这些数据点的出现顺序非常重要时。如果有许多类别或值大小接近，使用无数据点的折线图更合适。

② 堆积折线图和数据点堆积折线图。堆积折线图显示时可带有标记以指示各个数据值，也可以不带标记，可显示每个值所占大小随时间或均匀分布的类别而变化的趋势。

③ 百分比堆积折线图和数据点百分比堆积折线图。百分比堆积折线图显示时可带有标记以指示各个数据值，也可以不带标记，可显示每个值所占的百分比随时间或均匀分布的类别而变化的趋势。如果有许多类别或值大小接近，使用无数据点的百分比堆积折线图更合适。

④ 三维折线图。三维折线图将每个数据行或数据列显示为一个三维带状。三维折线图有水平坐标轴、垂直坐标轴和竖坐标轴，用户可以进行相应修改。

需要注意的是，图表中有多个数据系列时最适合使用折线图，如果只有一个数据系列，改用XY散点图更合适。堆积折线图会汇总数据，可能会使堆积的线不容易看到，所以可以考虑改用其他折线图类型或堆积面积图。

（3）饼图

在工作表中以列或行的形式排列的数据可以绘制为饼图。饼图显示一个数据系列中各项的大小与各项总和的比例。饼图中的数据点显示为整个饼图的百分比。

饼图适合用在只有一个数据系列，数据中的值没有负数，数据中的值几乎没有零值，类别不超过7个，并且这些类别共同构成了整个饼图的情况。

饼图的类型有三种。

① 饼图和三维饼图。饼图以二维或三维格式显示每个值占总计的比例。用户可以手动拖出饼图的扇区以强调扇区。

② 复合饼图或复合条饼图。复合饼图或复合条饼图显示特殊的饼图，其中的一些较

小的值被脱离出为次饼图或堆积条形图，从而使其更易于区分。

③ 圆环图。仅排列在工作表的列或行中的数据可以绘制为圆环图。像饼图一样，圆环图也显示了部分与整体的关系，但圆环图可以包含多个数据系列。

圆环图以圆环的形式显示数据，其中每个圆环分别代表一个数据系列。如果在数据标签中显示百分比，则每个圆环总计为100%。

(4) 条形图

在工作表中以列或行的形式排列的数据可以绘制为条形图。条形图显示各个项目的比较情况。在条形图中，通常沿垂直坐标轴组织类别，沿水平坐标轴组织值。

当轴标签较长，显示的值为持续时间的情况下，可以使用条形图表达。

条形图可分为三种。

① 簇状条形图和三维簇状条形图。簇状条形图以二维格式显示条形。三维簇状条形图以三维格式显示条形，不使用竖坐标轴。

② 堆积条形图和三维堆积条形图。堆积条形图以二维条形显示单个项目与整体的关系。三维堆积条形图以三维格式显示条形，不使用竖坐标轴。

③ 百分比堆积条形图和三维百分比堆积条形图。百分比堆积条形图显示二维条形，这些条形跨类别比较每个值占总计的百分比。三维百分比堆积条形图以三维格式显示条形，不使用竖坐标轴。

(5) 面积图

在工作表中以列或行的形式排列的数据可以绘制为面积图。面积图可用于绘制随时间发生的变化量，用于引起人们对总值趋势的关注。通过显示所绘制的值的总和，面积图还可以显示部分与整体的关系。

面积图有三种类型。

① 面积图和三维面积图。面积图以二维或三维格式显示，用于显示值随时间或其他类别数据变化的趋势。三维面积图使用三个可以修改的坐标轴（水平坐标轴、垂直坐标轴和竖坐标轴）。通常应考虑使用折线图而不是非堆积面积图，因为如果使用非堆积面积图，一个系列中的数据可能会被另一系列中的数据遮住。

② 堆积面积图和三维堆积面积图。堆积面积图以二维格式显示每个值所占大小随时间或其他类别数据变化的趋势。三维堆积图也一样，但是以三维格式显示面积，并且不使用竖坐标轴。

③ 百分比堆积面积图和三维百分比堆积面积图。百分比堆积面积图显示每个值所占百分比随时间或其他类别数据变化的趋势。三维百分比堆积图也一样，但以三维格式显示面积，并且不使用竖坐标轴。

(6) XY 散点图

在工作表中以列或行的形式排列的数据可以绘制为XY散点图。将X值放在一行或一列，然后在相邻的行或列中输入对应的Y值。

散点图有两个数值轴：水平（X）数值轴和垂直（Y）数值轴。散点图将X值和Y值合并到单一数据点并按不均匀的间隔或簇来显示它们。散点图通常用于显示和比较数值，如科学数据、统计数据和工程数据。

适合使用散点图的情况如下：要更改水平轴的刻度；要将轴的刻度转换为对数刻度；水平轴的值不是均匀分布的；水平轴上有许多数据点；希望调整散点图独立坐标轴刻度，以便显示有关其中包含值对或分组值对的数据的更多信息；要显示大型数据集之间的相似性而非数据点之间的区别；用户要在不考虑时间的情况下比较大量数据点（在散点图中包含的数据越多，所进行的比较的效果就越好）。

XY散点图分为四类。

① 散点图。散点图显示数据点以比较值对，但是不连接线。

② 带平滑线和标记的散点图和带平滑线的散点图。这种图表显示用于连接数据点的平滑曲线。显示的平滑线可以带标记，也可以不带。如果有多个数据点，使用不带标记的平滑线。

③ 带有直线和标记的散点图和带直线的散点图。这类图显示了数据点之间的直线连接线。显示的直线可以带标记，也可以不带。

④ 气泡图。气泡图与散点图非常相似，这种图表增加第三个柱形来指定所显示的气泡的大小，以便表示数据系统中的数据点。

气泡图还可以衍生出三维气泡图这种特殊图，这两种气泡图都比较成组的三个值而非两个值，并以二维或三维格式显示气泡（不使用竖坐标轴）。第三个值指定气泡标记的大小。

（7）地图

可使用地图图表比较值并跨地理区域显示类别。数据中含有地理区域（如国家/地区、省/自治区/直辖市、县或邮政编码）时使用地图图表。

（8）股价图

以特定顺序排列在工作表的列或行中的数据可以绘制为股价图。顾名思义，股价图可以显示股价的波动。不过这种图表也可以显示其他数据（如日降雨量和每年温度）的波动。必须按正确的顺序组织数据才能创建股价图。

股价图的类型有四种。

① 盘高-盘低-收盘股价图。这种股价图按照以下顺序使用三个值系列：盘高、盘低和收盘股价。

② 开盘-盘高-盘低-收盘股价图。这种股价图按照以下顺序使用4个值系列：开盘、盘高、盘低和收盘股价。

③ 成交量-盘高-盘低-收盘股价图。这种股价图按照以下顺序使用4个值系列：成交量、盘高、盘低和收盘股价。它在计算成交量时使用了两个数值轴：一个是用于计算成交量的列，另一个是用于股票价格的列。

④ 成交量-开盘-盘高-盘低-收盘股价图。这种股价图按照以下顺序使用5个值系列：成交量、开盘、盘高、盘低和收盘股价。

（9）曲面图

在工作表中以列或行的形式排列的数据可以绘制为曲面图。如果希望得到两组数据间的最佳组合，曲面图将很有用。例如，在地形图上，颜色和图案表示具有相同取值范围的地区。当类别和数据系列都是数值时，可以创建曲面图。

曲面图有四种类型。

① 三维曲面图。该图表显示数据的三维视图，可以将其想象为三维柱形图上展开的橡胶板。它通常用于显示大量数据之间的关系，其他方式可能很难显示这种关系。曲面图中的颜色带不表示数据系列，而是表示值之间的差别。

② 三维曲面图（框架图）。曲面不带颜色的三维曲面图称为三维曲面图（框架图）。这种图表只显示线条。三维曲面图（框架图）不容易理解，但是绘制大型数据集的速度比三维曲面图快。

③ 俯视图。曲面图是从俯视的角度看到的曲面图，与二维地形图相似。在俯视图中，色带表示特定范围的值。图中的线条连接等值的内插点。

④ 曲面图（俯视框架图）。曲面图（俯视框架图）也是从俯视的角度看到的曲面图。框架俯视图只显示线条，不在曲面上显示色带。

（10）雷达图

在工作表中以列或行的形式排列的数据可以绘制为雷达图。雷达图比较若干数据系列的聚合值。

雷达图分为两种类型。

① 雷达图和带数据标记的雷达图。无论单独的数据点有无标记，雷达图都显示值相对于中心点的变化。

② 填充雷达图。在填充雷达图中，数据系列覆盖的区域填充有颜色。

（11）树状图

树状图提供数据的分层视图，方便比较分类的不同级别。树状图按颜色和接近度显示类别，并可以轻松显示大量数据，而其他图表类型难以做到。当层次结构内存在空（空白）单元格时可以绘制树状图，树状图非常适合比较层次结构内的比例。

（12）旭日图

旭日图非常适合用于显示分层数据，并且可以在层次结构中存在空（空白）单元格时进行绘制。层次结构的每个级别均通过一个环或圆形表示，最内层的圆表示层次结构的顶级。不含任何分层数据（类别的一个级别）的旭日图与圆环图类似。但具有多个级别的类别的旭日图显示外环与内环的关系。旭日图在显示一个环如何被划分为作用片段时最有效。

（13）直方图

直方图中绘制的数据显示分布内的频率。图表中的每一列称为箱，可以更改以便进一步分析数据。

直方图和柱状图从形式上比较接近，但两者在使用环境上有明显不同。最根本的区别在于：直方图展示数据的分布，柱状图比较数据的大小。

直方图可分为两种类型。

① 直方图。直方图显示分组为频率箱的数据的分布。

② 排列图。排列图是经过排序的直方图，其中同时包含降序排序的列和用于表示累积总百分比的线条。

（14）箱型图

可以用来反映一组或多组连续型定量数据分布的中心位置和散布范围，因形状如箱子而得名。箱形图包含数学统计量，不仅能够分析不同类别数据各层次水平差异，还能揭示数据间离散程度、异常值、分布差异等。

箱型图显示数据到四分位点的分布，突出显示平均值和离群值。箱形可能具有可垂直延长的名为“须线”的线条。这些线条指示超出四分位点上限和下限的变化程度，处于这些线条或须线之外的任何点都被视为离群值。当有多个数据集以某种方式彼此相关时，适合使用箱型图表类型。

（15）瀑布图

瀑布图具有自上而下的流畅效果，也可以称为阶梯图或桥图，在企业经营分析、财务分析中使用较多，用以表示企业成本的构成、变化等情况。

瀑布图采用绝对值与相对值结合的方式，适用于表达数个特定数值之间的数量变化关系。在理解一系列正值和负值对初始值的影响时，这种图表非常有用。

（16）漏斗图

漏斗图显示流程中多个阶段的值。一般用于分析有逻辑顺序的多个操作环节的业务流程，看业务目标的完成情况、每一步的转化和流失分析，直观地发现问题环节进而做追因分析，改进优化后再根据漏斗图的变化验证效果。需要注意的是，普通专业版的 Excel 2016 不提供漏斗图。

2. 图表的创建

（1）选择产生图表的数据

图表要产生，必须先选择数据，而且为了使图表真实、有效、合理，通常数据所对应的标题也要选择。

以折扣价格表为例，产生图表。首先选择数据及标题。

（2）选择图的样式

单击“插入”选项卡“图表”组中的“推荐图表”按钮，选择“条形图”组中的“三维簇状条形图”选项。效果如图 5-15 所示。

3. 图表的修改

通常产生的图表还不能完全满足用户的要求，因此可以在当前图表基础上进行进一步调整。

选中图表后，选项卡中会出现“图表工具｜设计”和“图表工具｜格式”选项卡，可

以对图表做进一步调整和修改。其中“图表工具|设计”选项卡可以对图表的布局、样式、数据、类型、位置进行设定和更改；“图表工具|格式”选项卡可以为图表插入形状，更改形状样式等。

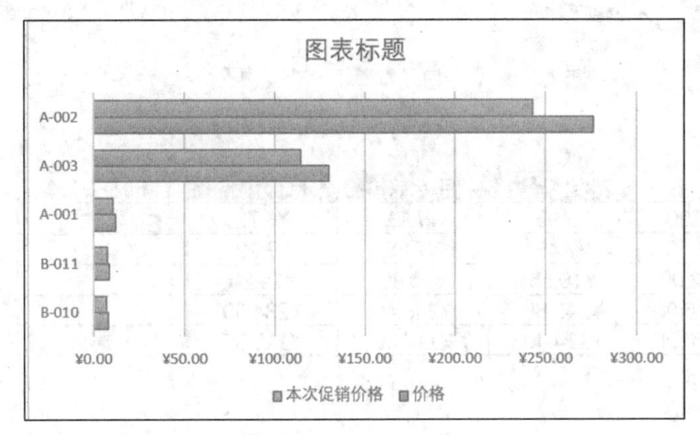

图 5-15 条形图

4. 迷你图

迷你图实质上是一种微型图表，能以最直观最简单的图形方式反映数据的变化情况。

有如图 5-16 所示的表，在 F2 单元格中生成三个月的折扣价格折线迷你图。

	A	B	C	D	E	F
1	商品代码	价格	一月促销价格	二月促销价格	三月促销价格	促销价格变化情况
2	B-010	¥7.90	¥6.95	¥7.11	¥6.72	
3	B-011	¥8.50	¥7.48	¥7.65	¥7.23	
4	A-001	¥12.00	¥10.56	¥10.80	¥10.20	
5	A-002	¥276.00	¥242.88	¥248.40	¥234.60	
6	A-003	¥130.00	¥114.40	¥117.00	¥110.50	

	A	B	C
11	一月促销打折比例	二月促销打折比例	三月促销打折比例
12	88%	90%	85%

图 5-16 折线迷你图原始数据

操作步骤如下：选中 F2 单元格，单击“插入”选项卡“迷你图”组中的“折线”按钮后，在弹出的“创建迷你图”对话框中，选定区域范围 C2:E2，并单击“确定”按钮，在 F2 单元格中就出现了商品代码为“B-010”一月到三月的促销价格折线迷你图，如

图 5-17 所示。

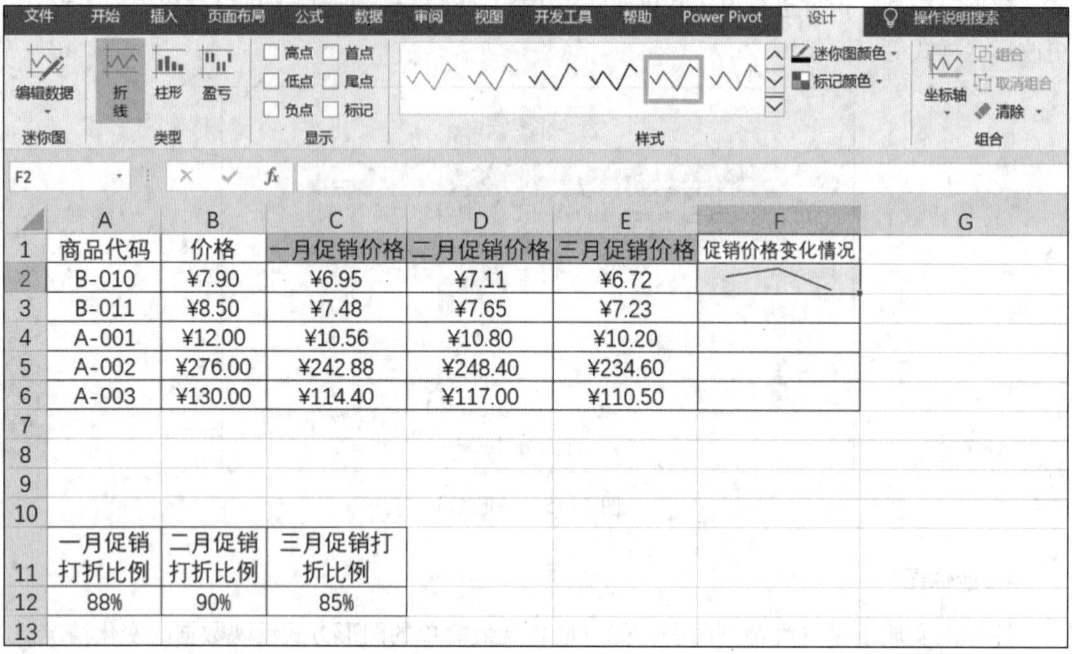

	A	B	C	D	E	F
1	商品代码	价格	一月促销价格	二月促销价格	三月促销价格	促销价格变化情况
2	B-010	¥7.90	¥6.95	¥7.11	¥6.72	
3	B-011	¥8.50	¥7.48	¥7.65	¥7.23	
4	A-001	¥12.00	¥10.56	¥10.80	¥10.20	
5	A-002	¥276.00	¥242.88	¥248.40	¥234.60	
6	A-003	¥130.00	¥114.40	¥117.00	¥110.50	
11	一月促销打折比例	二月促销打折比例	三月促销打折比例			
12	88%	90%	85%			

图 5-17 折线迷你图

通过 F2 单元格的填充柄对 F3 到 F6 单元格进行填充，相应单元格也能获得正确的折线迷你图。还可以通过“迷你图工具｜设计”选项卡中的“迷你图”“类型”“显示”“样式”“组合”选项，对迷你图做进一步设置和更改。

5.2.5 数据透视表

透视表是一种交互式的动态表格，是“分类汇总”功能的进一步扩展和延伸。在 Excel 中，使用数据透视表可以快速汇总大量数据，并能够对生成的数据透视表进行各种交互式操作，是 Excel 数据分析的有力工具。当需要分析相关的汇总值，特别是在要合计较大的数字列表并对每个数字进行多种不同的比较时，通常使用数据透视表。

如图 5-18 所示为饮料销售表，对该表按照季度和产品名称分类统计销售额情况。

为了方便对比数据，透视表以当前表的 F5 单元格开始创建。步骤如下。

选定 F5 单元格，单击“插入”选项卡“表格”组中的“数据透视表”按钮，在弹出的“创建透视表”对话框中，选定整个数据表区域 A1:C14 后单击“确

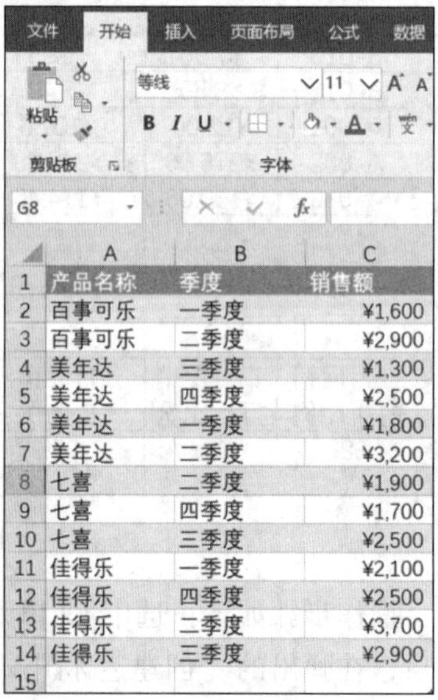

	A	B	C
1	产品名称	季度	销售额
2	百事可乐	一季度	¥1,600
3	百事可乐	二季度	¥2,900
4	美年达	三季度	¥1,300
5	美年达	四季度	¥2,500
6	美年达	一季度	¥1,800
7	美年达	二季度	¥3,200
8	七喜	二季度	¥1,900
9	七喜	四季度	¥1,700
10	七喜	三季度	¥2,500
11	佳得乐	一季度	¥2,100
12	佳得乐	四季度	¥2,500
13	佳得乐	二季度	¥3,700
14	佳得乐	三季度	¥2,900

图 5-18 饮料销售额统计

定”按钮，在出现的“数据透视表字段”窗格中，将“产品名称”字段拖到“列”区域，将“季度”字段拖到“列”区域，将“销售额”字段拖到“值”区域，一个以产品名称和季度进行分类，以销售额进行统计的透视表如图 5-19 所示。

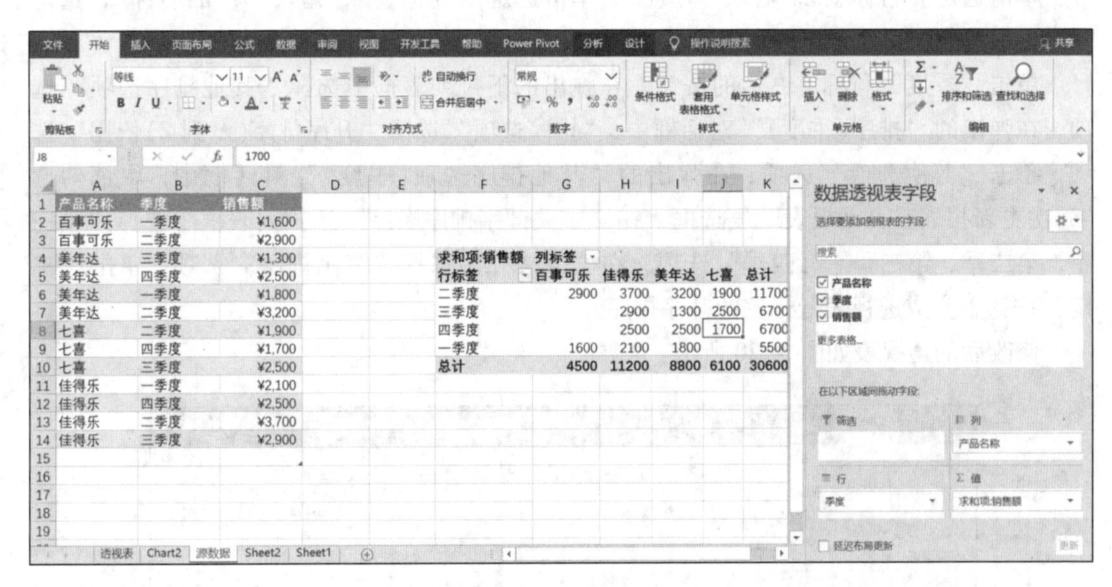

图 5-19 透视表

该透视表具有以季度或者产品名称为分类进行销售额汇总的功能。用户可以在这张透视表中进行筛选、排序等数据的二次操作。

透视表的结构可以分为 4 个区域，分别是筛选区域、列区域、行区域和值区域。

1. 筛选区域

筛选区域其实是一个筛选器，由一到多个下拉列表组成。通过对下拉列表中的选项进行选择，达到对整个透视表中的数据进行筛选的目的。

2. 列区域

列区域决定了透视表各列顶端的标题内容。每个字段中的每一项显示在每一列中。

3. 行区域

行区域在透视表的左侧，每个字段中的每一项显示在每一行中。为了观察的便利性，行区域习惯上放置具有分组或者分类的字段。

4. 值区域

在透视表中，最大部分的区域就是值区域。值区域中的数据通常都是对列字段和行字段数据汇总的结果。默认状态下，值字段如果是数值型，则进行求和运算，如果是文本类型，则进行计数运算。可以通过值字段设置，更改值字段的运算方式。

透视表创建好后，通常并不是最后的定表，需要做一些修改，以达到使用者的目的。

5. 透视表的编辑修改

以创建好的销售额透视表（如图 5-19 所示）为例，进行透视表的编辑修改。

单击选定“行标签”，输入“季度”，单击选定“列标签”，输入“产品名称”，选定“求和项：销售额”，输入“销售额汇总”，完成透视表行列标题的修改。

单击“季度”行标签右边的按钮，在弹出的下拉列表框中选择“其他排序选项”选项，在弹出的“排序(季度)”对话框中，“排序选项”选择“升序排序(A 到 Z)依据”选项，单击“其他选项”选项，在弹出的“其他排序选项(季度)”对话框中，取消勾选“每次更新报表时自动报表”复选框，在“主关键字排序顺序”下拉列表框中选择“第一季，第二季，第三季，第四季”选项，在“方法”中选择“笔画排序”选项，单击“确定”按钮，完成透视表行标签的升序排序。

修改后的透视表如图 5-20 所示。

销售额汇总	产品名称				
季度	百事可乐	佳得乐	美年达	七喜	总计
一季度	1600	2100	1800		5500
二季度	2900	3700	3200	1900	11700
三季度		2900	1300	2500	6700
四季度		2500	2500	1700	6700
总计	4500	11200	8800	6100	30600

图 5-20 编辑修改后的透视表

透视表中的数据源如果发生数据改变，透视表不会自动更新，需要通过选定透视表任意单元格，单击“数据透视表工具|分析”选项卡“数据”组中的“刷新”按钮进行数据更新。

更多数据透视表的编辑设置功能，可以在“数据透视表工具|分析”或者“数据透视表工具|设计”选项卡中进行。

5.2.6 数据透视图

数据透视图是数据透视表的图形化结果，不仅具有图表的可视化性还具有数据透视表交互式的特点。

数据透视图的产生有两种方式，一种是以原始数据源产生，另一种是通过数据透视表产生。

从实际的操作过程来说，第一种方式产生数据透视图的过程中，数据透视表也随之产生。

以饮料销售额季度统计表作为产生数据透视图的原始数据，产生一张数据透视图。

以 F4 单元格作为产生透视图的起始单元格。选定 F4 单元格，单击“插入”选项卡“图表”组中的“数据透视图”按钮，选择“数据透视图”选项，在弹出的“创建数据透视图”对话框中，选定整个数据表区域 A1:C14 后单击“确定”按钮，在出现的“数据透视图字段”窗格中，将“产品名称”字段拖到“图例（系列）”区域，将“季度”字段拖到“轴（类别）”区域，将“销售额”字段拖到“值”区域，一个以产品名称和季度进行分类，以销售额进行统计的透视图就完成了，如图 5-21 所示。

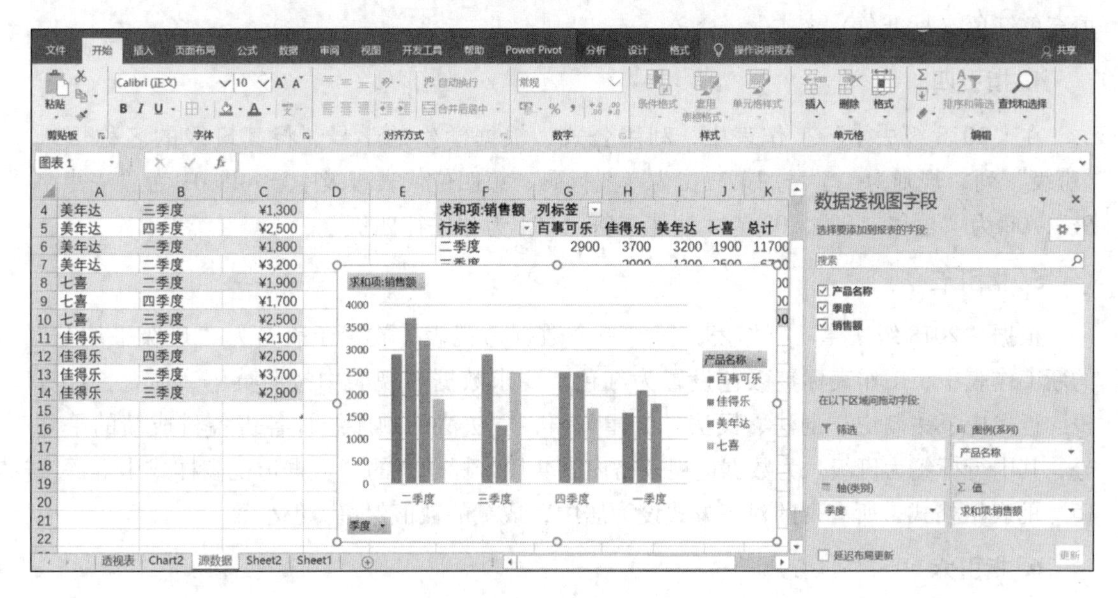

图 5-21 数据透视图

从图 5-21 中可以看到，透视图底部，从 F4 单元格开始展开的区域是一张透视表。在产生的透视图上可以进行“季度”和“产品名称”的筛选、排序等。

数据透视图的编辑设定等功能，可以通过“数据透视图工具|分析”“数据透视图工具|设计”“数据透视图工具|格式”选项卡完成。

5.3 实验内容

5.3.1 数据透视表的制作

1. 指引一

将“实验项目 5-1.xlsx”文档另存为“年级期末成绩分析.xlsx”，以下所有操作均基于“年级期末成绩分析.xlsx”文档。

2. 指引二

在“2018级法律”工作表最右侧依次插入“总分”“平均分”“年级排名”列；将工作表的第一行根据表格实际情况合并居中为一个单元格，并设置合适的字体、字号，使其成为该工作表的标题。对班级成绩区域套用带标题行的“表样式中等深浅 15”的表格格式。设置所有列的对齐方式为居中，其中排名为整数，其他成绩的数值保留 1 位小数。

3. 指引三

在“2018级法律”工作表中，利用公式分别计算“总分”“平均分”“年级排名”列的值。对学生成绩不及格（小于 60 分）的单元格套用格式突出显示为“黄色（标准色）填充色红色（标准色）文本”。

4. 指引四

在“2018级法律”工作表中，利用公式、根据学生的学号、将其班级的名称填入“班级”列，规则为，学号的第三位为专业代码、第四位代表班级序号，即 01 为“法律一班”，02 为“法律二班”，03 为“法律三班”，04 为“法律四班”。

5. 指引五

根据“2018级法律”工作表，创建一个数据透视表，放置于表名为“班级平均分”的新工作表中，工作表标签颜色设置为红色。要求数据透视表中按照英语、体育、计算机、近代史、法制史、刑法、民法、法律英语、立法法的顺序统计各班各科成绩的平均分，其中行标签为班级。为数据透视表格内容套用带标题行的“数据透视表样式中等深浅 15”的表格格式，所有列的对齐方式设为居中，成绩的数值保留 1 位小数。

6. 指引六

在“班级平均分”工作表中，以指引五产生的透视表，针对各课程的班级平均分创建二维的簇状柱形透视图。其中水平标签为班级，图例项为课程名称，并将图表放置在表格下方的 A10:H30 区域中。

5.3.2 日期时间的计算

微视频 5-1：时间间隔计算

1. 指引一

将“实验项目 5-2.xlsx”文件另存为“停车场收费政策调整情况分析.xlsx”，所有的操作基于此新保存好的文件。停车场规划调整收费标准，拟从原来“不足 15 分钟按 15 分钟收费”调整为“不足 15 分钟部分不收费”的收费政策。

2. 指引二

在“停车收费记录”表中，涉及金额的单元格格式均设置为带货币符号（¥）的会计专用类型格式，并保留2位小数。依据“收费标准”表，利用公式将收费标准对应的金额填入“停车收费记录”表中的“收费标准”列；利用出场日期、时间与进场日期、时间的关系，计算“停放时间”列。

3. 指引三

依据停放时间和收费标准，计算当前收费金额并填入“收费金额”列；计算拟采用的收费政策的预计收费金额并填入“拟收费金额”列；计算拟调整后的收费与当前收费之间的差值并填入“差值”列。

4. 指引四

将“停车收费记录”表中的内容套用表格格式“表样式中等深浅12”，并添加汇总行，最后三列“收费金额”“拟收费金额”和“差值”汇总值均为求和。

5. 指引五

在“收费金额”列中，将单次停车收费达到100元及以上的单元格突出显示为黄底红字的货币类型。

6. 指引六

新建名为“数据透视分析”的表，在该表中创建两个数据透视表，起始位置分别为A3、A11单元格。第一个透视表的行标签为“车型”，列标签为“进场日期”，求和项为“差值”，可以提供收费政策调整后每天的收费变化情况；第二个透视表的行标签为“车型”和“进场日期”，求和项为“收费金额”和“拟收费金额”，可以提供调整收费政策前后的收费情况差异对比。在该透视表基础上生成一个透视图，采用“簇状条形图”“样式3”“布局5”，图标题标签为“5月收费与拟收费分析”，将该透视图移动到一个新的工作表，工作表命名为“5月收费与拟收费分析图”。

5.3.3 复杂图表的制作

打开“实验项目5-3.xlsx”文件，按照操作指引完成相关图表制作。

微视频5-2：图表的制作

1. 指引一

使用函数以“总分”为依据，完成“成绩数据”表中“名次”列的计算，并按照名次从高到低进行排序。

2. 指引二

以排名第一的学生各科成绩为数据基础，生成漏斗图进行图表展示（如果当前所用Excel版本不支持漏斗图，就以条形图代替）。图表标题为“第一名各科成绩比较”，图表产生在新工作表中，工作表命名为“漏斗图表”（如果使用条形图，工作表命名为“条形图表”）。该表放置于“成绩数据”表之后。

3. 指引三

以排名前三的学生各科成绩为数据基础，生成雷达图进行图表展示。图表标题为“前三名各科成绩比较”，图表产生在新工作表中，工作表命名为“雷达图表”。该表放置于“漏斗图表”表之后。

4. 指引四

以所有学生“平均分”为数据基础，使用直方图进行图表展示。图表标题为“全班平均分分布情况”，直方图以每 10 分作为一个间隔，图表产生在新工作表中，工作表命名为“直方图图表”。该表放置于“雷达图表”表之后。

5. 指引五

以所有科目成绩为数据基础，使用箱型图进行图表展示。图表标题为“各科成绩一览图”，图表产生在新工作表中，工作表命名为“箱形图图表”。该表放置于“直方图图表”表之后。

需说明的是，图表的目的是给用户清晰明了的图形展示，所以产生的图表可能需要做设计和格式上的进一步改进，以满足用户的要求。

本项目所要求产生的 4 种图表的范例如图 5-22、图 5-23、图 5-24、图 5-25 所示。

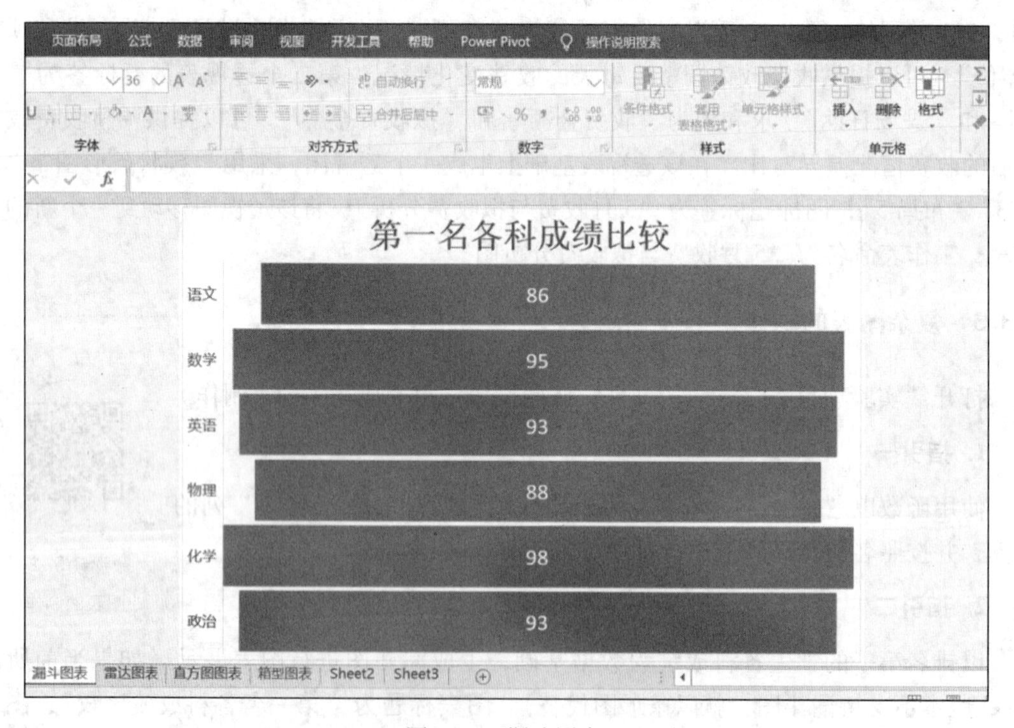

图 5-22 漏斗图表

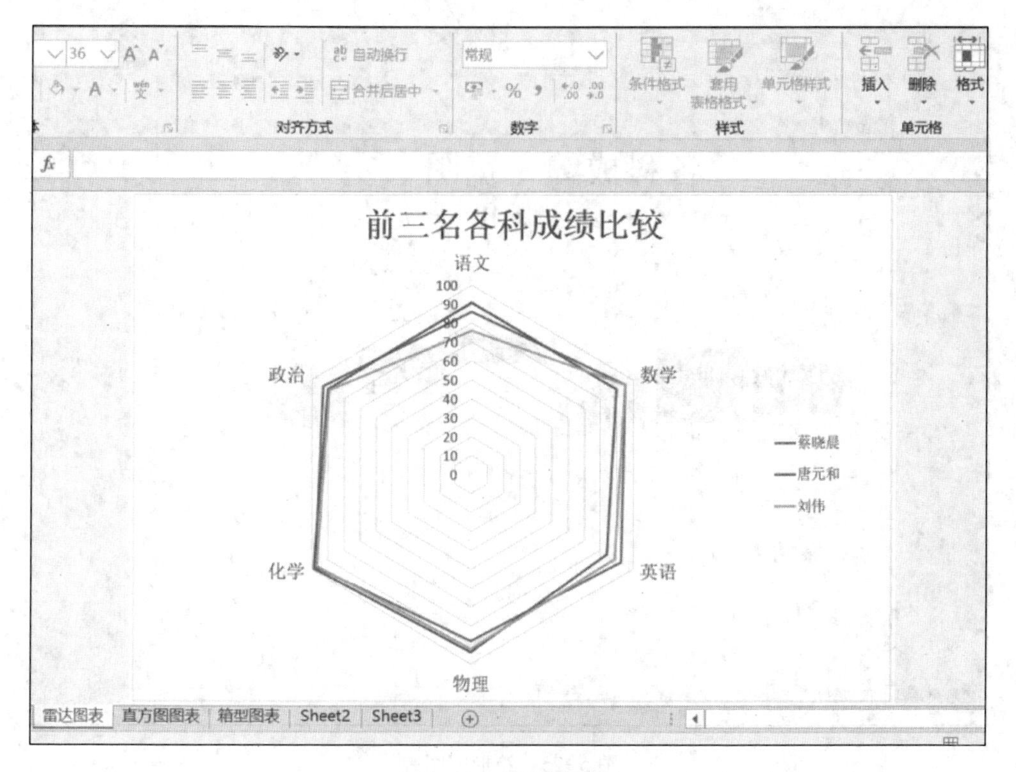

图 5-23 雷达图图表

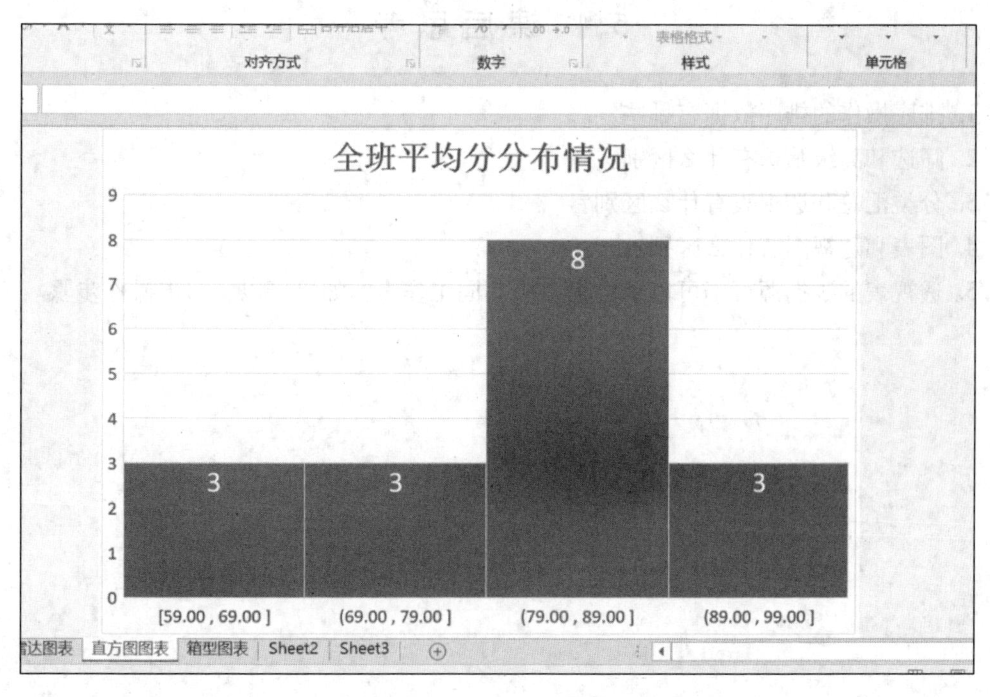

图 5-24 直方图图表

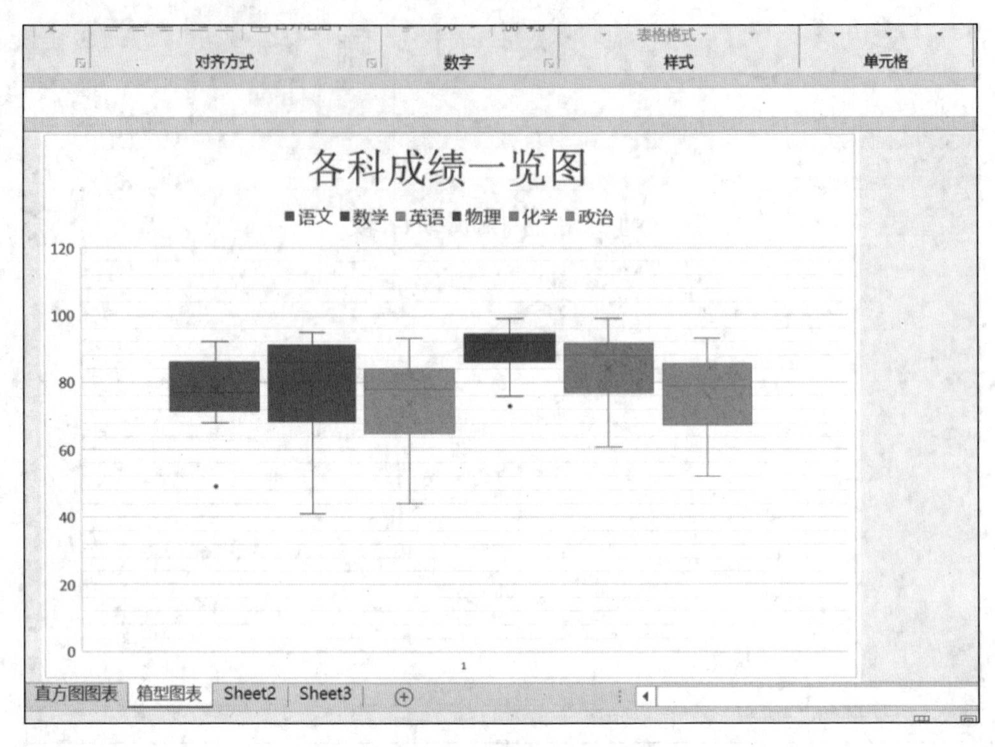

图 5-25 箱形图图表

5.4 课后思考

1. 排序操作的排序依据有哪些？
2. 筛选和高级筛选有什么区别？
3. 分类汇总和透视表有什么区别？
4. 图表和透视图有什么区别？
5. 透视表的数据源可不可以来自于多个不同工作表？如果可以，写出操作步骤。

实验 6

演示文稿及其高级应用

6.1 实验目的

1. 熟悉演示文稿 PowerPoint 2016 的操作界面。
2. 掌握演示文稿的创建方法。
3. 学会演示文稿母版的使用与编辑。
4. 掌握为演示文稿添加动画和设置页面切换效果的方法。
5. 掌握幻灯片的放映方法。
6. 掌握根据现有内容新建演示文稿的方法。
7. 掌握演示文稿主题的使用方法。
8. 掌握超链接的插入方法。
9. 掌握选取并编辑 SmartArt 类别图形的方法。
10. 掌握在演示文稿中插入音频和视频的方法。
11. 掌握自定义放映幻灯片的方法。

6.2 课前预习

6.2.1 PowerPoint 概述

1. 演示文稿的应用简介

PowerPoint 演示文稿，简称 PPT 演示文稿或 PPT，被广泛应用于企事业单位的项目交流、会议展示、教育行业的课件制作、产品推介以及各种形式的演讲活动中。优秀的 PPT 能够起到缩短会议时间、增强报告说服力、提高订单成交量、取得良好的教学效果等作用，帮助演讲者进行一次成功的演讲。

PowerPoint 2016 是 Microsoft Office 2016 软件中专门用于制作演示文稿的组件，它拥有强大的文字、多媒体、表格、图像等功能，不仅可以制作出集文字、图形、图像与声音等多媒体于一体的演示文稿，而且还可以将用户所表达的信息以图文并茂的形式展示出来，从而达到最佳的演示效果。在运用 PowerPoint 2016 制作演示文稿之前，用户应该先认识

PowerPoint 2016 的工作界面以及多种视图的切换方法。

2. 演示文稿设计原则

制作一个优秀的 PowerPoint 演示文稿除了需要掌握技术外，还需要遵循以下原则。

（1）目标

主要根据以下听众、内容两个方面因素来确定设计策略。

① 听众：不同的听众有不同的理解能力，需根据听众的特点来设计演讲内容，怎样吸引听众，达到什么目的是需要考虑的。

② 内容：需突出重点，不要面面俱到。

（2）逻辑

目前，PPT 制作中的一大问题不是美感、动画，而是在于逻辑。有了清晰简明的逻辑主线，才能够高效率地完成想要的 PPT。

① 提炼观点。找到演讲内容的要点，使听众一看就知道想突出什么。

② PPT 内容逻辑通常采用“总分总”的结构，一般是封面→目录→过渡页→内页→尾页。

③ 不要急着写每页的内容，先把目录写好，一级二级都写好。

④ 页面逻辑常见的有并列、因果、总分、转折、递进、循环等。

必要时，可以使用诸如 Mindjet 之类的思维导图软件来设计演讲内容的逻辑。例如，剖析式的逻辑结构指的是针对待定问题层层剖析、层层递进，以展开整个 PPT 的一种结构模式，主要用于咨询报告、项目建议书等。以毕业答辩 PPT 为例，一般包括封面、目录、选题背景、论文结构、研究方法、分析讨论、主要结论、致谢等内容。

（3）风格

风格是 PPT 给听众的整体印象或感觉。根据 PPT 内容的主题和关键词来决定风格。例如，PPT 的风格可分为商务类、科技类、中国风、简约风等。演示文稿的风格一般通过“母版”进行设计，遵循的原则如下。

① 母版背景不要使用与文字对比度较低的图片或图案，一般采用空白背景或与文字对比度高的颜色，以凸显幻灯片上的文本等对象。

② 选择合适的字体，区分标题和正文字体的大小，标题统一用一种字体，正文统一用一种字体。正式场合中文字体用黑体为好，英文字体用 Airal、Tahoma 为好。

③ 能用图不用表，能用表不用文字。

④ 每条论点的文字不超过一行，切记大自然段。

⑤ 正式场合尽量少用无意义的声音和动画。

⑥ 每张幻灯片所传达的概念不超过 5 个。

⑦ 有时候简单就是最好的风格。

（4）布局

① 单张幻灯片布局要有空余空间，演示文稿中的每张幻灯片内容要有均衡感，不要过分填充某张幻灯片的内容。

② 注意四周的留白是否一致，文字或图片离边距是否一致。

③ 调整文字大小，以满足现场最后一排听众能看清幻灯片上的文字为准。

（5）色彩

① 同一页面颜色数量不超过 5 种，颜色太多会分散观众注意力。

② 区分页面主色和辅色，利于突出重点。

③ 建议每张幻灯片的背景色调一致。

④ 利用“幻灯片浏览”模式，可查看颜色有无不协调。

⑤ 色彩要符合演讲场合的氛围和内容的主题。

职场中最好用的配色方案是黑色配白色或浅灰色、黑色配黄色、白色配蓝色，可以显示出科技感。最不适宜的配色是红绿、红紫、蓝黑、蓝黄等。

（6）工具

① 善于学习并借鉴优秀 PPT 演示文稿的风格、布局和颜色。例如，微软的官方模板网站——OfficePLUS 提供了大量免费的学术答辩模板。

② 善于搜集各种演示文稿的素材库。图片素材网站如全景网、素材天下、景象图片、花瓣等，注意这些网站上的图片如果用于商业场合会涉及版权问题。另外，通过安装 PPT 美化大师插件，也能找到各种免费的图标和逻辑关系图表等素材。字体素材网站有方正字库和找字网。

3. PowerPoint 2016 工作界面

PowerPoint 的工作界面整齐而简洁，类似于 Word 和 Excel，如图 6-1 所示。

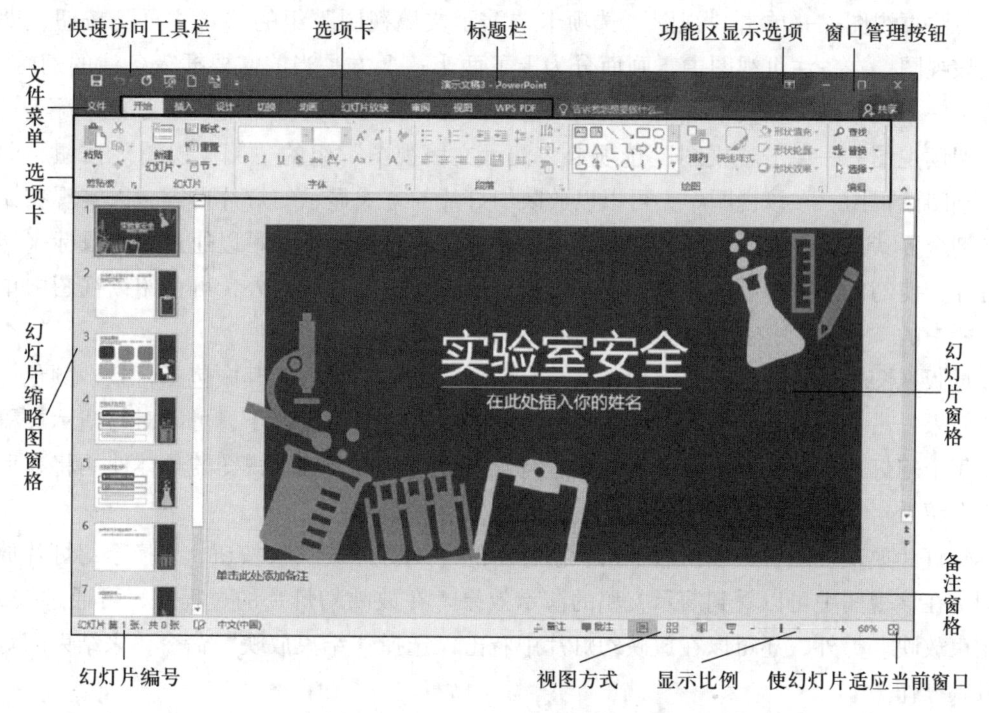

图 6-1 PowerPoint 2016 工作界面

“幻灯片缩略图窗格”的作用是显示当前幻灯片演示程序中所有幻灯片的预览或标题，供用户选择以进行浏览或播放。另外，在该窗格中还可以实现新建、复制和删除幻灯片以及新增节、删除节和重命名节等功能。

“幻灯片窗格”是 PowerPoint 的普通视图中最主要的窗格。在该窗格中，既可以浏览幻灯片的内容，也可以选择功能区中的各种工具，对幻灯片的内容进行修改。

“备注窗格”是在设计幻灯片时，在某些情况下可能需要在幻灯片中标注一些提示信息。如果不希望这些信息在幻灯片中显示，则可将其添加到备注窗格。通常是对该张幻灯片内容的详细介绍。

4. PowerPoint 2016 视图方式

PowerPoint 文稿视图包括普通视图、大纲视图、幻灯片浏览视图、备注页视图、阅读视图、母版视图以及状态栏中的幻灯片放映视图 7 种视图方式。

普通视图——单击“视图”选项卡“演示文稿视图”组的“普通”按钮，即可切换到普通视图，该视图为 PowerPoint 的主要编辑视图，也是 PowerPoint 默认视图，可以逐张编辑幻灯片。左侧窗格按顺序显示每张幻灯片的缩略图。

大纲视图——单击“视图”选项卡“演示文稿视图”组的“大纲视图”按钮，即可切换到大纲视图。左侧窗格中按顺序和层次关系显示每张幻灯片的文本内容。

幻灯片浏览视图——单击“视图”选项卡“演示文稿视图”组的“幻灯片浏览”按钮，即可进入该视图。该视图以缩略图形式显示幻灯片内容，便于查看与重新排列幻灯片，添加或删除幻灯片，预览幻灯片切换效果。但该视图无法编辑幻灯片上的对象。

备注页视图——单击“视图”选项卡“演示文稿视图”组的“备注页”按钮，即可进入该视图。在备注页视图中，画面分为上下两半；上方是当前需要插入备注的幻灯片；下方是一个文本框，在文本框中可以输入备注内容，并可将其打印出来作为演讲稿。

阅读视图——单击“视图”选项卡“演示文稿视图”组的“阅读视图”按钮，即可切换到阅读视图。在该视图中，可以以放映幻灯片的方式显示幻灯片内容，以实现在无须切换到全屏状态下，查看动画和切换效果的目的。在该视图下，可以通过单击鼠标来切换幻灯片，使幻灯片按照顺序显示，直至阅读完所有的幻灯片。另外，可在阅读视图中单击状态栏中的“菜单”按钮来查看或操作幻灯片。

母版视图——是存储有关演示文稿共有信息的主要幻灯片，其中包括背景、颜色、字体、效果、占位符大小和位置。使用母版视图的一个主要优点在于，可以对与演示文稿关联的每个幻灯片、备注页或讲义的样式进行全局更改。关于母版视图的具体使用将在后面章节介绍。

幻灯片放映视图——单击右下角状态栏中的“幻灯片放映”按钮，切换至幻灯片放映视图，在该视图中可以看到演示文稿的演示效果。在放映幻灯片的过程中，可通过按 Esc 键结束放映。另外，还可以在放映幻灯片中右击，选择“结束放映”命令，来结束幻灯片的放映操作。

6.2.2 PowerPoint 的基本操作

1. 创建演示文稿

一份演示文稿由若干张幻灯片组成，每张幻灯片上可以有文字、表格、图形、图片、声音和视频，以扩展名 .pptx（PowerPoint 2003 及之前的版本，扩展名为 .ppt）保存。创建演示文稿有多种方式：创建空白演示文稿，创建常用模板演示文稿，创建类别模板演示文稿。这些方式需要选择“文件”菜单，再单击“新建”选项后在“可用的模板和主题”中选择。一般采用“空白演示文稿”方式。

（1）创建空白演示文稿

在“新建”页面的左上角选择“空白演示文稿”选项，创建空白演示文稿。除此之外，也可通过快速访问工具栏中的“新建”命令来创建空白演示文稿。对于初次使用 PowerPoint 2016 的用户来讲，需要单击快速访问工具栏右侧的下拉按钮，在其列表中选择“新建”选项，将“新建”命令添加到快速访问工具栏中。然后，直接单击快速访问工具栏中的“新建”按钮，即可创建空白演示文稿，如图 6-2 所示。也可在打开的演示文稿中按 Ctrl+N 键快速创建空白演示文稿。

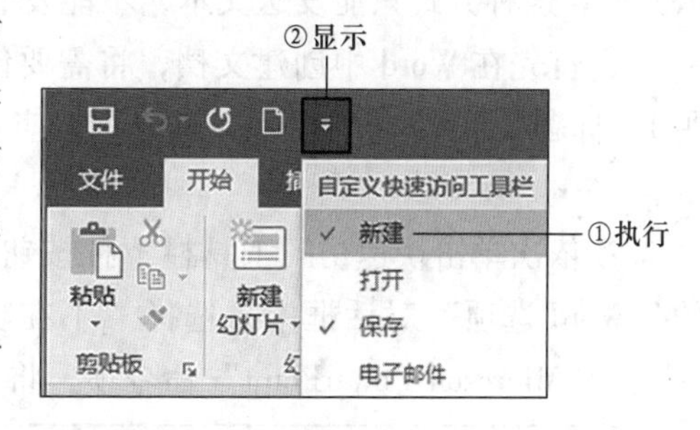

图 6-2 快速创建空白演示文稿

（2）创建常用模板演示文稿

PowerPoint 2016 为用户准备了一些模板，让用户根据实际需求创建不同类型的演示文稿。单击“文件”菜单的“新建”命令项，系统只会在该页面中显示固定的模板样式以及最近使用的模板演示文稿样式。在该页面中选择所需要的模板类型，如图 6-3 所示。

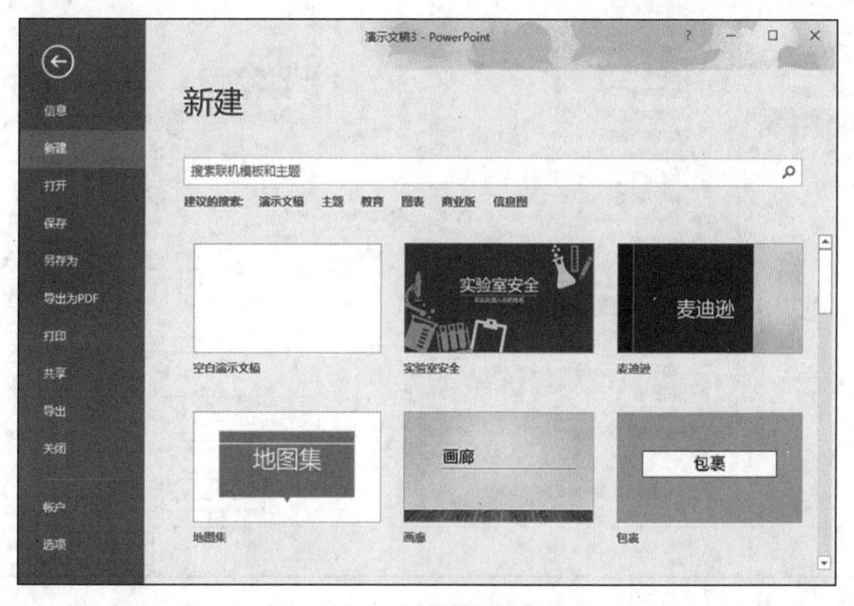

图 6-3 选择模板类型

接着在弹出的创建页面中预览模板文档内容，并单击“创建”按钮。在新建模板列表中，单击模板名称后面的按钮，即可将该模板固定在列表中，便于下次使用。

（3）创建类别模板演示文稿

在“新建”页面中的“建议的搜索”列表中选择相应的搜索类型，即可新建该类型的相关演示文稿模板。例如，在此选择“演示文稿”选项。然后，在弹出的“演示文稿”模板页面中选择模板类型，或者在右侧的“类型”窗口中选择模板类型，然后在列表中选择相应的演示文稿模板即可。

在“搜索联机模板和主题”文本框中输入需要搜索的模板名称，单击“搜索”按钮即可创建搜索后的模板演示文稿。例如，在此输入“毕业答辩”，即可在网上找到相关的模板。

（4）从 Word 文档中发送

可以在 Word 中编辑完成相关文档，再将其大纲发送到 PowerPoint 中快速形成新的演示文稿。这种方式只能发送文本，不能发送图像、图表。

① 首先在 Word 中创建文档，将需要传送到 PowerPoint 的段落分别应用内置的样式标题 1、标题 2、标题 3、……，其分别对应 PowerPoint 幻灯片中的标题、一级文本、二级文本、……

② 依次单击快速访问工具栏下拉按钮，在其列表中选择“其他命令”选项、在弹出的“Word 选项”对话框中，选择“不在功能区中的命令”选项，如图 6-4 所示。找到“发送到 Microsoft PowerPoint”命令项，将其添加到快速访问工具栏中。

图 6-4 选择“发送到 Microsoft PowerPoint”选项

③ 单击快速访问工具栏中新增加的“发送到 Microsoft PowerPoint”按钮，即可将应用了内置样式的 Word 文本自动发送到新创建的演示文稿中。

2. 保存演示文稿

创建完演示文稿之后，为了保护文稿中的格式及内容，还需要及时将演示文稿保存在本地存储器中。对于新建演示文稿，则需要选择“文件”菜单中的“保存”或“另存为”命令，在展开的“另存为”列表中选择“这台电脑”选项，并单击右侧列表中的位置，或选择“浏览”选项，在弹出的“另存为”对话框中选择保存路径，设置保存名称和类型，单击“保存”按钮即可。对于已保存过的演示文稿，直接单击快速访问工具栏中的“保存”按钮，即可直接保存文件。

PowerPoint 默认的保存类型为“PowerPoint 演示文稿”，其扩展名为 . pptx，该类型以后可以再次编辑。另外，其他常用的保存类型及扩展名如下。

（1）保存为 PowerPoint 放映文档

该类型文档的扩展名为 . ppsx，是在幻灯片放映视图中打开的演示文稿，因此不能对其进行编辑。优点是，即便计算机上未安装 Microsoft Office 2016，也能播放演示文稿。

（2）保存为 PDF 文档格式

该类型文档的扩展名是 . pdf，PDF（portable document format，意为“便携式文档格式”）是由 Adobe Systems 开发的支持跨平台（各种操作系统下都能使用）的文件格式。PDF 文件无论在哪种打印机上都可保证精确的颜色和准确的打印效果。在该格式下，文档不能再被编辑，可用于共享。

（3）保存为 Windows Media 视频

该类型文档的扩展名是 . wmv，该类型使演示文稿可以保存为 wmv 格式的视频文档。wmv 文件格式可以在 Windows Media Player 之类的多种媒体播放器上播放。视频文档可以按高质量、中等质量和较低质量进行保存。

3. 幻灯片的页面设置和基本操作

（1）页面设置

PowerPoint 可以制作多种类型的演示文稿，由于每种类型的幻灯片的尺寸不完全相同，所以还需通过 PowerPoint 的页面设置对制作的演示文稿进行编辑，制作出符合播放设备尺寸的演示文稿。设置幻灯片大小、方向的具体方法如下。

① 在“设计”选项卡的“自定义”组中，单击“幻灯片大小”按钮，在弹出的列表中选择宽屏或标准屏。

② 如需自行定义幻灯片大小，可单击其中的“自定义幻灯片大小”命令，在弹出的如图 6-5 所示的对话框中，进一步设置宽度、高度、方向、幻灯片起始编号等。

（2）幻灯片的基本操作

演示文稿建立后，常常需要创建若干张幻灯片用以表达所需展示的内容。

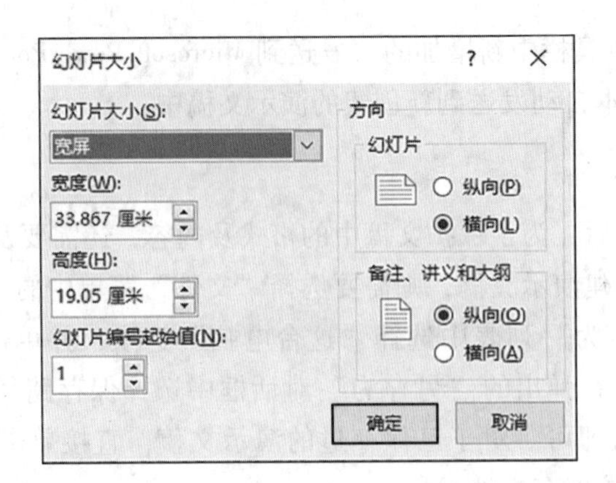

图 6-5 “幻灯片大小”对话框

若要插入幻灯片，首先要选中当前幻灯片，它代表插入位置，新幻灯片将插入在当前幻灯片后面。删除幻灯片是将当前选中的幻灯片删除。此外还包括幻灯片的选择、复制、移动等操作。具体方法如下。

① 插入幻灯片。插入幻灯片之前，需要先对插入点进行定位。可以在普通视图左侧的“幻灯片缩略图”窗格中两张缩略图之间单击鼠标左键，插入定位点；也可以选定想插入幻灯片位置之前的一张幻灯片，作为插入点，如图 6-6 所示。

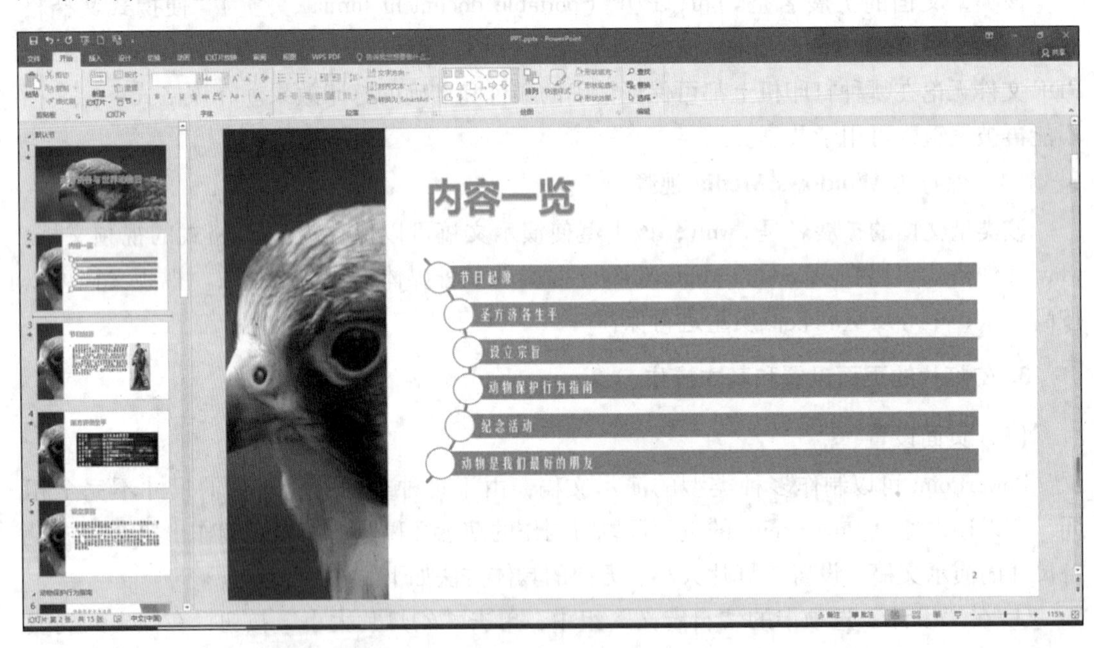

图 6-6 “幻灯片缩略图”窗格

插入方法有三种。第一种是单击“开始”选项卡“幻灯片”组的“新建幻灯片”按钮旁边的黑色三角箭头，先选择版式，单击即可在插入点插入一张新幻灯片。版式确定了幻灯片内容的布局。第二种是在插入点位置右击，在弹出的快捷菜单中选择“新建幻灯片”命令。第三种是在幻灯片浏览视图下，移动光标到需插入幻灯片的位置，当出现黑色竖线时，右击，在弹出的快捷菜单中选择“新建幻灯片”命令，也可在当前位置插入一张新幻灯片。

② 选择幻灯片。在普通视图下窗口左侧的“幻灯片缩略图”窗格中，可采用以下方法选定幻灯片。

方法1：单击某张幻灯片即可选中该幻灯片。

方法2：单击选中首张幻灯片，再按 Shift 键再单击最后一张幻灯片，可选中连续的多张幻灯片。

方法3：单击选中某张幻灯片，按住 Ctrl 键再单击其他幻灯片，可选中不连续的多张幻灯片。

③ 删除幻灯片。在“幻灯片缩略图”窗格中选定要删除的幻灯片，右击，在右键菜单中选择“删除幻灯片”命令，或直接按 Delete 键进行删除。

④ 复制幻灯片。先在“幻灯片缩略图”窗格中选定要复制的幻灯片，再通过下面两种方法来完成。

方法1：右击，从弹出的快捷菜单中选择“复制幻灯片”命令，将会在当前幻灯片的后面插入副本。

方法2：右击，从弹出的快捷菜单中选择“复制”命令，或直接单击“剪贴板”组的“复制”按钮，再将光标定位到目标位置，选择“粘贴”命令。

⑤ 移动幻灯片。先在“幻灯片缩略图”窗格或“幻灯片浏览”窗格中选定要移动的幻灯片，再通过下面两种方法来完成。

方法1：按住鼠标左键拖动幻灯片到目标位置即可。

方法2：利用“剪切”和“粘贴”命令来实现。

⑥ 重用幻灯片。重用即需要复制已有的幻灯片，可通过“复制/粘贴”功能在不同的演示文稿间传递数据。也可利用 PowerPoint 自带的“重用幻灯片”功能来实现。具体方法是，在打开的演示文稿中，单击“开始”选项卡“幻灯片”组中的“新建幻灯片”按钮旁边的黑色三角箭头，从下拉列表中选择“重用幻灯片”命令，在右侧的“重用幻灯片”窗格中，单击“浏览”按钮，从下拉列表中选择“浏览文件”命令。选择重用的演示文稿所在目录，选中文件后，单击“确定”按钮。右侧窗口列出该演示文稿的所有幻灯片，单击要重用的幻灯片缩览图，所需幻灯片自动插入到当前位置。如果需要保留原幻灯片的格式，可勾选下方的“保留源格式”复选框。

4. 组织和管理幻灯片

演示文稿中的幻灯片较多，为了有效地组织和管理幻灯片，可以为幻灯片添加编号、日期和时间，特别是通过将幻灯片分节来更加有效地细分和导航一份复杂的演示文稿。

（1）添加幻灯片编号

① 首先在“视图”选项卡“演示文稿视图”组中，单击“普通”按钮切换到普通视图。

② 在左侧的“幻灯片缩略图”窗格中单击选中某张幻灯片缩略图。

③ 在“插入”选项卡“文本”组中，单击“幻灯片编号”按钮，如图 6-7 所示。打开“页眉和页脚”对话框，如图 6-8 所示。

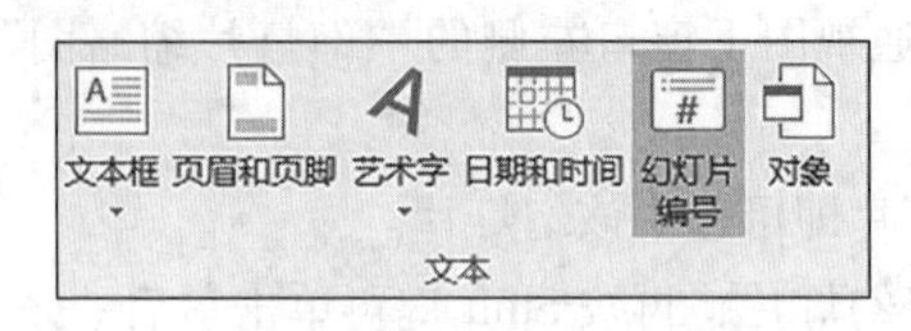

图 6-7 “幻灯片编号”按钮组

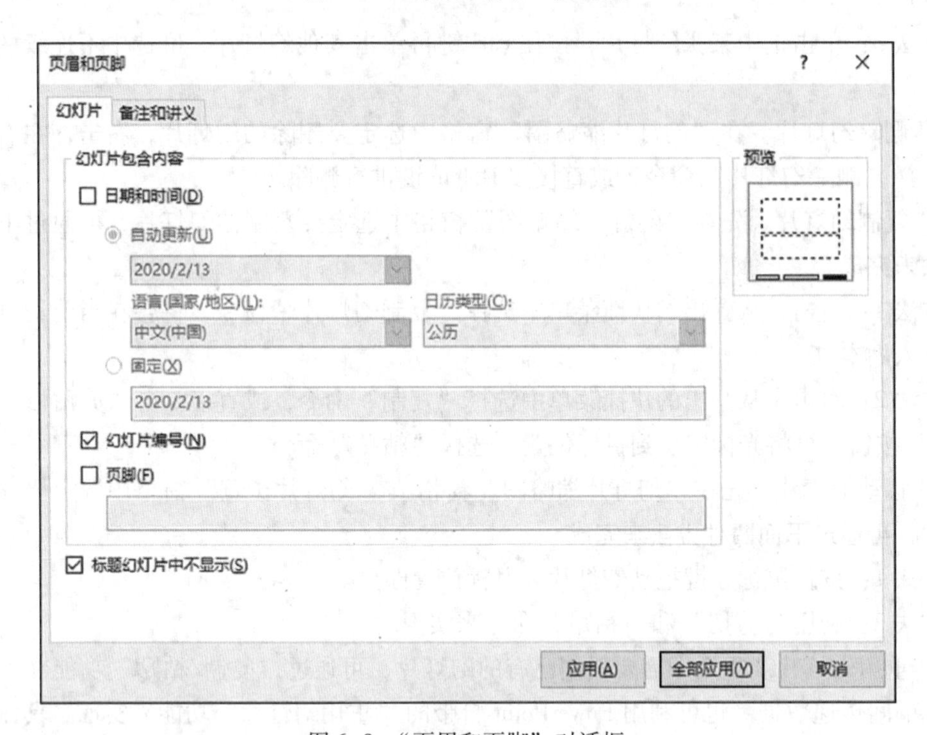

图 6-8 “页眉和页脚”对话框

④ 在“页眉和页脚”对话框中的“幻灯片”选项卡中，勾选“幻灯片编号”复选框。

⑤ 如勾选“标题幻灯片中不显示”复选框，则在标题幻灯片中不出现编号。

如果只希望为当前选中的幻灯片添加编号，则单击“应用”按钮。如果希望统一为所有的幻灯片添加编号，则单击“全部应用”按钮。

（2）更改幻灯片起始编号

默认情况下，幻灯片的编号从 1 开始。如果要更改起始编号，参考上述“页面设置”内容。

（3）添加日期和时间

在普通视图下，可以为指定幻灯片添加日期和时间。

① 在普通视图的“幻灯片”选项卡中单击选中某一张幻灯片缩略图。

② 在“插入”选项卡“文本”组中，单击“日期和时间”按钮，打开“页眉和页

脚”对话框。

③ 在“页眉和页脚”对话框的“幻灯片”选项卡中，勾选“日期和时间”复选框，然后选择“自动更新”或“固定”单选按钮。“自动更新”会在每次打开演示文稿时显示当前日期，而“固定”则显示固定不变的日期，以记录最后一次更改演示文稿的日期。

④ 如果不希望标题幻灯片中出现日期和时间，则应同时勾选“标题幻灯片中不显示”复选框。

⑤ 如果只希望为当前选中的幻灯片添加日期和时间，则单击“应用”按钮；如果希望统一为所有的幻灯片添加日期和时间，则应单击“全部应用”按钮。

（4）将幻灯片组织成节的形式

如果演示文稿包含的幻灯片张数较多，为了便于管理和查看，可以为幻灯片分节，以实现分门别类的管理。每个节包含同类型的内容，不同节可以拥有不同的主题、切换方式。

可以在普通视图左侧的“幻灯片缩略图”窗格中查看节，编辑节。也可以在幻灯片浏览视图下查看、编辑。

① 新增节。首先，光标定位到新增节的位置（两张幻灯片之间或某张幻灯片上），右击。在弹出的快捷菜单中选择“新增节”命令，在指定位置插入一个默认的节名“无标题节”。

② 重命名节。在节名上右击，在弹出的快捷菜单中，选择“重命名节”命令，在弹出的对话框中，输入新的节名称，单击“重命名”按钮。

③ 对节进行操作。

选择节：通过单击节名称，来选中该节的所有幻灯片。以便于统一应用切换方式、主题等。

展开/折叠节：单击节名称旁边的三角形图标。

移动节：右击节名称，在菜单中选择“向上移动节”或“向下移动节”命令。

删除节：右击节名称，选择“删除节”命令。

删除节中的幻灯片：单击选中节，按 Delete 键即可删除当前节及节中的幻灯片。

6.2.3 PowerPoint 的内容设计

1. 版式

幻灯片的版式确定了幻灯片内容的布局和格式。PowerPoint 内置了 11 种标准版式，如图 6-9 所示。它包含了在幻灯片上显示的全部内容的格式设置、位置和占位符。

占位符是位于幻灯片版式中带有虚线边框的部分，用户可以在占位符中进行文字输入或图片插入等操作。它实际上是一类特殊的文本框，包含了预设的格式，可按需要更改其格式、移动其位置。大多数内置幻灯片版式均包含内容占位符，如图 6-10 所示。

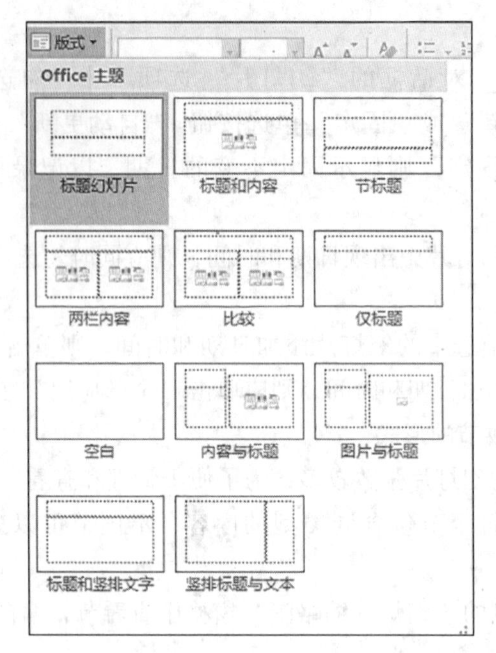

图 6-9　内置版式

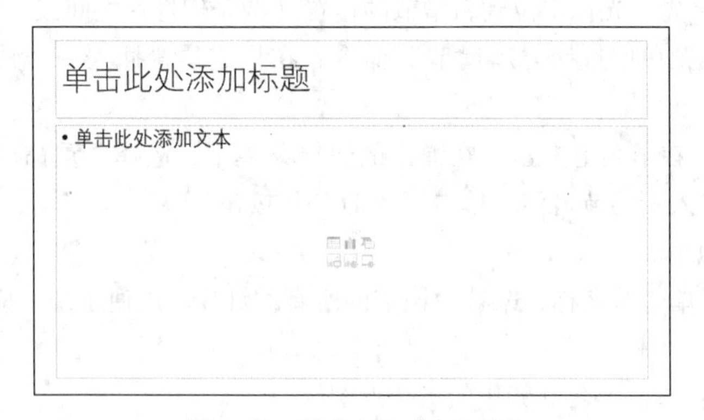

图 6-10　版式中的“占位符”

标题幻灯片版式一般用于演示文稿的第一张幻灯片。标题和内容版式一般用于除首张幻灯片之外的其余幻灯片。节标题版式用于分节后，每节的第一张幻灯片。空白版式未添加占位符，可自由添加内容，一般用于最后一张致谢的幻灯片。

应用内置版式的方法是在左侧的“幻灯片缩略图”窗格中，选中要更改版式的幻灯片，再单击“开始”选项卡“幻灯片”组的“版式”按钮，在弹出的列表中，选择对应的版式。

创建自定义版式和重命名版式的内容请参考 6.2.4 节“母版”部分。

2. 文本

幻灯片中的文本包括标题文本、正文文本。正文文本又按层级分为第一级文本、第二级文本、第三级文本、……，下级文本相对上级文本向右缩进一级，如图 6-11 所示。文本除了在占位符中输入以外，还可在文本框和大纲视图左侧进行编辑。

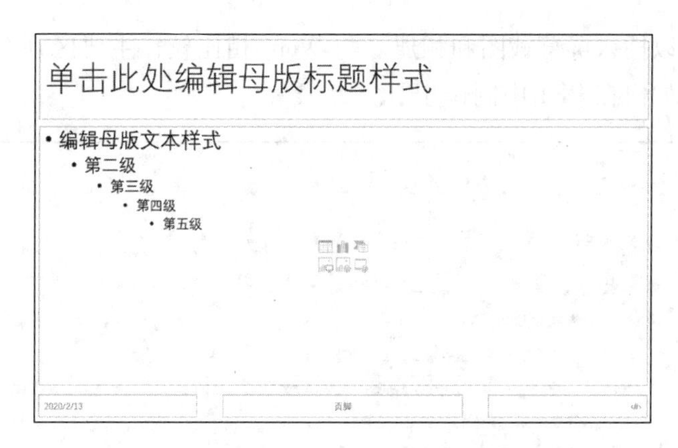

图 6-11 正文层级

（1）占位符

在占位符中单击，即可进入文本编辑状态。

（2）文本框

在幻灯片上可插入文本框来输入文本。其方法如下。

① 在“插入”选项卡“插图”组中，单击“形状”按钮，在弹出的列表中选择“基本形状”下的文本框或其他图形，在幻灯片中拖动鼠标绘制图形，然后在其中输入文字或右击编辑文字。

② 在“插入”选项卡“文本”组中，单击“文本框”按钮，在幻灯片中拖动鼠标绘制文本框，然后在其中输入文字。

文本框的样式和格式可以通过“绘图工具|格式”选项卡中的“形状样式”组和“大小”组来进一步设置。选择需要转换为艺术字的普通文本，在“绘图工具|格式”选项卡的“艺术字样式”组中，单击“其他”按钮，在“艺术字样式”列表中选择一种样式。

（3）嵌入字体

如果在 PPT 中使用了第三方软件的字体，会发现当演示文稿放到其他计算机上演示时，原有字体效果都丢失了，变成了系统默认的字体。那么，这时需要将字体嵌入到 PPT 文件中。具体方法如下。

① 打开演示文稿，单击“文件”菜单的“选项”命令项，进入“PowerPoint 选项”对话框。

② 在“PowerPoint 选项”对话框中，单击“保存”选项，勾选右下方的“将字体嵌入文件”复选框，如图 6-12 所示。选择任一种嵌入模式，单击“确定”按钮，保存文件。

3. 图片和图形

（1）图片

在 PowerPoint 中可以插入本机图片和联机图片，其中联机图片需要从网上搜索并下载到本机。此外还可以插入屏幕截图和相册。与 Word 相比较，主要区别在于增加了相册这一功能。下面介绍如何在 PPT 中制作相册。

图 6-12 嵌入字体设置

如果有大量的图片文件需要制作成幻灯片来展示，最方便快捷的办法是利用“相册”的功能，具体步骤如下。

① 将需要展示的图片组织在一个文件夹下，然后新建一个空白演示文稿。

② 在“插入”选项卡的“图像”组中，单击“相册”按钮，打开“相册”对话框，如图 6-13 所示。

③ 单击“文件/磁盘”按钮，打开“插入新图片”对话框。

④ 在该对话框中，通过 Ctrl 键和 Shift 键辅助选择多张图片，单击“插入”按钮，返回“相册”对话框。

⑤ 在“相册版式”组中进行下列设置。

a. 在“图片版式”下拉列表中选择一个版式。

b. 在“相框形状”下拉列表中选择一个相框样式。

c. 单击“主题”右侧的“浏览”按钮，为相册选择一个主题。

⑥ 单击“创建”按钮，将会自动按设定的格式创建一份相册。

⑦ 为每张幻灯片添加合适的标题并保存。

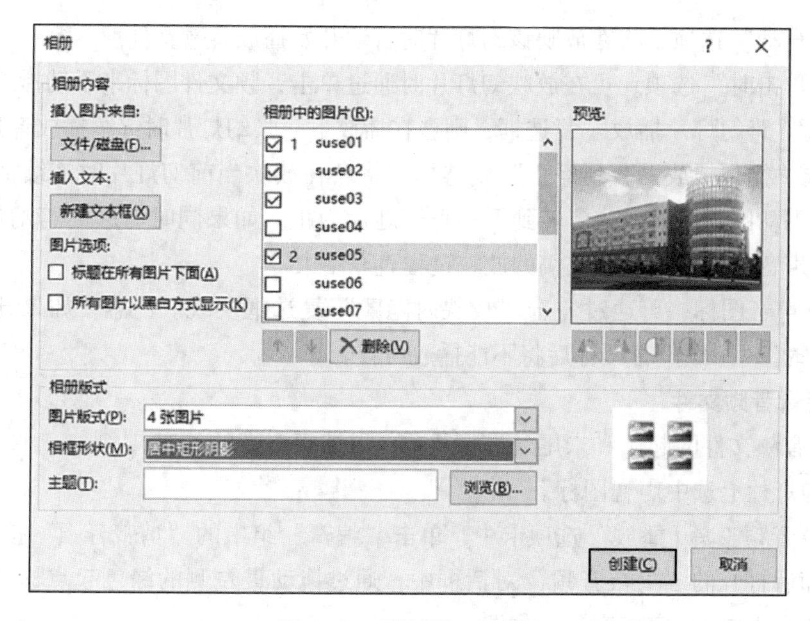

图 6-13 “相册”对话框

(2) 图形

在 PowerPoint 中也可插入 SmartArt 智能图形和绘制形状，具体用法请参考 Word 中的 SmartArt 智能图形和绘制形状的操作。

4. 表格和图表

在 PowerPoint 中也可插入表格和图表，具体用法请参考 Word 中的表格和图表的操作。

5. 音频和视频

(1) 添加音频文件

首先添加幻灯片，单击“插入”选项卡“媒体”组中的“音频”按钮，选择“PC 上的音频”命令，在弹出的“插入音频”对话框中，选择相应的音频类型，并单击“插入”按钮。

(2) 设置音频播放方式

① 选择幻灯片上的音频文件。

② 在“音频工具|播放”选项卡的“音频选项”组中，打开“开始”下拉列表，从中设置音频播放的开始方式，如图 6-14 所示。

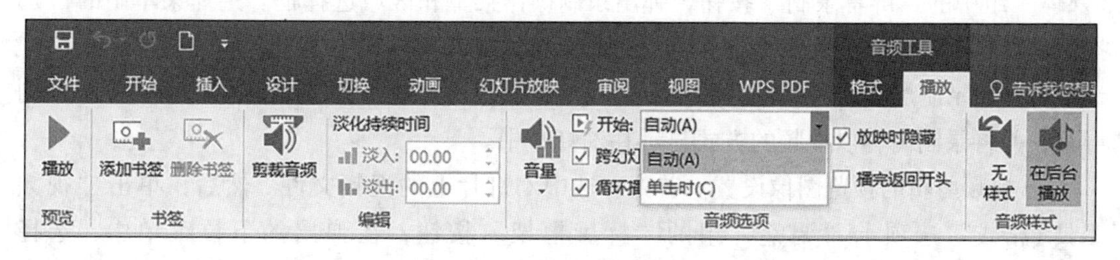

图 6-14 设置声音启动方式

选择“自动”选项，将在放映该幻灯片时自动开始播放音频文件。

选择“单击时”选项，可在放映幻灯片时通过单击音频文件图标来手动播放。

③ 勾选“跨幻灯片播放”复选框，则会在播放下一张幻灯片时继续播放音频文件。

④ 勾选“循环播放，直到停止”复选框，将会在放映当前幻灯片时连续播放同一音频文件直到手动停止播放，或者转到下一张幻灯片为止。如果同时勾选“跨幻灯片播放”复选框，则声音将会伴随演示文稿的放映过程直至结束。

⑤ 隐藏声音图标，可通过勾选“放映时隐藏”复选框实现。注意，如果开始方式设置为“单击时”，隐藏声音图标后将不能播放声音。

（3）剪辑音频文件

可以对音频文件的起始和末尾处进行裁剪，以缩短声音的长度。

① 在幻灯片上选中声音图标。

② 在“音频工具|播放”选项卡中，单击“编辑”组中的“剪裁音频”按钮。

③ 在随后打开的“剪裁音频”对话框中，通过拖动最左侧的绿色起点标记和最右侧的红色终点标记重新确定声音起止位置。

④ 单击“确定”按钮完成剪裁。

（4）删除音频剪辑

① 在普通视图中，选择包含了音频文件的幻灯片。

② 单击选中声音图标，然后按 Delete 键。

（5）添加视频

添加视频文件到幻灯片中，可以增强演示文稿的内容表现力。其中，所插入的视频文件主要包括 avi、asf、mpeg、wmv 等格式的文件。

① 插入本地视频。单击“插入”选项卡“媒体”组中的“视频”按钮，选择“PC上的视频”命令，在弹出的“插入视频文件”对话框中选择视频文件，单击“插入”按钮。也可在包含“内容”版式的幻灯片中，通过单击占位符中的“插入视频文件”图标来插入视频。

② 插入联机视频。PowerPoint 2016 提供了联机视频的功能，通过该功能可以查找位于 YouTube 网站上的视频或粘贴视频代码从网站插入视频。但是该项功能在国内目前不可使用。

③ 录制屏幕。该功能可以录制屏幕中的一些操作或视频播放。单击“插入”选项卡“媒体”组中的“屏幕录制”按钮，弹出录制操作菜单和区域选择框。选择菜单中的“选择区域”选项，可重新选择录制区域。选择区域之后，在屏幕顶端的菜单中选择“录制”选项可开始录制屏幕。录制完后，在屏幕顶端的菜单中选择“停止录制”选项可停止录制屏幕，并将录制内容以视频的方式显示在幻灯片中。

④ 视频剪辑的预览图像设置。首先，选中幻灯片上的视频文件。然后，单击“视频工具|格式”选项卡“调整”组的“标牌框架”按钮，在弹出的下拉菜单中，选择“文件中的图像”命令项。在弹出的“插入图像”对话框中，单击“从文件”选项的

“浏览”按钮，选择本机上的图像文件后，单击“打开”按钮，即可添加视频剪辑的预览图像。

（6）多媒体元素的优化和压缩

① 优化媒体文件的兼容性。当演示文稿需要共享时，或需要在另外的计算机上进行演示时，包含视频和音频文件的演示文稿在放映时可能出现播放问题，通过优化媒体文件的兼容性可以解决这一问题。

具体方法是，首先打开演示文稿，在“文件”菜单中选择“信息”命令。如果在其他计算机上播放演示文稿的媒体可能引发兼容性问题，右侧会出现“优化媒体兼容性”选项。单击该选项按钮进行优化。

② 压缩媒体大小。音频和视频等媒体文件所占存储空间较大，嵌入到幻灯片后会导致演示文稿过大。通过压缩媒体文件，可以提高播放性能并节省磁盘空间。

具体方法是，打开包含音视频文件的演示文稿，在“文件”菜单中选择“信息”命令。在右侧单击“压缩媒体”按钮，打开下拉列表。在该列表中单击某一媒体的质量选项，该质量选项决定了媒体所占空间的大小。

6.2.4 PowerPoint 的全局设计

全局设计，又称为整体设计，是从全局上考虑整个演示文稿幻灯片的主题、背景和母版设置，以提高编辑效率，统一外观风格。

1. 主题

幻灯片主题是应用于整个演示文稿的各种样式的集合，包括颜色、字体和效果三大类。PowerPoint 预设了多种主题供用户选择，除此之外还可以通过自定义主题样式，来弥补预设主题样式的不足。

（1）应用主题

在 PPT 中更改主题样式时，默认情况下会同时更改所有幻灯片的主题。只需单击“设计”选项卡“主题”组中的“平面”按钮，即可将“平面”主题应用到整个演示文稿中。更多的内置主题可通过单击“主题”组右下角的“其他”按钮进行选择，如图 6-15 所示。对于某一张幻灯片，也可单独应用某种主题。选择幻灯片，在“主题”列表中选择一种主题，右击，选择“应用于选定幻灯片”命令即可。

（2）应用变体效果

PowerPoint 为用户提供了“变体”样式，该样式会使相同的主题呈现不同的背景色。

通过单击“设计”选项卡“变体”组中的某一种样式来应用。如果右击变体样式，选择“应用于所选幻灯片”命令，即可将变体效果只应用到当前幻灯片中。

（3）设置主题颜色

PowerPoint 内置了 23 种主题颜色，可根据幻灯片的内容，单击“设计”选项卡“变体”组中的“其他”按钮，在弹出列表中选择“颜色”命令，在其级联菜单中选择一种主题颜色。

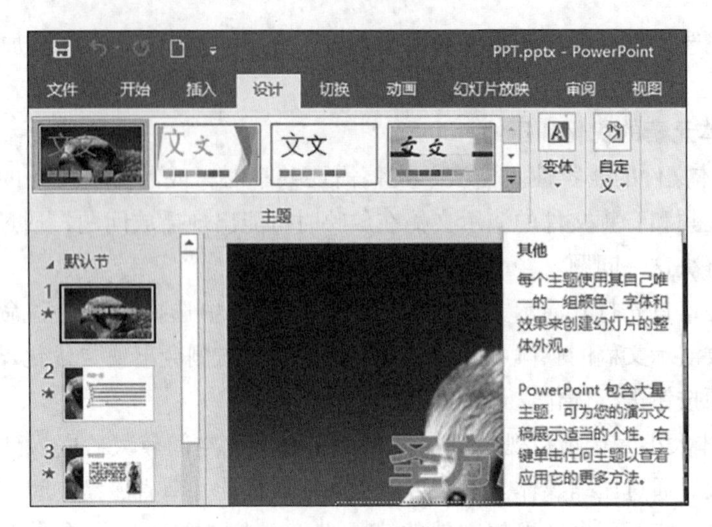

图 6-15 “主题”组的“其他”按钮

除内置的颜色外，还可以创建自定义的主题颜色。方法是单击“设计”选项卡“变体”组中的“其他”按钮，选择“颜色”→“自定义颜色”命令，自定义主题颜色。自定义颜色组合将会显示在颜色库列表中内置组合的上方以供选用。如设置的颜色有误，可通过“新建主题颜色”对话框左下角的“重置”按钮，来恢复默认的颜色设置。

（4）设置主题字体

PowerPoint 准备了 25 种主题字体，可根据幻灯片的内容，单击“设计”选项卡“变体”组中的“其他”按钮，选择“字体”命令，在其级联菜单中选择一种主题字体。

自定义主题字体主要是定义幻灯片中的标题字体和正文字体。方法是，首先对已应用了某一主题的幻灯片，单击“设计”选项卡“变体”组中的“其他”按钮，选择“字体”→“自定义字体”命令，弹出“新建主题字体”对话框，在该对话框中分别设置标题和正文的中西文字体，在“名称”文本框中为自定义主题字体命名。之后单击“保存”按钮，演示文稿中的标题和正文字体将会按新方案设置。

（5）设置主题效果

PowerPoint 提供了 15 种主题效果，可根据幻灯片的内容，单击“设计”选项卡“变体”组中的“其他”按钮，选择“效果”命令，在其级联菜单中选择一种主题效果。

在完成自定义主题颜色、字体、效果后，可单击“设计”选项卡“主题”组中的“其他”按钮，选择“保存当前主题”命令保存自定义主题。

2. 背景

幻灯片的主题背景通常是内置的背景格式，与预设主题一起提供，需要时可以对背景样式重新设置，创建符合演示文稿内容要求的背景填充样式。

（1）应用默认背景样式

PowerPoint 为每个主题提供了 12 种背景样式以供选用。既可以改变演示文稿中所有幻灯片的背景，也可以只改变指定幻灯片的背景。具体方法是，单击“设计”选项卡“变体”组中的“其他”按钮，选择“背景样式”命令，在其级联菜单中选择一种样式即可应用到演示文稿的所有幻灯片上。如果只希望改变部分幻灯片的背景，则先选中这些幻灯片，再在所选背景样式中右击，在弹出的菜单中选择“应用于所选幻灯片”命令，其他未选择的幻灯片背景不变。

（2）自定义背景格式

① 选择需要自定义背景的幻灯片。

② 在“设计”选项卡“自定义”组中，单击“设置背景格式”按钮，打开“设置背景格式”窗格。

③ 在该窗格中可对背景格式进行设置，可应用于幻灯片的背景包含纯色填充、渐变填充、图片或纹理填充等。

④ 设置完毕，单击“全部应用”按钮，所设效果将应用于所选幻灯片。

3. 母版

幻灯片母版主要用来统一演示文稿中每张幻灯片的风格，用于存储有关PPT演示文稿的主题和幻灯片版式信息，包括背景、颜色、字体、效果、占位符大小和位置、幻灯片的页码、单位标志、切换效果等共性内容。

在“视图”选项卡的“母版视图”组中包含了幻灯片母版、讲义母版和备注母版。在此仅介绍幻灯片母版，其他两种母版的用法与之类似，只在应用的对象上有所区别。

（1）幻灯片母版

若要使所有的幻灯片包含相同的字体和图像（如徽标），在一个位置中便可以进行这些更改，即幻灯片母版，而这些更改将应用到所有幻灯片中。若要打开“幻灯片母版”视图，请在“视图”选项卡的“母版视图”组中单击“幻灯片母版”按钮，如图6-16所示。进入幻灯片母版视图，如图6-17所示。

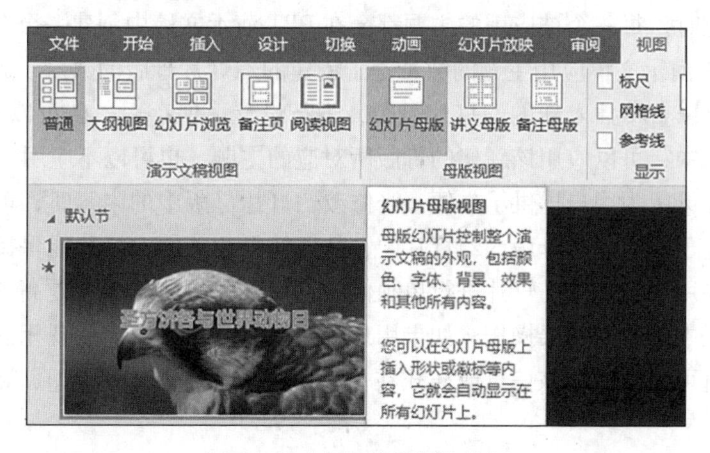

图6-16 “幻灯片母版”按钮

在图6-17中，幻灯片母版是窗口左侧缩略图窗格中最上方的幻灯片。与幻灯片母版相关的版式母版显示在此幻灯片母版下方。对幻灯片母版进行的设置，会自动显示在其余的 11 张版式母版页面上，但无法在其余的 11 张版式母版页面中选择和修改这些内容，所以说幻灯片母版是统领页，很重要。将鼠标指针放在幻灯片母版上时会显示“平面幻灯片母版：由幻灯片 1-3 使用”，这段文字说明了该母版是基于“平面”主题创建的母版，且文稿中的第 1~3 张幻灯片是基于该母版创建的。

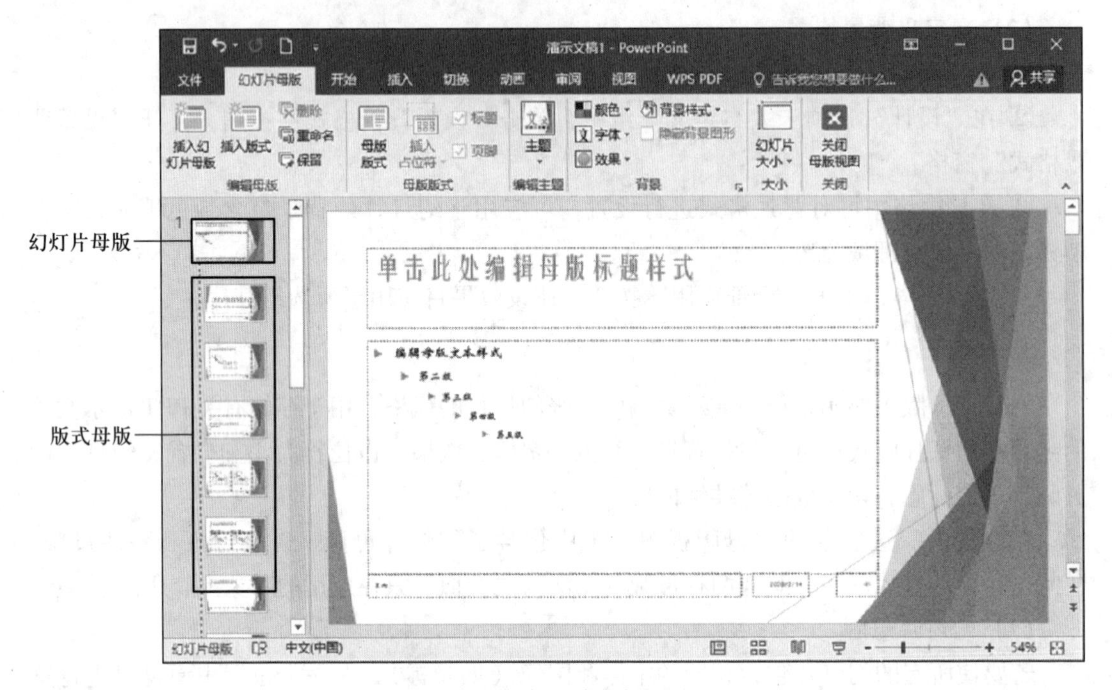

图 6-17 幻灯片母版视图

每个 PPT 演示文稿至少包含一个幻灯片母版，也即每个 PPT 演示文稿至少会应用一种主题，默认的主题为“Office 主题”。在一个 PPT 演示文稿中可以对不同的幻灯片应用不同的主题，此时，每一个被应用的主题都会在 PPT 演示文稿中创建一个对应的幻灯片母版，即一个 PPT 演示文稿应用主题的数量等于创建的幻灯片母版的数量。此外，在幻灯片母版视图中，可以直接插入新的幻灯片母版，进行设计、保存后，就可以成为一种主题，然后在普通视图中，可以应用该新建的母版所对应的主题，也可以不应用。

设计幻灯片母版为用户提供了方便，当修改幻灯片母版中的内容时，可以统一将该修改应用到所有基于该幻灯片母版的幻灯片中，从而使得相关的幻灯片能保持统一的风格和样式，而不需要用户对每张幻灯片进行单独修改，不仅节省了时间，提高了制作效率，还避免了制作过程中的遗漏和误操作。如果用户希望在多张幻灯片上展现相同的信息或相同的页面布局，就可以考虑将该信息或样式在母版中进行设计，如 LOGO、导航按钮、颜色背景等。

（2）版式母版

PowerPoint 2016 提供了“标题幻灯片”“标题和内容”“节标题”“两栏内容”等 11 种版式。每种版式所对应的母版即为版式母版，版式母版是幻灯片母版的重要组成部分，对于每一种主题，都有对应的 11 种版式母版。版式母版上的设置只能统一应用该版式的幻灯片格式。

例如，在毕业论文答辩PPT演示文稿的每一页，通常需要加上学校的有关信息，包括校名、院系名、校徽等，以表示正式场合和对学校的认可。这些信息如果在演示文稿中都出现在同一位置，并且具有相同格式，就可以放在幻灯片母版中，以提高编辑效率，统一外观。如果演示文稿不同版式的幻灯片中出现这些信息的位置不同，则需要放在版式母版中来设置，而不应放在幻灯片母版中设置。

新建版式母版的方法如下。

① 单击“视图”选项卡“母版视图”组的“幻灯片母版”按钮，进入幻灯片母版视图。

② 单击“插入版式”按钮，在幻灯片母版下新建一个版式母版。

③ 在此新建的版式母版上，可修改占位符的大小、位置，还可以通过单击“母版版式”组的“插入占位符”按钮，新建各种类型的占位符。

④ 在新建的版式母版上右击，选择“重命名版式”命令，可重命名版式母版。

（3）创建母版的时间

最好在开始制作各张幻灯片之前先创建幻灯片母版，而不要在构建了幻灯片之后再创建母版。如果先创建幻灯片母版，则添加到演示文稿中的所有幻灯片都会基于该幻灯片母版和版式母版。如果在创建了各张幻灯片之后再创建幻灯片母版，那么幻灯片上的某些项目可能会不符合幻灯片母版的设计风格。

（4）重命名幻灯片母版

① 在“视图”选项卡的“母版视图”组中，单击“幻灯片母版”按钮，进入幻灯片母版视图。

② 在左侧的幻灯片母版缩略图中，单击需要重命名的幻灯片母版。

③ 在“幻灯片母版”选项卡上的“编辑母版”组中，单击“重命名”按钮，或者直接在幻灯片母版上右击，在其快捷菜单中选择“重命名母版”命令，打开“重命名版式”对话框。

④ 在该对话框的“版式名称”文本框中输入一个新的母版名称，然后单击“重命名”按钮。

（5）使用幻灯片母版的注意事项

母版上的标题和文本只是用于格式设置，而幻灯片实际的标题和文本内容需要在普通视图下的幻灯片上输入。

在对幻灯片母版编辑结束之后，用户可以单击“幻灯片母版”选项卡中“关闭”组的“关闭母版视图”按钮，立刻关闭母版视图模式，切换回普通视图模式。每张幻灯片就会以母版中的设置作为默认设置，可以修改，但不会影响到母版中的设置。

前面介绍了模板、母版、版式、主题这些容易混淆的概念，下面再强调一下它们的主要区别。

版式：是指一张幻灯片上的标题、正文、图片等内容按什么样的方式进行排列、布局、摆放。

母版：主要是用来定义同一个演示文稿中每张幻灯片所具有的共同内容，建立统一的风格。这包括正文的位置与格式、背景图案以及单位信息、页码、页脚、日期等。

模板：用来设置某一类演示文稿的统一风格（颜色、字体和效果等），并应用到不同的演示文稿中。母版设置完成后只能在一个演示文稿中应用，要想一劳永逸、长期应用到不同的演示文稿中，那就需要保存为“PowerPoint 模板（ *. potx 或 *. potm)”，所以说模板包括母版的内容，母版只是模板的一部分。

主题：是指一张幻灯片上的颜色、字体、背景的搭配方案，主要是用来设置一张幻灯片的外观。可以导入现成的主题（内置的或外部的），也可以自定义主题，甚至导出自定义主题（. thmx）。

6. 2. 5 PowerPoint 的交互效果设计

1. 动画

为演示文稿中的文本、图片、形状、图表、SmartArt 图形添加动画效果可以使幻灯片中的这些对象按一定的规则和顺序运动起来，PowerPoint 提供了进入、强调、退出等几十种内置的动画效果，既能突出重点，吸引观众注意力，又使得放映过程有趣。但是，动画的使用要适可而止，过多使用动画也会分散观众注意力，不利于信息的传达。所以，要以适当、简化和创新的原则作为指导来设置动画。

(1) 将文本和对象制作成动画

① 选择要制作成动画的对象或文本。

② 从“动画”选项卡的“动画”组中选择一种动画，如果希望找到更多的动画效果，可单击“其他”按钮，如图 6-18 所示。在弹出的列表中，如图 6-19 所示，进一步选择，在列表下部有更多的效果选项可设置。

图 6-18 “动画”组

动画效果主要有以下 4 种类型。

“进入”效果类型：设置对象从外部进入或出现幻灯片播放画面的方式。

“强调”效果类型：设置播放画面中需要进行突出显示的对象，起强调作用。

“退出”效果类型：设置播放画面中的对象离开播放画面时的方式。

“动作路径”效果类型：设置播放画面中的对象路径移动的方式。

③ 在“动画”选项卡的“预览”组中，单击“预览”按钮，可测试动画效果。

在应用了动画的对象旁边出现的数字是不会被打印的，仅代表动画出现的先后顺序。

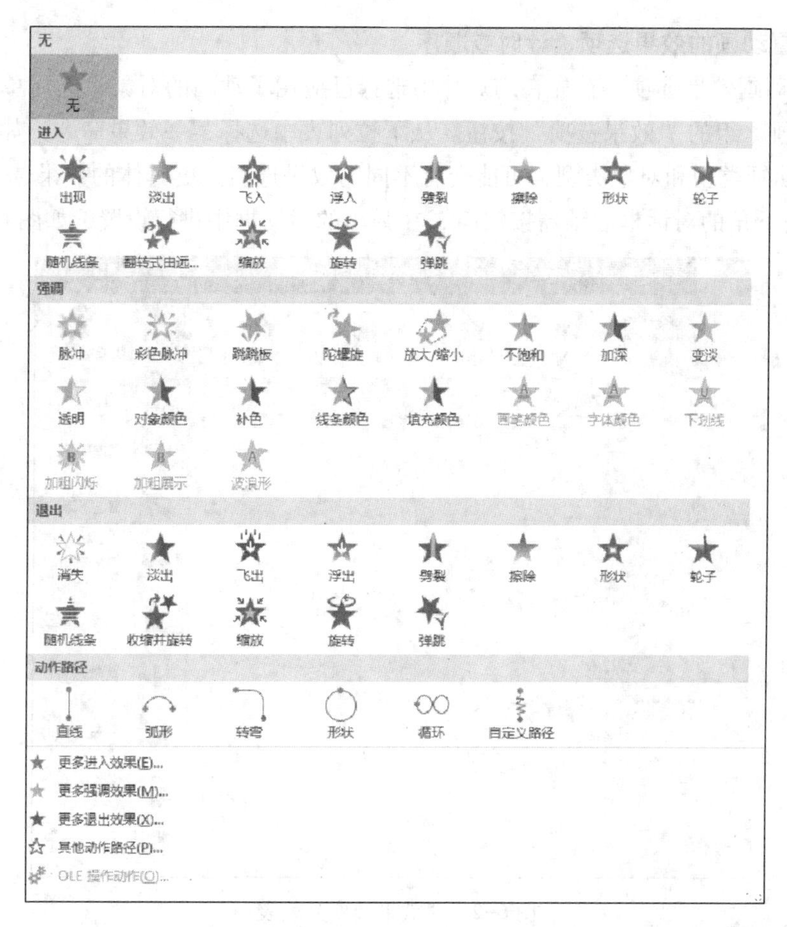

图 6-19 动画效果列表

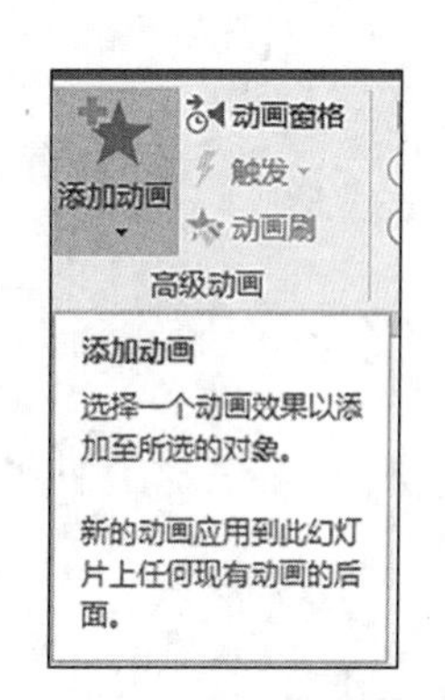

图 6-20 “高级动画”组

（2）为单个对象设置多个动画效果

可以为同一对象添加多个动画效果，具体方法是在为对象添加了第一个动画的基础上，单击“高级动画”组的“添加动画”按钮，如图 6-20 所示。从打开的下拉列表中选择要添加的动画效果。

（3）复制动画

利用动画刷可轻松实现动画的复制。具体方法如下。

① 在幻灯片中选中已应用了动画的文本或对象。

② 在“动画”选项卡的“高级动画”组中单击“动画刷”按钮。

③ 单击另一个对象，原动画的设置即可复制到该对象。双击“动画刷”按钮，即可将同一动画设置复制到多个对象上。

（4）删除动画

① 选中要删除动画的对象。

② 在“动画”组中，单击动画列表中的“无”选项。

（5）设置动画的效果选项、计时或顺序

① 设置动画效果选项。首先在幻灯片中选择已应用了动画的对象，然后单击“动画”选项卡“动画”组的“效果选项”按钮。从下拉列表中选择某一效果命令，如图6-21所示。不同的动画类型和对象类型，可能会有不同的效果选项。更具体的效果选项需要单击“动画”组右下角的对话框启动器按钮，在弹出的对话框中进行设置，如图6-22所示。

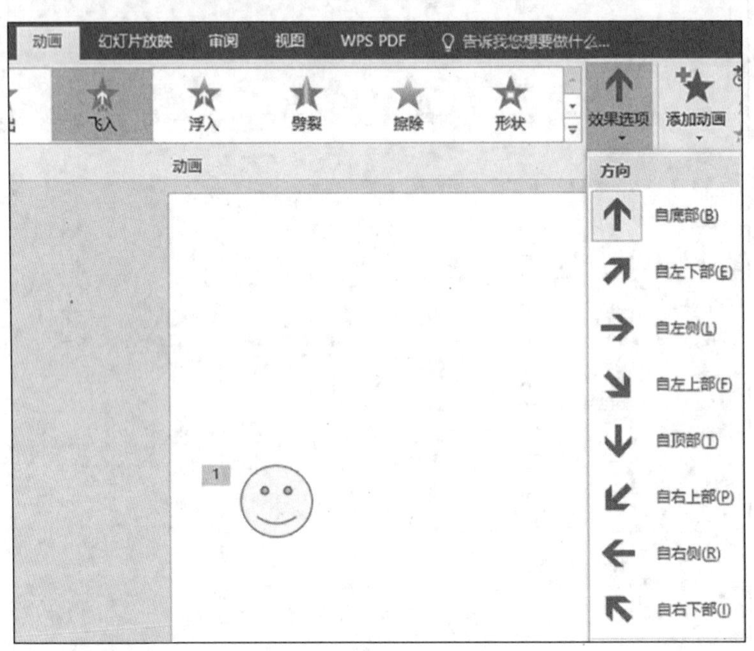

图6-21 “效果选项”列表

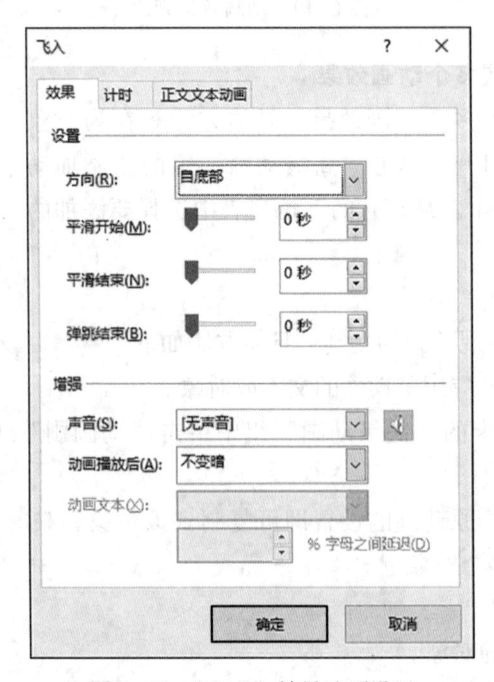

图6-22 “飞入”效果选项设置

② 为动画设置计时。为对象设置动画后，可以通过“动画”选项卡上的相应工具为该动画指定开始时间、持续时间或者延迟计时，如图 6-23 所示。

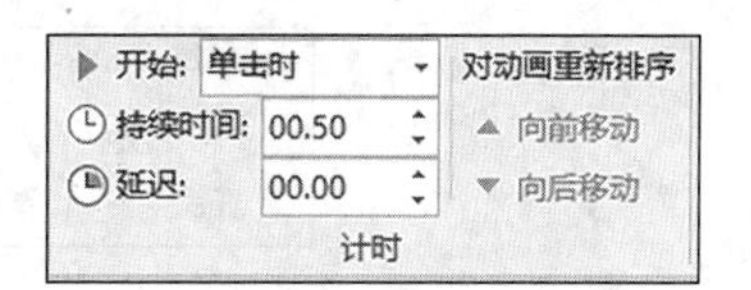

图 6-23 “计时”组

开始：单击“开始”菜单右侧的黑色三角箭头，从下拉列表中选择动画启动的方式。其中“单击时”表示单击幻灯片时启动动画；“与上一动画同时”表示与动画序列中的上一动画同时播放动画；“上一动画之后”表示上一动画出现后立即启动动画。

持续时间：单位是秒，可将动画播放的时间延长或缩短。

延迟：单位是秒，可设置动画效果运行之前等待的时间。

在效果选项对话框中，单击“计时”选项卡，如图 6-24 所示，可进一步设置动画计时方式。

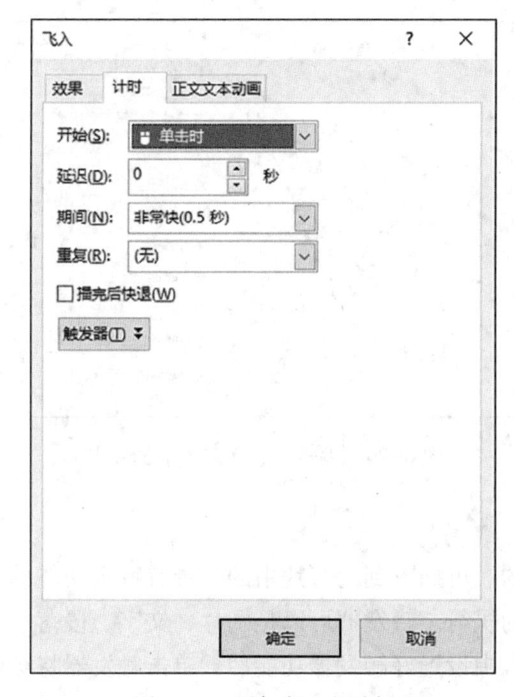

图 6-24 “计时”选项卡

③ 调整动画出现的顺序。有时候给幻灯片上的多个对象都应用了动画，需要调整动画出现的先后顺序，可以单击“计时”组中的“向前移动”或“向后移动”按钮来进行调整。“向前移动”使动画在序列中更早出现。“向后移动”使动画在序列中更晚出现。

（6）自定义动画路径

当预设的动画路径不能满足动画设计需求时，可以通过自定义动画路径来设计对象的动画路径。具体方法如下。

① 在幻灯片中选择需要添加动画的对象。

② 在动画效果列表中，单击“动作路径”类型下的“自定义路径”选项，如图 6-25 所示。

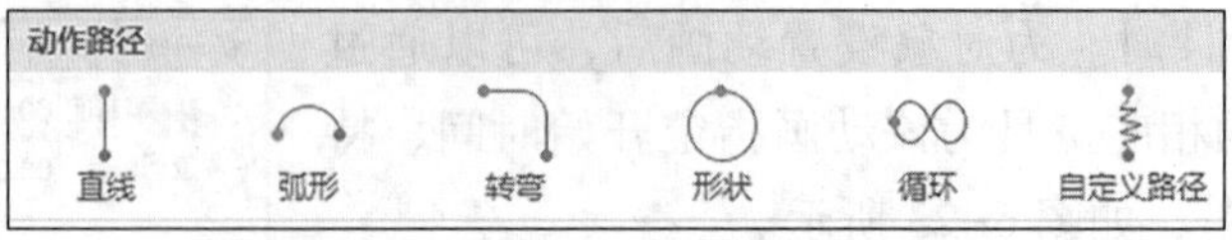

动作路径

直线 弧形 转弯 形状 循环 自定义路径

图 6-25 “自定义路径”选项

③ 将鼠标指向设置了动画的对象，当光标变为“+”时，按住左键拖动出一个路径，至终点时双击鼠标，动画将会按路径预览一次。在拖动过程中，单击鼠标可确定一个曲线的中间顶点。

④ 右击已经定义的动作路径，在弹出的快捷菜单中选择“编辑顶点”命令，路径中出现若干黑色顶点。拖动顶点可移动其位置；在某一顶点上右击，在弹出的快捷菜单中选择相应命令可对路径上的顶点进行添加、删除、平滑等修改，如图 6-26 所示。

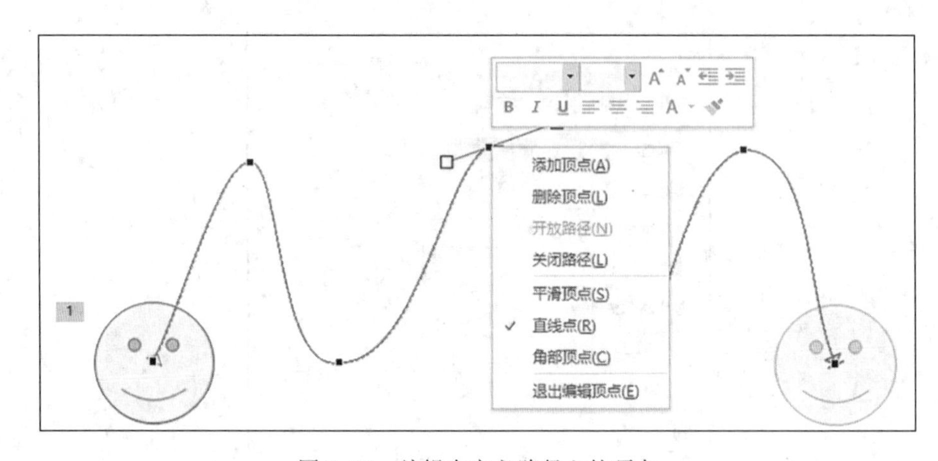

图 6-26 编辑自定义路径上的顶点

（7）触发器

触发器是自行制作的、可插入到幻灯片中的、带有特定功能的一类工具，用于控制幻灯片中已经设定的动画的执行。触发器可以是图片、文字、段落、文本框等，其作用相当于一个按钮，在演示文稿中设置好触发器功能后，单击触发器将会触发一个操作，该操作可以是播放多媒体音频、视频、动画等。

设置触发器引发的动画方法如下。

① 在幻灯片上制作一个作为触发器的对象，如图片、图形、文字、动画按钮等。

② 在“开始”选项卡“编辑”组中，单击“选择”按钮，从下拉列表中选择“选择窗格”命令，如图 6-27 所示。在“选择”窗格中，单击对象名进入编辑状态，可以为作为触发器的对象重命名，如图 6-28 所示。

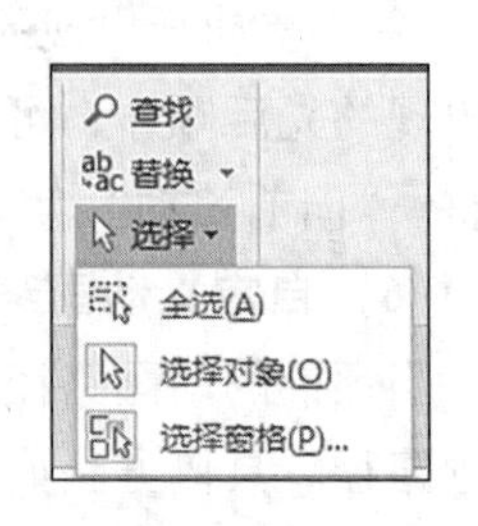

图 6-27 “选择”列表

③ 为需要执行触发操作的对象应用一个动画效果，并选中该对象。

④ 在“动画”选项卡的“高级动画”组中，单击“触发”按钮，从下拉列表中选择“单击”菜单下的触发器对象名称，如图 6-29 所示。

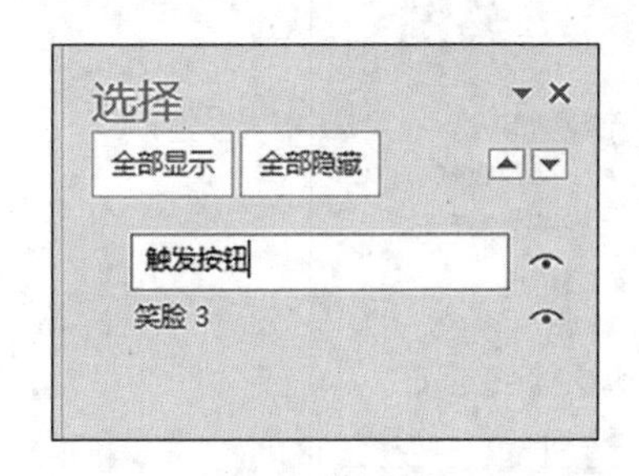

图 6-28 触发器对象重命名

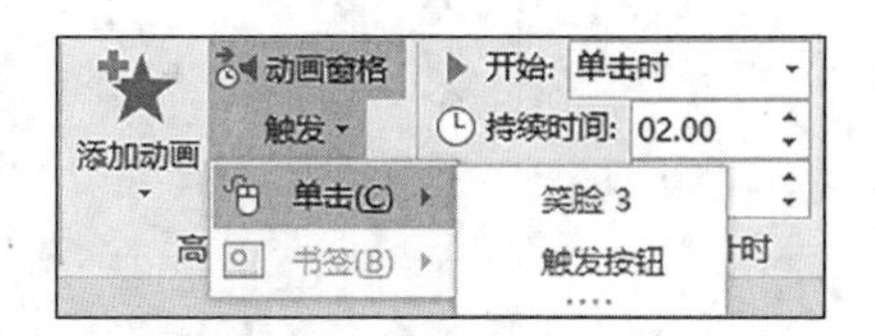

图 6-29 为动画对象指定触发器

⑤ 在幻灯片放映过程中，单击触发器即可演示相应对象的动画效果。

(8) 动画窗格

在对多个对象设置动画后，用户可以按照设置时的顺序进行顺序放映。如果要对这些对象的动画播放顺序进行调整，可以使用“动画”选项卡“高级动画”组的“动画窗格”命令调出“动画窗格”栏，在其中进行动画对象的顺序调整；也可以使用“计时”组的“对动画重新排序”选项进行“向前移动”或“向后移动”的调整，如图 6-30 所示。

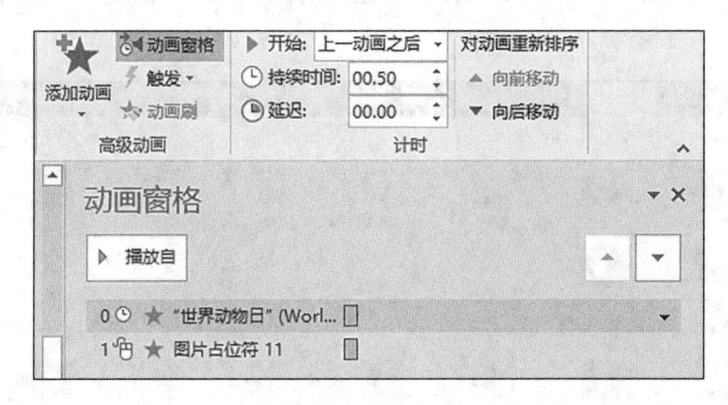

图 6-30 动画窗格

选定“动画窗格”中的某对象名称，单击其右侧的倒三角按钮，在弹出的列表中可以方便地设置动画效果。选择列表中的“效果选项”选项，则打开对当前对象动画进行效果设置的对话框，如图 6-31 所示。

动画窗格中的编号表示动画效果的播放顺序；时间线代表效果的持续时间；图标代表动画效果的类型。

2. 幻灯片切换

虽然可以运用 PowerPoint 中内置的动画效果来增加幻灯片的动态性。但是，却无法增加演示文稿放映时幻灯片进入和离开播放画面时的整体视觉效果，选择适当的切换效果可以使幻灯片的过渡衔接更为自然，增强演示效果，给人以赏心悦目的感觉。

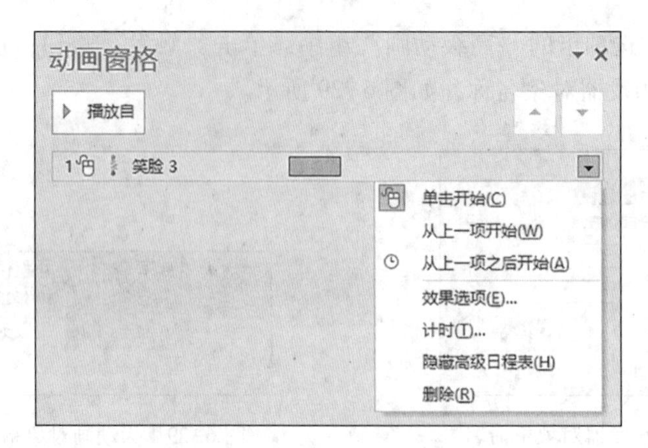

图 6-31　动画窗格弹出菜单

(1) 添加切换效果

切换效果是一张幻灯片过渡到另一张幻灯片时所应用的效果。首先，选择幻灯片，在“切换”选项卡“切换到此幻灯片”组中，在其列表中选择一种切换样式，如图 6-32 所示。可以通过选择“计时”组中的“全部应用”命令，将该切换效果应用在整个演示文稿中。设置完后，还可以通过“效果选项”命令，在其列表中选择切换的具体样式。全选演示文稿中的幻灯片后，还可以在“切换”选项卡上单击“预览”按钮，预览当前幻灯片的切换效果。

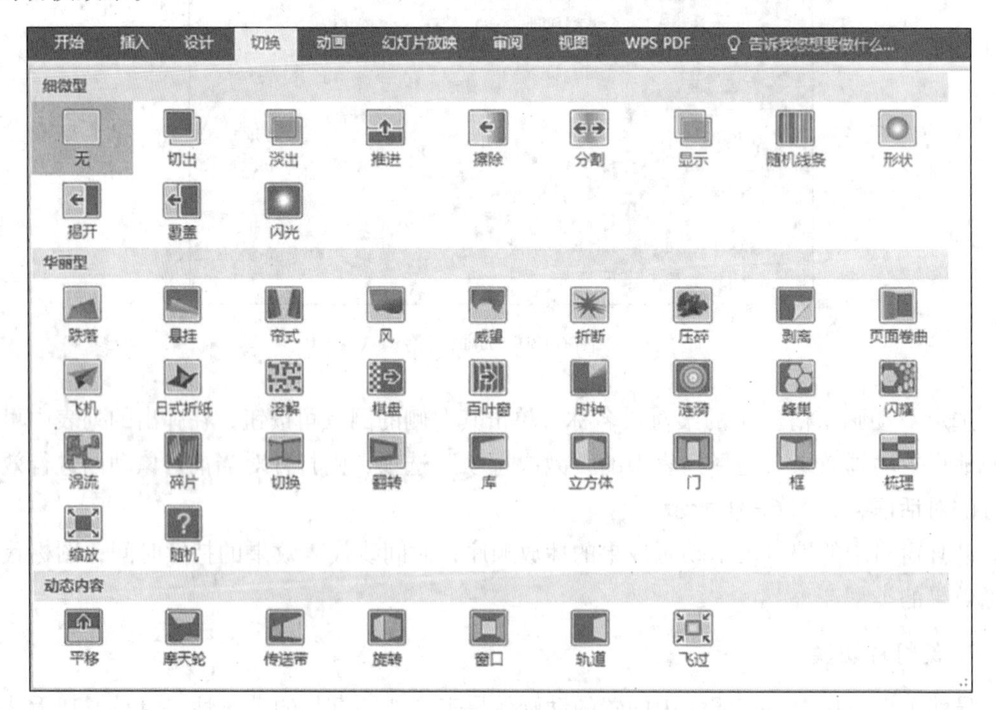

图 6-32　切换效果下拉列表

(2) 设置换片方式

在 PowerPoint 中，可以根据放映需求设置不同的换片方式。一般情况下，换片方式包括单击鼠标时与自动换片两种方式。

首先，在“计时”组中取消勾选“单击鼠标时”复选框。然后，勾选“设置自动换片时间”复选框，并单击微调按钮设置换片时间，单位为秒，如图6-33所示。“设置自动换片时间”表示经过该时间段后自动从上一张幻灯片切换到下一张幻灯片。如果没有勾选“单击鼠标时”复选框，在放映演示文稿时，单击鼠标将无法切换到下一张幻灯片。

图6-33 换片方式

（3）设置声音与持续时间

① 设置转换声音。选择幻灯片，在“切换”选项卡“计时”组中的“声音”下拉列表中选择相应的声音，如图6-34所示。可以通过选择“播放下一段声音之前一直循环”命令，设置转换声音的重复播放功能。

另外，在“切换”选项卡“计时”组中的“声音”下拉列表中选择“其他声音”命令，在弹出的“添加音频”对话框中选择相应的声音选项，即可将本地计算机中的声音作为切换声音。音频格式必须为.wav格式。

② 设置持续时间。持续时间是切换效果执行时所耗费的时间。首先，选择幻灯片。然后，在“切换”选项卡“计时”组中的“持续时间”微调框中设置相应的持续时间即可，如图6-35所示。

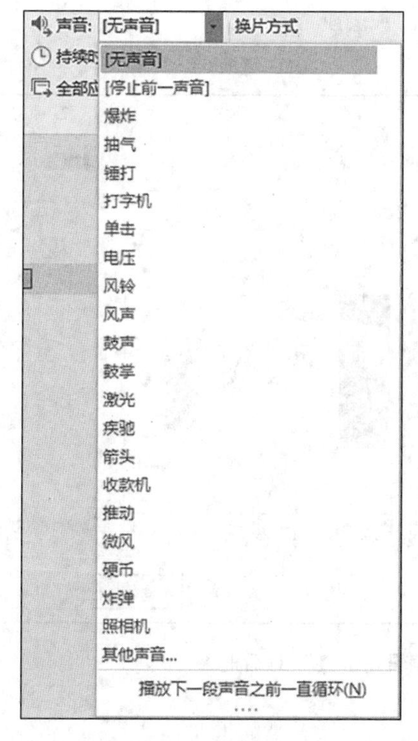

图6-34 设置切换声音

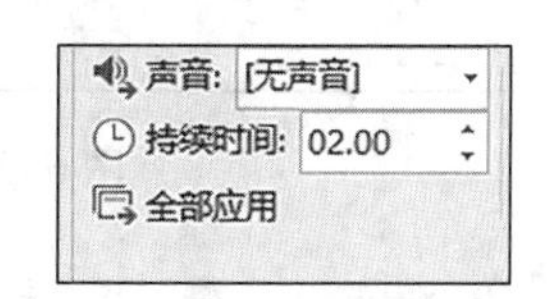

图6-35 设置切换声音和持续时间

3. 超链接

在 PowerPoint 中，超链接能够增加幻灯片放映时的交互效果，单击设置了超链接的对象，能够从本幻灯片跳转到其他幻灯片、文件、外部程序或网页上，起到演示文稿放映过程的导航作用。创建超链接的对象可以是文本、图形、形状、图片或艺术字等。

（1）创建超链接

① 在幻灯片中选择要创建超链接的文本、图片、艺术字等对象。

② 在“插入”选项卡的“链接”组中，单击“超链接”按钮，如图 6-36 所示。打开“编辑超链接”对话框，如图 6-37 所示。

③ 在左侧的“链接到”列表中选择超链接类型，在右侧指定超链接的文件、幻灯片或电子邮件地址等。

④ 单击“确定”按钮，指定的文本或对象上添加了超链接，在放映时单击该超链接即可实现跳转。

图 6-36 “链接”组

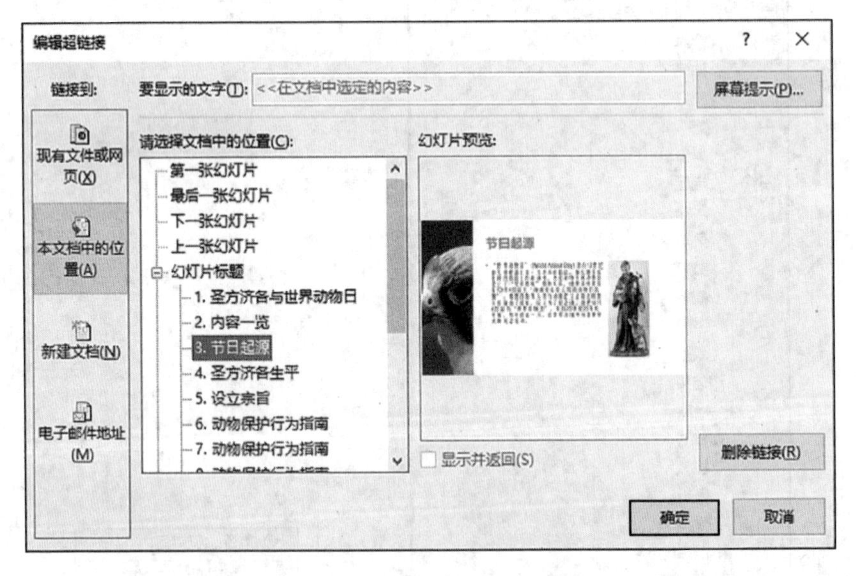

图 6-37 “编辑超链接”对话框

（2）修改超链接

对已经设置好超链接的对象，也可以修改其超链接。方法是，先选定要修改超链接的对象，在“插入”选项卡的“链接”组单击“超链接”按钮，在弹出的“编辑超链接”

对话框中重新设置超链接的对象。

也可以选定对象后，在右键菜单中选择“编辑超链接”命令，在弹出的“编辑超链接”对话框中重新设置超链接的对象，如图 6-38 所示。

（3）删除超链接

对于设置了超链接的对象，可以删除其超链接。方法是，先选定要删除超链接的对象，在“插入”选项卡的“链接”组单击“超链接”按钮，在弹出的“编辑超链接”对话框中单击“删除链接”按钮。

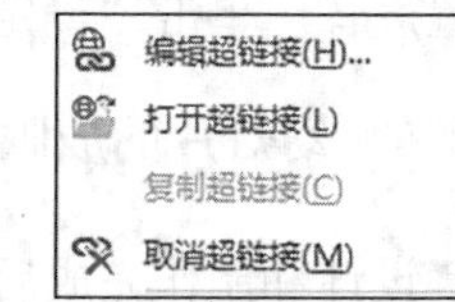

图 6-38 右键菜单中的“编辑超链接”命令

也可选定对象后，直接在右键菜单中选择“取消超链接”命令，如图 6-38 所示。

（4）为动作按钮插入超链接

“动作按钮”是 PowerPoint 集成的按钮，可以插入在演示文稿中并为其定义超链接，为其分配单击鼠标或鼠标移过时动作按钮将会执行的动作。还可以为图片或 SmartArt 图形中的文本等对象分配动作。添加动作按钮或为对象分配动作后，在放映演示文稿时通过单击鼠标或鼠标移过动作按钮时完成幻灯片跳转、运行特定程序等操作。

① 添加动作按钮并分配动作。在“插入”选项卡“插图”组中，单击“形状”按钮，然后在“动作按钮”下单击要添加的按钮形状。在幻灯片的某个位置单击鼠标左键不放并拖动鼠标绘制按钮形状。当放开鼠标时，弹出“操作设置”对话框，在该对话框中设置“单击鼠标”或“鼠标悬停”该按钮形状时将要触发的操作，如图 6-39 所示。如果要播放声音，可以勾选“播放声音”复选框，然后选择要播放的声音。单击“确定”按钮完成设置。

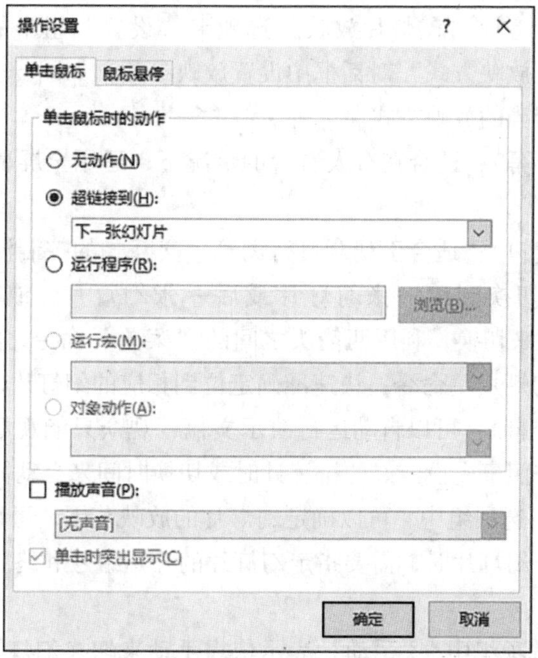

图 6-39 “操作设置”对话框

② 为图片或其他对象分配动作。选择幻灯片上的图片或其他对象，在“插入”选项卡“链接”组中，单击“动作”按钮，打开“操作设置”对话框。在对话框中分配动作、设置声音。单击“确定”按钮完成设置。

6.2.6 幻灯片的放映和输出

设计和制作完成后的演示文稿需要面对观众进行放映演示才能达到最终的目的。由于使用场合的不同，PowerPoint 提供了幻灯片放映设置功能。此外，为了共享演示文稿，还可以将 PPT 打包输出，或转换成其他格式，并可进行打印操作。

1. 幻灯片的放映

幻灯片放映时会全屏显示，放映过程中可以看到动画效果、切换效果等设置在实际演示中的具体效果。演示文稿制作完成后，可以用下述方法进入放映视图观看。

① 按 F5 键从第一张幻灯片开始放映，按 Shift+F5 键从当前幻灯片开始放映。

② 单击 PPT 工作界面下方“视图方式”区域中的“幻灯片放映”按钮。

③ 在“幻灯片放映”选项卡的“开始放映幻灯片”组中，单击“从头开始”或“从当前幻灯片开始”按钮。

④ 按 Esc 键，可退出幻灯片放映视图。

（1）放映控制

幻灯片放映时可通过不同的方式进行控制。

① 隐藏幻灯片。选择需要隐藏的幻灯片，在“幻灯片放映”选项卡的“设置”组中单击“隐藏幻灯片”按钮，被隐藏的幻灯片在全屏放映时将不会被显示。

② 设置放映方式。单击“幻灯片放映”选项卡“设置”组中的“设置幻灯片放映”按钮，在弹出的“设置放映方式”对话框中设置放映参数，如图 6-40 所示。在“放映类型”选项组中，选择恰当的放映方式。

演讲者放映（全屏幕）：适合在有人看管的情况下，运用全屏幕显示的演示文稿，适用于演讲者使用。

观众自行浏览（窗口）：适合于观众自行浏览，交互式的控制演示文稿。观众可以利用窗口下方的箭头来切换到前一张幻灯片或后一张幻灯片，或者单击鼠标，或者按 PageUp 和 PageDown 键来切换，利用两箭头之间的“菜单”命令，将弹出放映控制菜单，利用菜单的“定位至幻灯片”命令，快速准确定位到相应的幻灯片，按 Esc 键终止放映。

在展台浏览（全屏幕）：可以自动运行演示文稿，观众只能观看不能控制，适用于会展或展台环境。可以按照事先设定好的排练计时或切换时间来自动循环播放。

在“放映幻灯片”选项组中，可以确定幻灯片的放映范围，可以是全部放映，也可以是部分放映。放映部分幻灯片时，需要指定幻灯片的开始编号和终止编号。还可以自定义放映范围。

在“换片方式”选项组中，“手动”表示依靠手动来切换幻灯片。“如果存在排练时间，则使用它”表示在放映幻灯片时，使用排练时间自动切换幻灯片，通常和展台浏览放

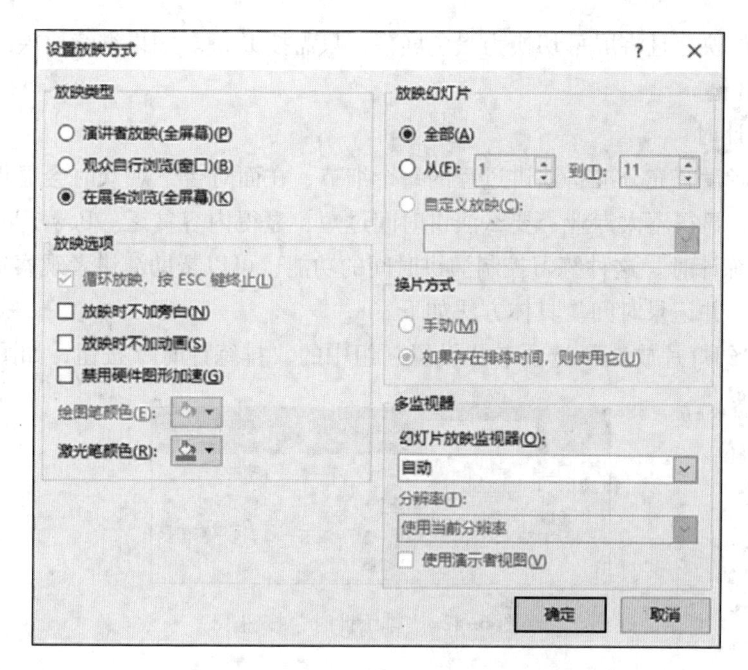

图 6-40 “设置放映方式”对话框

映相联系。

在“放映选项”选项组中，“循环放映，按 Esc 键终止”表示可以连续播放演示文稿，直到按 Esc 键为止。“放映时不加旁白”表示在放映幻灯片时，不放映嵌入的解说。“放映时不加动画”表示在放映幻灯片时，不放映嵌入的动画。“绘图笔颜色”是用户设置放映幻灯片时使用的解说字体颜色，该选项只能在“演讲者放映（全屏幕）”选项中使用。“激光笔颜色”是设置录制演示文稿时显示的指示光标颜色。

③ 放映过程控制。在幻灯片上右击，在弹出的快捷菜单中可对放映过程进行控制，如图 6-41 所示。

a. 选择“查看所有幻灯片”命令，在打开的幻灯片缩略图中可直接跳转到指定幻灯片。

b. 选择“指针选项”命令，在下级菜单中可以将指针转换为笔进行演示标注。

c. 一键白屏，在放映某张幻灯片时，如果需要暂停放映，且将屏幕切换为白色屏幕，只需按 W 键。如果继续放映幻灯片直接按 Esc 键或再按 W 键。

d. 一键黑屏，在放映某张幻灯片时，

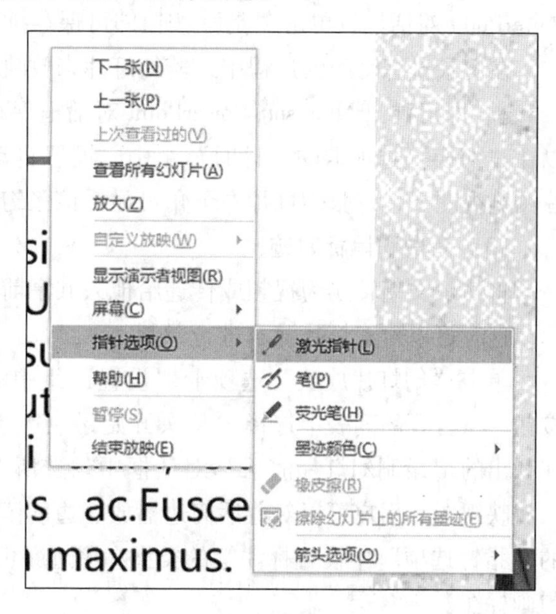

图 6-41 放映过程中的演示控制

如果需要暂停放映，且将屏幕切换为黑色屏幕，只需按 B 键。如果继续放映幻灯片直接按 Esc 键或再按 B 键。

（2）排练计时

如果演讲者没有充分准备演讲过程的每个细节，在面对台下观众时会显得慌乱。要么演讲时间过长，显得不太专业；要么演讲时间过短，显得内容贫乏。PowerPoint 2016 为用户提供了“排练计时”这种练习控制演讲时间的功能，可以帮助演讲者观察每张幻灯片预演的播放时间，并记录时间。具体方法如下。

① 单击“幻灯片放映”选项卡“设置”组中的“排练计时”按钮，如图 6-42 所示。

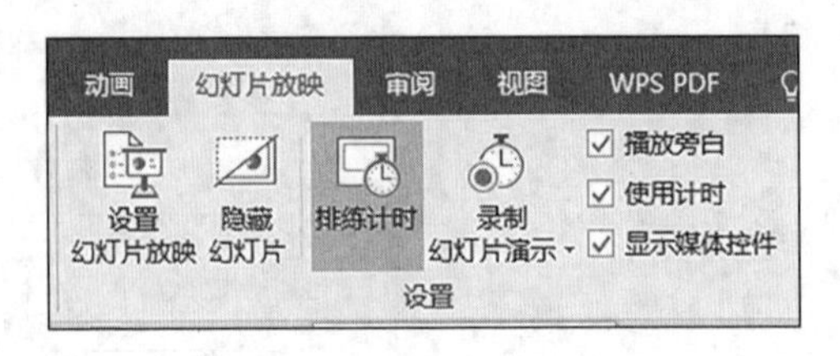

图 6-42 “排练计时”按钮

② 切换到幻灯片放映视图中，左上角会出现“录制”工具栏，如图 6-43 所示。单击鼠标左键会自动切换到下一张幻灯片，系统会记录每张幻灯片的放映时间。

图 6-43 “录制”工具栏

③ 结束放映时单击“录制”工具栏中的“关闭”按钮，系统将自动弹出 Microsoft PowerPoint 对话框，单击“是”按钮即可保存排练计时。

在记录排练时间的过程中，若幻灯片未放映完毕，但需保存当前的排练时间，只需按 Esc 键，即可弹出 Microsoft PowerPoint 对话框保存时间。若要修改幻灯片的放映时间，可以在“切换”选项卡的“计时”组中，设置自动换片时间。排练时间设置好后，在幻灯片浏览视图下，每张幻灯片右下角可显示该张幻灯片的放映时间，如图 6-44 所示。

（3）旁白和鼠标轨迹

将演示文稿转换为视频或传递给他人共享前，可以将演示文稿进行录制并加入解说旁白，这时可以对幻灯片演示进行录制。

单击“幻灯片放映”选项卡“设置”组中的“录制幻灯片演示”按钮下边的三角形按钮，从打开的列表中选择“从头开始录制”或“从当前幻灯片开始录制”选项。然后在弹出的“录制幻灯片演示”对话框中勾选所有复选框，并单击“开始录制”按钮，进入放映视图。用户可以对着话筒边播放、边朗读旁白内容，同时右击幻灯片并从快捷菜单的“指针选项”中设置标注笔的类型和墨迹颜色等，在幻灯片中使用鼠标对重点内容进行勾画标注。

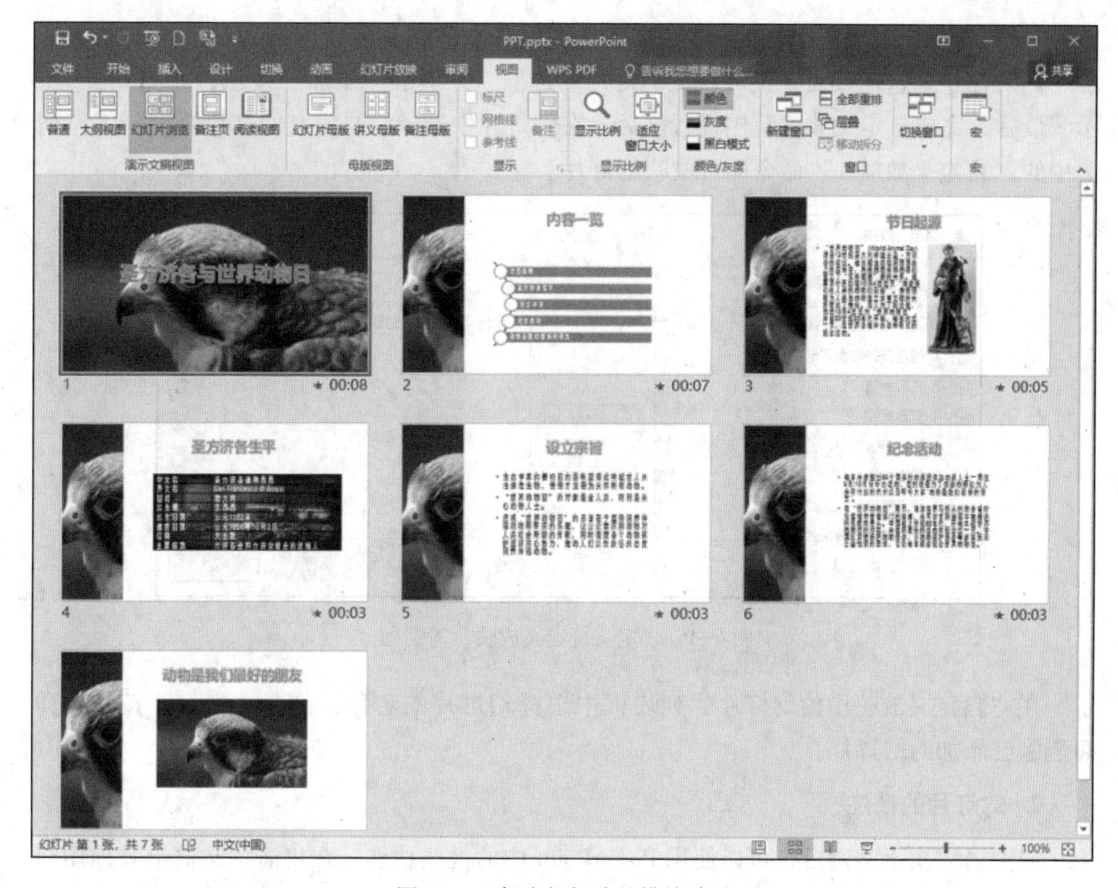

图 6-44　每张幻灯片的排练计时

(4) 自定义放映

演示文稿可能包含多个主题内容，需要在不同场合下播放，此时就要对幻灯片进行重新组织归类。PowerPoint 提供的自定义放映功能，可以在不改变演示文稿内容的前提下，对放映内容进行重新组合，以适应不同的演示需求。

首先，选择“开始放映幻灯片”→“自定义幻灯片放映”→“自定义放映”命令，在弹出的对话框中选择“新建”命令，如图 6-45 所示。然后，在弹出的“定义自定义放

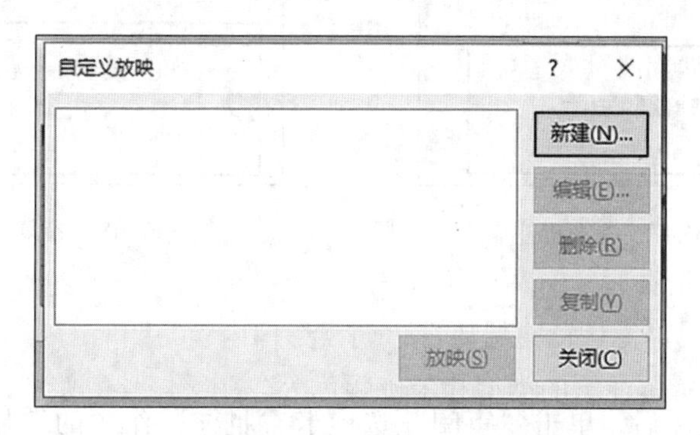

图 6-45　“自定义放映”对话框

映”对话框中的“幻灯片放映名称”文本框中输入放映名称，在“在演示文稿中的幻灯片”列表框中勾选需要自定义放映的幻灯片复选框，并单击“添加”按钮，如图6-46所示。最后，完成自定义放映范围设置之后，在幻灯片中选择“自定义幻灯片放映”下拉列表中的“自定义放映1”命令即可放映幻灯片。

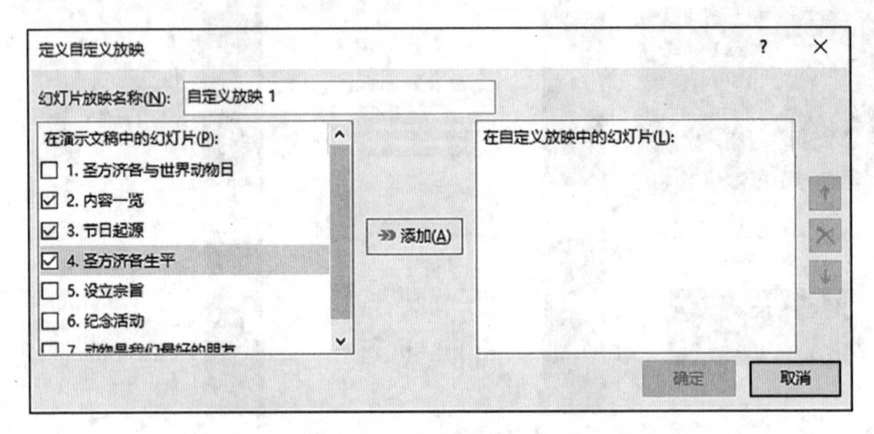

图6-46 “定义自定义放映”对话框

在“自定义放映中的幻灯片”列表框中选择幻灯片的名称，单击“删除”按钮，即可删除已添加的幻灯片。

2. 幻灯片的批注

当编辑完演示文稿后，可以使用PowerPoint中的批注功能，在将演示文稿给其他用户审阅时，让其他用户参与到演示文稿的修改工作中，以达到共同完成演示文稿的目的。

（1）新建批注

选择幻灯片中的文本，单击“审阅”选项卡“批注”组中的“新建批注”按钮。在弹出的文本框中输入批注内容，如图6-47所示。新建批注后，在该批注下方将显示“答复”栏，便于其他用户回复批注内容，如图6-48所示。

图6-47 添加批注

图6-48 答复批注

（2）显示批注

为幻灯片添加批注后，单击“审阅”选项卡“批注”组中的“显示批注”按钮，选择“显示标记”命令，即可在幻灯片中只显示批注标记，而隐藏批注任务窗格。再次单击

“审阅”选项卡“批注”组中的“显示批注”按钮，选择“显示标记”命令，将隐藏批注图标。

（3）删除批注

当不需要幻灯片中的批注时，可以单击“审阅”选项卡“批注”组中的“删除”按钮，选择“删除此幻灯片中的所有批注和墨迹”命令，即可删除当前幻灯片中的所有批注。

3. 演示文稿的共享

制作完成的演示文稿可以直接在安装有 PowerPoint 应用程序的环境下演示，但是如果计算机上没有安装 PowerPoint，演示文稿就不能直接播放。为了解决演示文稿的共享问题，PowerPoint 提供了多种方案，可以将其发布或转换为其他格式的文件，也可以将演示文稿打包到文件夹或 CD，甚至可以把 PowerPoint 播放器和演示文稿一起打包。这样，即使是在没有安装 PowerPoint 程序的计算机上，也能放映演示文稿。

（1）联机演示

选择“文件”菜单中的“共享”命令，在展开的“共享”列表中选择“联机演示”选项，同时在右侧单击“联机演示”按钮。在弹出的“联机演示”对话框中，系统会默认选中链接地址，单击“复制链接”按钮，即可将地址复制给其他用户。另外，也可选择“通过电子邮件发送”选项。注意，在进行联机演示操作时，需要保证网络畅通，否则将无法显示。

（2）将演示文稿打包成 CD

如果将编辑好的演示文稿放在其他的计算机上演示播放，可能会出现演示文稿里面的链接等信息失效的情况，因此，采用打包操作可以很好地解决这一问题，将演示文稿打包到磁盘文件夹或 CD 光盘上，前提是需要配备有刻录机和空白 CD 光盘。

具体操作步骤如下。

① 选择“文件”菜单中的“导出”命令，在展开的“导出”列表中选择“将演示文稿打包成 CD”选项，并单击“打包成 CD”按钮。

② 弹出“打包成 CD”对话框，如图 6-49 所示。在“将 CD 命名为”文本框中输入 CD 的标签名称，单击“添加”按钮，可在打开对话框中选择增加新的打包文件。

③ 默认情况下，打包内容包含与演示文稿相关的链接文件和嵌入的 TrueType 字体。若想改变这些设置，可单击“选项”按钮，在选项对话框中设置。该对话框还可设置“打开、修改演示文稿时所用的密码”“检查演示文稿中是否有不适宜信息或个人信息”。

④ 根据个人的实际需求选择。

a. 复制到文件夹：可将演示文稿打包到指定的文件夹中。

b. 复制到 CD：将演示文稿打包并刻录到 CD 光盘中，文件夹中的 AUTORUN 是自动运行文件，使得 CD 光盘能够自动播放演示文稿。

演示文稿打包后，就可以在没有安装 PowerPoint 程序的环境下放映演示文稿。运行打包文件夹下的演示文稿的方法是，在连接互联网的情况下，双击网页文件 Presentation-

Package.html。在打开的网页上单击“下载查看器”按钮，下载PowerPoint播放器并安装。然后，启动PowerPoint播放器，定位打开的演示文稿，即可放映。

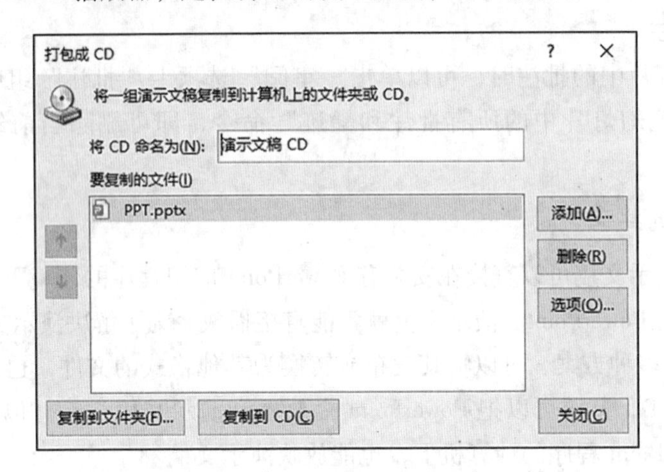

图6-49 “打包成CD”对话框

(3) 将演示文稿发布为视频

PowerPoint 2016可以将演示文稿转换为视频内容，以供用户无须在其计算机上安装PowerPoint，也能观看演示文稿的内容。

① 创建演示文稿，并录制语音旁白和鼠标轨迹，对演示文稿进行排练计时，保存。

② 选择“文件”菜单中的“导出”命令，在展开的“导出”列表中选择“创建视频”选项，并在右侧列表中设置相应参数，如演示文稿的质量，如图6-50所示。

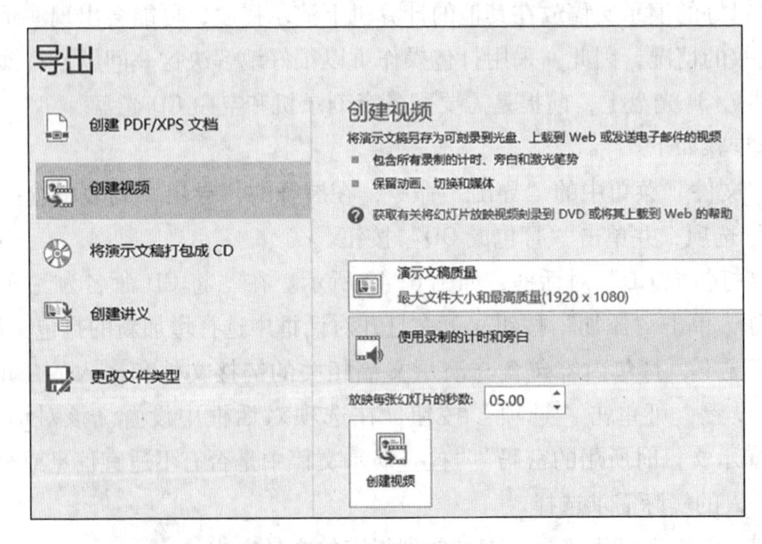

图6-50 创建视频

③ 设置各个选项后，单击“创建视频”按钮，将弹出“另存为”对话框。设置保存位置和文件名称，单击“保存”按钮。此时，PowerPoint自动将演示文稿转换为MPEG-4视频或Windows Media视频。

（4）将演示文稿转换为直接放映格式

为了防止要放映演示文稿的计算机没有安装 PowerPoint 软件，导致无法播放演示文稿或延误播放时间，需要将演示文稿转换成放映格式。具体方法是，首先打开演示文稿，在“文件”菜单中选择“另存为”选项，在打开的对话框中将文件类型设置为“PowerPoint 放映（ *. ppsx)”，如图 6-51 所示。选择保存路径，输入文件名后，单击“保存”按钮。

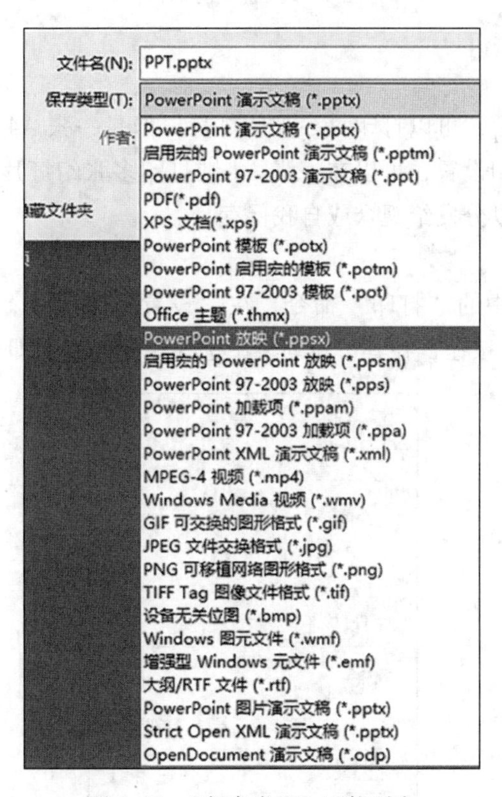

图 6-51 “保存类型”下拉列表

以后，双击放映格式（ *. ppsx）文件即可放映该演示文稿。

（5）图片输出

演示文稿的图片输出，是指将幻灯片转换成图片，生成相应的图片文件。用户可以只将当前幻灯片页面转换为图片，也可以将 PPT 演示文稿中的所有幻灯片转换为多张图片，具体操作如下。

① 选择“文件”菜单中的“另存为”选项。

② 在弹出的“另存为”对话框中，选择“保存类型”下拉列表中的图片文件格式，如“JPEG 文件交换格式（ *. jpg)”或“PNG 可移植网络图形格式（ *. png)”等格式。输入文件名，单击“保存”按钮。

③ 在弹出的如图 6-52 所示的对话框中，选择希望转换的方式进行转换。

图 6-52 转换对话框

4. 幻灯片的打印

演示文稿制作完成后，可以打印每一张幻灯片，但是一张 A4 纸打印一张幻灯片常常显得比较浪费。经过打印设置，可以在一张 A4 纸打印多张幻灯片，以黑白方式打印更节省墨粉。打印的讲义可以分发给观众或自我保存。

(1) 设置打印范围

选择“文件”菜单中的“打印”命令，在“设置”列表中，如图 6-53 所示，单击“打印全部幻灯片”下拉按钮，在其下拉列表中选择相应的选项即可。

图 6-53 打印设置

(2) 设置打印版式

选择“文件”菜单中的“打印”命令，在“设置”列表中单击“整页幻灯片”下拉按钮，在其下拉列表中选择相应的选项即可，如“6张水平放置的幻灯片”，右侧预览区中将会显示1张纸上出现6张幻灯片的预览情况。

（3）设置打印颜色

选择“文件”菜单中的“打印”命令，在“设置”列表中单击“颜色”下拉按钮，在其下拉列表中选择相应的选项即可。如果没有彩色打印机，通常应选择“灰度”或“纯黑白”选项。

（4）打印份数

选择“文件”菜单中的“打印”命令，在“份数”选项设置好数量。最后，单击“打印”按钮，开始打印演示文稿。

（5）将PowerPoint讲义发送至Word并进行打印

① 打开演示文稿。

② 在PowerPoint的快速访问工具栏中，单击自定义快速访问工具栏下三角形按钮，在弹出的列表中，选择“其他命令”选项，弹出“PowerPoint选项”对话框，在“从下列位置选择命令”下拉列表中选择“不在功能区中的命令”选项，然后在下拉列表中选择“在Microsoft Word中创建讲义”命令，单击“添加”按钮，相应的命令显示在快速访问工具栏中。

③ 单击快速访问工具栏中新增加的“在Microsoft Word中创建讲义”按钮，打开一个选择版式对话框。

在该对话框中选定合适的讲义版式后，单击“确定”按钮，幻灯片将按固定版式从PowerPoint发送到Word文档中。

④ 在Word中进行打印。

（6）打印备注页

备注页的内容是在备注窗格中输入的，或者通过备注页视图完成编辑。打印备注页只能在一张纸上打印一张幻灯片的缩略图及备注。具体方法如下。

① 打开演示文稿。

② 选择“文件”菜单中的“打印”命令。

③ 在“设置”组中，单击“整页幻灯片”选项，在打开的列表中单击“备注页”图标，并进行其他设置。

④ 单击“打印”按钮。

6.3 实验内容

6.3.1 案例背景

在某动物保护组织就职的李强要制作一份介绍世界动物日的PowerPoint演示文稿。

6.3.2 具体要求

从实验素材文件夹中复制文件夹“实验6案例素材”到学生自建的实验文件夹下。解压6-1.rar后，进入解压目录，按照下列要求，完成演示文稿的制作。

微视频6-1：母版

(1) 在学生文件夹下新建一个空白演示文稿，将其命名为“PPT.pptx”（“.pptx”为文件扩展名），之后所有的操作均基于此文件，否则不得分。

(2) 将幻灯片大小设置为“宽屏显示（16:9）”，然后按照如下要求修改幻灯片母版。

① 将幻灯片母版名称修改为“世界动物日”；母版标题应用“填充-蓝色，着色1，阴影”艺术字样式，文本轮廓颜色为“金色，个性色4”，字体为“微软雅黑”，并应用加粗效果；母版各级文本样式设置为“方正姚体”，文字颜色为“蓝色，个性色5，深色50%”。

② 使用“图片1.png”作为标题幻灯片版式的背景。

③ 新建名为“世界动物日1”的自定义版式，在该版式中插入“图片2.png”，取消锁定纵横比，调整图片大小为高度19.05厘米、宽度6.77厘米，并对齐幻灯片左侧边缘和顶端边缘，将图片置于底层；调整标题占位符的宽度为23.32厘米，高度3.65厘米，将其置于从幻灯片左上角水平位置8.22厘米，垂直位置1.03厘米；在标题占位符下方插入内容占位符，宽度为23.32厘米，高度为9.5厘米，并对齐标题占位符侧左边缘。内容占位符中的一级文本调整为方正姚体，20磅。

④ 依据“世界动物日1”版式创建名为“世界动物日2”的新版式，在“世界动物日2”版式中将标题占位符的宽度调整为21.03厘米，内容占位符的宽度调整为15.45厘米（保持与标题占位符左对齐）；在内容占位符右侧插入高度为11.92厘米、宽度为5.58厘米的图片占位符，并与左侧的内容占位符顶端对齐，与上方的标题占位符右对齐。

微视频6-2：版式和SmartArt

(3) 演示文稿共包含15张幻灯片，所涉及的文字内容保存在“文字素材.docx”文档中，具体所对应的幻灯片可参见“完成效果.docx”文档所示样例。其中第1张幻灯片的版式为“标题幻灯片”，第2张幻灯片、第4~15张幻灯片的版式为“世界动物日1”，第3张幻灯片的版式为“世界动物日2”；所有幻灯片中的文字字体保持与母版中的设置一致。

(4) 将第2张幻灯片中的项目符号列表转换为SmartArt图形，布局为“垂直曲形列表”，图形中的字体为“方正姚体”；为SmartArt图形中包含文字内容的6个形状分别建立超链接，链接到后面对应内容的幻灯片。

微视频6-3：动画

(5) 在第3张幻灯片右侧的图片占位符中插入图片“图片3.jpg”；对左侧的文字内容和右侧的图片添加“淡出”进入动画效果，并设置在放映时左侧文字内容首先自动出现，在该动画播放完毕且延迟1秒后，右侧图片再自动出现。

（6）将第4张幻灯片中的文字转换为8行2列的表格，适当调整表格的行高、列宽以及表格样式；设置文字字体为“方正姚体”，字体颜色为“白色，背景1”；并应用图片“表格背景.jpg”作为表格的背景，将图片平铺为纹理。

（7）在第15张幻灯片的内容占位符中插入视频“动物相册.wmv”，并使用图片“图片1.png”作为视频剪辑的预览图像。

微视频6-4：视频、背景音乐

（8）在第1张幻灯片中插入“背景音乐.mid”文件作为第1~14张幻灯片的背景音乐（即第14张幻灯片放映结束后背景音乐停止），循环播放，放映时隐藏图标。

（9）为演示文稿插入幻灯片编号，编号从1开始，标题幻灯片中不显示编号。

（10）将演示文稿中的所有文本“法兰西斯”替换为“方济各”，并在第1张幻灯片中添加批注，内容为“圣方济各又称圣法兰西斯”。

（11）删除“标题幻灯片”“世界动物日1”和“世界动物日2”之外的其他幻灯片版式。

微视频6-5：节的设置

（12）将第6~13张幻灯片组织为一节，节名为“动物保护行为指南”，将第14~15张幻灯片组织为一节，节名为“纪念活动”。为“动物保护行为指南”节应用设计主题“平面”。

（13）为演示文稿不同的节应用不同的切换方式，并设置第1~14张幻灯片的自动换片时间为5秒，第15张幻灯片的自动换片时间为50秒。

（14）设置演示文稿由观众自行浏览且自动循环播放。

6.4 课后思考

1. 制作一个优秀的演示文稿除了掌握技术外，还需要遵循哪些设计原则？

2. 为了获得更好的展示效果，通常会在幻灯片中使用一些不是PowerPoint自带的特殊漂亮字体，可是将幻灯片复制到演示现场进行播放时，这些字体变成了普通字体，影响了演示效果。那么，演讲者应该如何操作才能确保这样的PPT在没有安装该字体的计算机上也能正常播放呢？

3. 如何利用PowerPoint将手机上的大量照片制作成电子相册？

4. 模板、母版、版式、主题的区别是什么？

5. 如何让文字在放映时逐行显示？

实验 7

GDP 和 EOQ 数据处理与分析

（综合实验一）

7.1 实验目的

1. 熟练掌握 Excel 单元格或单元格区域的名称定义方法。
2. 熟练掌握 Excel 外部数据的导入功能。
3. 熟练掌握 Excel 的数据合并功能。
4. 熟练掌握 Excel 工作表数据的统计操作方法。
5. 熟练掌握 Excel 工作表数据的查询方法。
6. 熟练掌握 Excel 模拟分析的方法。

7.2 课前预习

7.2.1 单元格或单元格区域的名称定义

Excel 中的单元格或单元格区域都可以通过单元格地址对其引用。除此之外，用户还可以为其指定一个名称，通过该名称也可以实现对该单元格或单元格区域的绝对引用。合理地使用这些定义的名称，可以提高 Excel 中公式的可读性。

1. 命名规则

可用字符：定义的名称可以由字母、数字、汉字及下划线“_”、间隔符“.”、问号“?”等符号组成，且第一个字符必须是字母、汉字或下划线“_”。

唯一性：定义名称在其范围内必须是唯一的，不可以与工作簿中的现有名称冲突。

长度限制：最多可以包含 255 个字符。

不区分英文字母的大小写。

2. 定义的方法

（1）通过“名称框”定义

选择要定义名称的单元格或单元格区域，选择“名称框”，输入名称，按 Enter 键确认。

（2）通过“定义名称”选项定义

选择要定义名称的单元格或单元格区域，在“公式”选项卡“定义的名称”组中选择“定义名称”命令，弹出“新建名称”对话框，输入名称，选择范围，输入引用位置，单击“确定”按钮（如图 7-1 所示）。

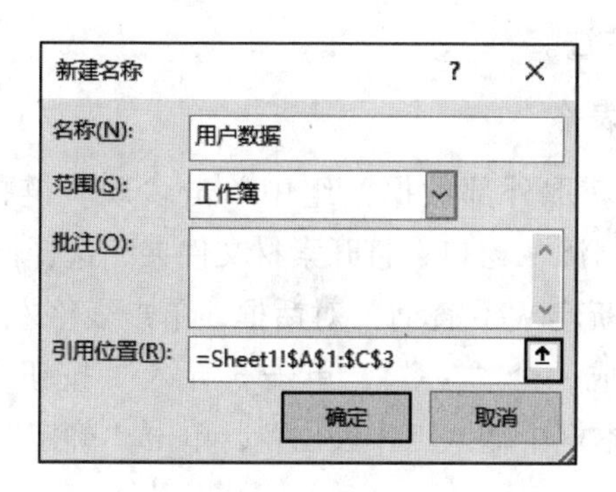

图 7-1　定义名称

3. 名称的管理

对于定义的名称，用户可以在“名称管理器”对话框中对其进行查看、修改、删除等操作。

在“公式”选项卡“定义的名称”组中选择“名称管理器”命令，弹出“名称管理器”对话框（如图 7-2 所示）。

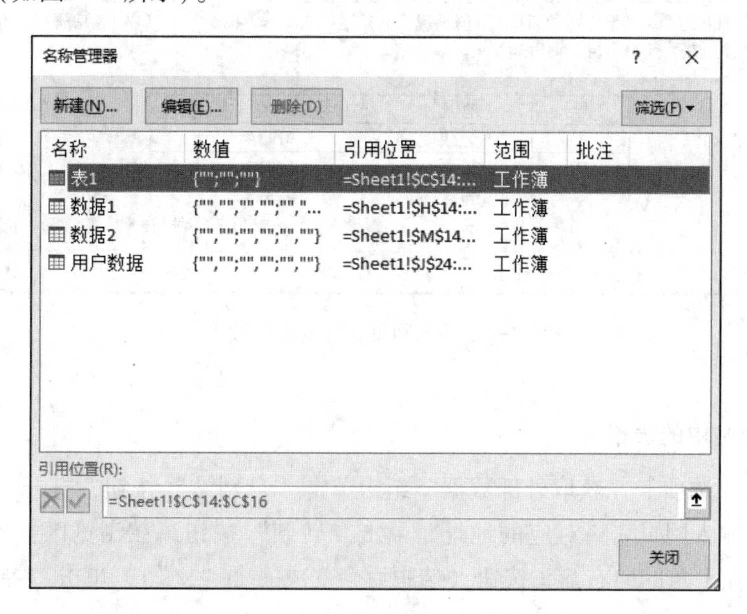

图 7-2　“名称管理器”对话框

用户可以直接查看到当前工作簿中定义的名称及其数值、引用位置等信息。单击“新建”按钮可以定义一个新名称，单击“编辑”按钮可以对选择的名称进行修改，单击

“删除”按钮可以删除选择的名称。

7.2.2 网页数据的导入

Excel 工作表不仅可以直接从键盘输入数据进行操作，也可以选择将支持的外部数据源导入到当前工作表中来，支持的外部数据主要有 Access、网页、文本、数据库等。这里介绍一下网页数据的导入方法。

1. 离线网页文件中的表格

在“数据”选项卡“获取外部数据”组中单击“现有链接”按钮，选择“浏览更多”选项，打开“选取数据源”窗口，打开素材文件夹，选择网页文件（如 *.htm），单击“打开”按钮，打开“新建 Web 查询”对话框，单击表格左上角的向右箭头按钮（如图 7-3 所示，单击后会变成一个“√”），单击“导入”按钮，打开“导入数据”对话框，在“现有工作表”文本框中输入工作表位置，单击“确定”按钮。

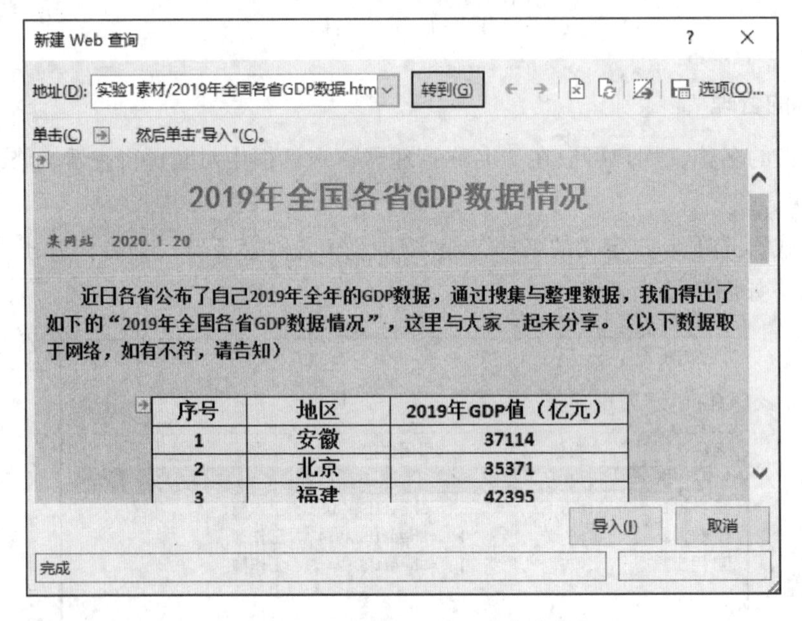

图 7-3 导入网页文件的表格数据

2. 在线网站中的表格

在“数据”选项卡“获取外部数据”组中单击“自网站”按钮，打开“新建 Web 查询”对话框，输入网页表格对应的地址，单击“转到”按钮，在浏览区找到要导入的表格，单击表格左上角的向右箭头按钮（选中后会变成一个“√”），单击“导入”按钮。

7.2.3 返回值位于查找值左侧的数据查找

Excel 中有许多专门用于数据查找的函数，如 LOOKUP、VLOOKUP、HLOOKUP 等，

LOOKUP 函数要求必须先对查找值所在的字段进行升序排序；VLOOKUP 函数要求只能对列上的数据项进行查找，并且返回值必须在查找值的右侧；HLOOKUP 函数只能对行上的数据项进行查找。

那么用户怎么能够查找到返回值位于查找值左侧的数据呢？可以嵌套使用 INDEX 和 MATCH 的函数格式来进行。

1. MATCH 函数

功能：返回指定内容所在的位置（行数或列数）。

格式：=MATCH（lookup-value，lookup-array，match-type）

参数说明：

① lookup-value：表示要在区域中查找的值。

② lookup-array：表示可能包含所要查找的数值的连续单元格区域。

③ match-type：表示查找方式，用于指定精确查找（0）或模糊查找（-1 或 1）。

举例：如图 7-4 所示的工资表中，在 B12 单元格查询姓名为王刚的教师序列中的位置（序号）。

B12 =MATCH(A12,B2:B9,0)

	A	B	C	D	E	F	G
1	单位	姓名	职称	基本工资	奖金	水电气	实发工资
2	电信	赵庆	教授	1350	310	120	1540
3	法学	黄欣	讲师	992	280	110	1162
4	法学	李芳	副教授	1046	280	110	1216
5	电信	李明	讲师	980	240	99	1121
6	管理	黄伟	教授	1400	320	120	1600
7	法学	王刚	教授	1420	310	125	1605
8	法学	朱峰	助教	690	140	40	790
9	管理	孙欣	副教授	1046	270	105	1211
10							
11	姓名	序号					
12	王刚	6					

图 7-4　MATCH 函数举例

表格中并没有“序号”字段，求序号即是返回该人在所有人的姓名范围内的行数，所以在 B12 单元格输入的公式为“=MATCH(A12,B2:B9,0)”，即返回 A12 单元格中所记姓名在所有人姓名区域 B2:B9 内是第几行。

2. INDEX 函数

功能：返回指定位置的内容。

格式：=INDEX(array，row_num，[column_num])

参数说明：

① array：返回值所在的单元格区域。

② row_num：返回值所在的行数。

③ column_num：可省略，返回值所在的列数。

举例：如图 7-5 所示的工资表中，查询教师序列中第 6 名教师的姓名。

B12　=INDEX(B2:B9,A12)

	A	B	C	D	E	F	G
1	单位	姓名	职称	基本工资	奖金	水电气	实发工资
2	电信	赵庆	教授	1350	310	120	1540
3	法学	黄欣	讲师	992	280	110	1162
4	法学	李芳	副教授	1046	280	110	1216
5	电信	李明	讲师	980	240	99	1121
6	管理	黄伟	教授	1400	320	120	1600
7	法学	王刚	教授	1420	310	125	1605
8	法学	朱峰	助教	690	140	40	790
9	管理	孙欣	副教授	1046	270	105	1211
10							
11	序号	姓名					
12	6	王刚					

图 7-5　INDEX 函数举例

表格中并没有“序号”字段，求序号对应的人名，即是返回所有人的姓名范围内以序号为行数的人名，所以在 B12 单元格输入的公式为“=INDEX(B2:B9,A12)”，即在所有人姓名区域 B2:B9 内返回以 A12 单元格中所示行数的人的姓名。

微视频 7-1：INDEX 和 MATCH 函数组合动态查询

3. 结合 INDEX+MATCH 实现查找操作

结合 INDEX 和 MATCH 两个函数，用户就可以实现与查找值同行的数据查询，无论返回值在查找值的左侧还是右侧。

例如，在如图 7-6 所示的工资表中，查询姓名为王刚的教师的单位。

B12　=INDEX(A2:A9,MATCH(A12,B2:B9,0))

	A	B	C	D	E	F	G
1	单位	姓名	职称	基本工资	奖金	水电气	实发工资
2	电信	赵庆	教授	1350	310	120	1540
3	法学	黄欣	讲师	992	280	110	1162
4	法学	李芳	副教授	1046	280	110	1216
5	电信	李明	讲师	980	240	99	1121
6	管理	黄伟	教授	1400	320	120	1600
7	法学	王刚	教授	1420	310	125	1605
8	法学	朱峰	助教	690	140	40	790
9	管理	孙欣	副教授	1046	270	105	1211
10							
11	姓名	单位					
12	王刚	法学					

图 7-6　INDEX+MATCH 函数查找举例

B12 单元格输入的公式是“=INDEX(A2:A9,MATCH(A12,B2:B9,0))”。

其中内层的“MATCH(A12,B1:B9,0)”先求得王刚的序号，再将该序号作为外层 INDEX 函数在 A2:A9 区域返回值对应的行数，即可求得结果。

7.2.4　合并计算

合并计算是一种可以将多个不同源（如多个工作表）的数据汇总合并到一个主工作表的有效方法。要求参与合并计算的数据区域都必须有相同的结构。

例如，某公司每季度的销售报表分别在 4 张工作表中，现在要将这 4 张工作表进行合并计算，汇总求取全年的销售报表。其“1 季度”的报表情况如图 7-7 所示，另外 3 个季度对应的报表结构和1季度的完全一致。用于存放合并数据的主工作表“全年”初始状态如图7-8所示。

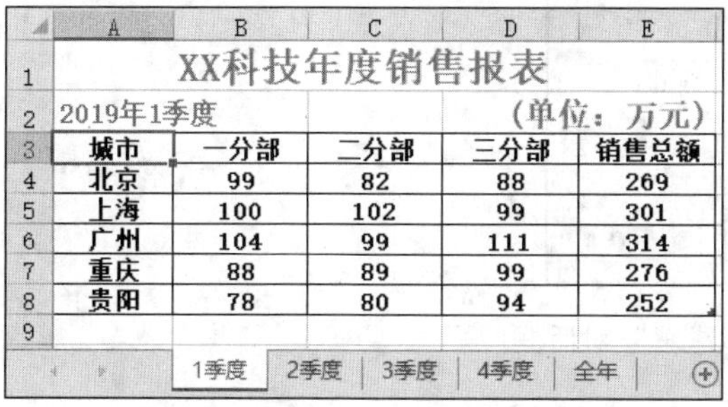

XX科技年度销售报表

2019年1季度 (单位：万元)

城市	一分部	二分部	三分部	销售总额
北京	99	82	88	269
上海	100	102	99	301
广州	104	99	111	314
重庆	88	89	99	276
贵阳	78	80	94	252

1季度 2季度 3季度 4季度 全年

图7-7 合并计算前的主工作表

XX科技年度销售报表

2019年 (单位：万元)

1季度 2季度 3季度 4季度 全年

图7-8 合并计算源工作表

选择工作表“全年”的A3单元格，在“数据”选项卡“数据工具”组中单击“合并计算”按钮，打开“合并计算”对话框，选择函数“求和”，引用位置输入“'1季度'!$A$3：$E$8”，单击“添加”按钮，引用位置输入“'2季度'!$A$3：$E$8”，单击“添加”按钮，引用位置输入“'3季度'!$A$3：$E$8”，单击“添加”按钮，引用位置输入“'4季度'!$A$3：$E$8”，单击“添加”按钮，标签位置选中“首行”和“最左列”，单击“确定”按钮。合并计算后的主工作表如图7-9所示。

XX科技年度销售报表

2019年 (单位：万元)

	一分部	二分部	三分部	销售总额
北京	403	397	475	1275
上海	472	504	493	1469
广州	411	419	473	1303
重庆	368	364	432	1164
贵阳	353	358	398	1109

1季度 2季度 3季度 4季度 全年

图7-9 合并计算后的主工作表

7.2.5 模拟分析

模拟分析是指通过修改单元格中的数值，来查看这些修改能够对工作表中引用该单元格的一个或多个公式结果会造成什么样的影响。

Excel中包含三种模拟分析工具：单变量求解、模拟运算表和方案管理器。

1. 单变量求解

单变量求解是先预设一个公式的计算结果是某个固定值，模拟计算当其中引用的变量所在单元格应取多少值时，该结果才成立。

操作步骤如下。

初始化基础数据，单击“数据”选项卡“数据工具”组中的“模拟分析”按钮，选择“单变量求解”选项，设置用于单变量求解的各项参数，如图 7-10 所示。

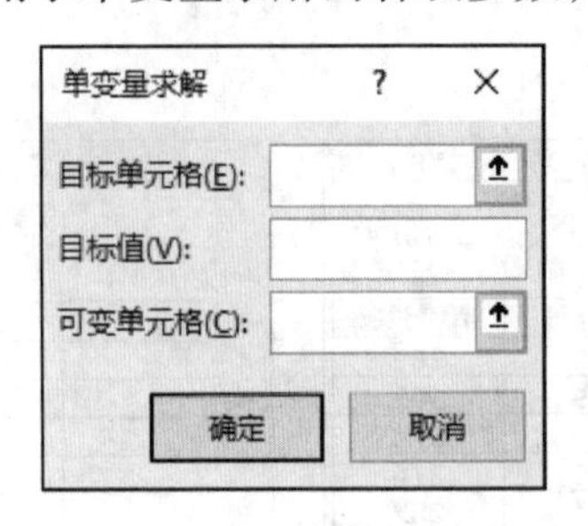

图 7-10 “单变量求解”对话框

其参数含义如下。

①“目标单元格”：即计算结果的公式所在的单元格。

②“可变单元格”：即“目标单元格”所引用的变量所在单元格。

③“目标值”：即结果的预设值。

微视频 7-2：双变量模拟运算

2. 模拟运算表

模拟运算表是模拟运算将某个公式中一个或两个变量（最多两个）分别取不同的值时，会对公式计算的结果造成什么样的影响，其结果放在一个单元格区域中。

操作步骤如下。

初始化基础数据，输入变量的初始值，选择创建模拟运算表的单元格区域，单击“数据”选项卡“数据工具”组中的“模拟分析”按钮，选择“模拟运算表”选项，指定变量值所在的单元格，在模拟运算表中更改变量值，测算对应的结果。

例如，在如图 7-11 所示的例表中，模拟计算在不同销量和单价的情况下，对利润造成的影响，其模拟运算表的参数设置如图 7-11 所示。

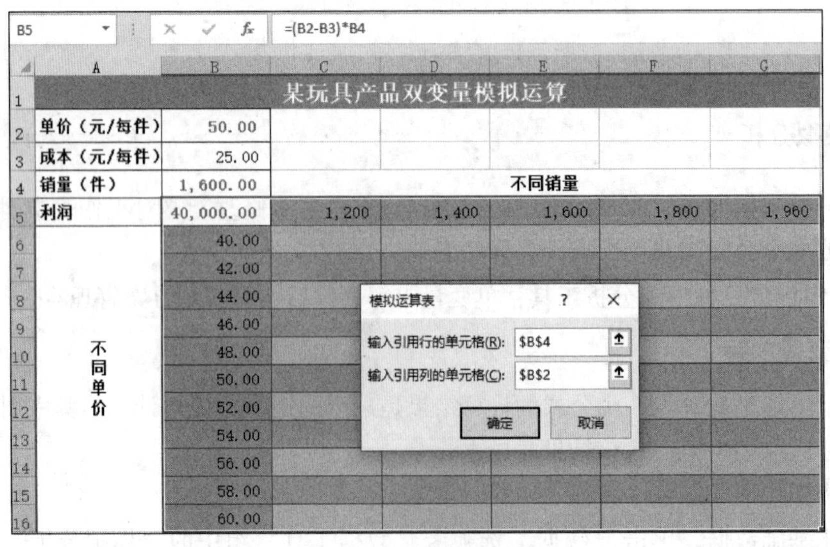

图 7-11 模拟运算表

3. 方案管理器

模拟运算表最多只能模拟分析有两个变量取不同值时，对结果造成的影响，如果包含两个以上的变量，则应该使用方案管理器。一个方案最多可以包含 32 个变量，创建任意数量的方案。

操作步骤如下。

初始化基础数据与公式，单击“数据”选项卡“数据工具”组中的“模拟分析”按钮，选择“方案管理器”选项，打开“方案管理器”对话框，单击“添加”按钮，打开“添加方案”对话框，输入方案名，设置可变单元格区域，单击“确定”按钮，打开“方案变量值”对话框，输入方案的各项变量值，单击“添加”按钮，重复执行“添加方案”的操作（直至添加完其他方案）。单击“确定”按钮，打开“方案管理器”对话框，单击“摘要”按钮，打开“方案摘要”对话框，选择报表类型和结果单元格，单击“摘要”按钮。

7.3 实验内容

7.3.1 GDP 数据处理与分析

GDP（gross domestic product，国内生产总值）是一定时期内，一个国家（或地区）内的经济活动中所生产的全部最终成果（产品和服务）的市场价值，是国民经济核算的核心指标，也是衡量一个国家或地区经济状况和发展水平的重要数据。请按要求根据素材文件中 2017—2019 年国内各省 GDP 情况，完成以下数据分析。

（1）新建一个空白 Excel 文档，将该文档以“GDP 数据分析 .xlsx”为文件名进行保存，并要求与素材文件保存在同一位置，后续的操作都要求在该文件中进行。

（2）将网页文件“2017 年全国各省 GDP 数据 .htm”中的表格数据导入到 sheet1 表中，并将“sheet1”改名为“2017”；将网页文件“2018 年全国各省 GDP 数据 .htm”中的表格数据导入到 sheet2 表中，并将“sheet2”改名为“2018”；将网页文件“2019 年全国各省 GDP 数据 .htm”中的表格数据导入到 sheet3 表中，并将“sheet3”改名为“2019”（要求数据均导入到对应工作表从 A1 单元格开始的单元格区域）。

（3）在“2018”和“2019”两张工作表中数据区域的右侧各增加一列数据项，分别命名为“2018 年增长率”和“2019 年增长率”，计算求解并调整该列列宽为合适的宽度，将该列的数字格式设置为“百分比”，保留 2 位小数。计算公式：年增长率 =（当年 GDP 值-去年 GDP 值）/去年 GDP 值。

（4）将“2018”和“2019”两张工作表除了首列的数据区域进行内容合并，合并后的内容放置在一张新工作表“2018—2019 比较”从 A1 单元格开始的区域中，并在 A1 单元格中输入列标题为“地区”。将合并后的新工作表套用一种中等深浅的表格样式。

（5）在“2018—2019 比较”右侧插入一张名为“数据统计”的空工作表，输入如素材中的“S7-1 数据统计 .jpg”所示的内容，并利用公式计算相应单元格内容。要求 B2:

C8区域内的数据水平居中对齐。

（6）基于工作表“2018—2019比较”创建一个数据透视表，将其作为一张名为“2019数据透视”的新工作表，并把透视表移至从A1单元格开始的区域。透视表中要求筛选出2019年GDP前10名的地区以及2019年GDP值和2019年增长率，并按2019年GDP值降序排列，最后将2019年GDP值数值区域设置为使用千位分隔符的数值格式、2019年增长率数值区域设置为2位小数的百分比格式。

（7）将所有工作表的标签分别设置为不同的颜色。

（8）在Word中编辑一个名为“2018—2019全国各省GDP情况报告.docx”的文档，要求：根据工作簿“GDP数据分析.xlsx”中的主要数据，对2018-2019全国各省的GDP情况做出文字性的总结报告。

（9）根据“2018-2019全国各省GDP情况报告.docx”的内容，制作一个名为“2018—2019全国各省GDP情况报告.pptx”的幻灯片演示文稿，对Word文件中的主要内容进行介绍。要求：布局合理，内容简洁，合理应用主题、动画、切换等效果，使演示文稿整洁大方。

操作步骤如下。

（1）新建文件。

① 在文件资源管理器中打开素材文件夹，在工作区空白处右击，选择“新建”→“Microsoft Excel工作表”命令，将文件重命名为“GDP数据分析.xlsx”。

② 双击打开“GDP数据分析.xlsx”文件，后续的操作都在此文件中完成。

（2）从指定网页文件导入工作表数据。

① 选择sheet1工作表的A1单元格，在“数据”选项卡“获取外部数据”组中单击“现有链接”按钮，选择“浏览更多”命令，打开“选取数据源”窗口，打开素材文件夹，选择“2017年全国各省GDP数据.mht”文件，单击“打开”按钮，打开“新建Web查询”对话框，单击数据表左上角的箭头符号（选中后会变成一个“√”），单击“导入”按钮，打开“导入数据”对话框，数据放置位置在“现有工作表”，在文本框中输入“=$A$1”，单击“确定”按钮，双击sheet1工作表标签，重命名为“2017”。

② 用同样的方法完成将“2018年全国各省GDP数据.mht”中的表格数据导入工作表sheet2，并重命名该工作表为“2018”。

③ 用同样的方法完成将“2019年全国各省GDP数据.mht”中的表格数据导入工作表sheet3，并重命名该工作表为“2019”。

（3）新增“2018”“2019”工作表数据项。

① 选择“2018”工作表的D1单元格，输入“2018年增长率”，选择D2单元格，输入公式“=(C2-'2017'!C2)/'2017'!C2”并确认，选择D2单元格右下角的填充柄向下填充至D32，选择D列，在“开始”选项卡“单元格”组中单击“格式”按钮，选择“自动调整列宽”选项，在“开始”选项卡“数字”组中打开“设置单元格格式”对话框，在“数字”选项卡“分类”列表中选择“百分比”选项，设置小数位数为“2”，单击“确定”按钮。

② 用同样的方法完成“2019”工作表中“2019 年增长率”的添加和格式设置操作。其中 D2 单元格的公式为“=(C2-'2018'!C2)/'2018'!C2”。

(4) 合并工作表数据。

① 单击“插入工作表”按钮，插入一张新工作表，重命名为“2018-2019 比较”，单击“数据”选项卡“数据工具”组中的“合并计算”按钮。

② 在“合并计算”对话框中设置“引用位置”为“'2018'!$B$1:$D$32”，单击“添加”按钮，设置“引用位置”为“'2019'!$B$1:$D$32”，单击“添加”按钮，选择“标签位置”中的“首行”和“最左列”选项，单击“确定”按钮。

③ 选择“2018-2019 比较”工作表的 A1 单元格，输入“地址”。

④ 再选择 A1:E32 单元格区域，在“开始”选项卡的“样式”组中，单击“套用表格格式”按钮，随意选择“中等深浅”组的一款样式，打开“套用表格式”对话框，将“表数据的来源”设置为“=$A$1:$E$32”，选中“表包含标题”选项，单击“确定”按钮。

(5) 数据统计操作。

① 单击“插入工作表”按钮，插入一张新工作表，重命名为“数据统计”，按素材文件夹“图 7-1 数据统计.jpg”所示的内容输入单元格区域数据，并设置格式。

② 在 B2 单元格中输入公式“=SUM('2018-2019 比较'!B2:B32)”。

③ 在 C2 单元格中输入公式“=SUM('2018-2019 比较'!D2:D32)”。

④ 在 B3 单元格中输入公式“=AVERAGE('2018-2019 比较'!C2:C32)”。

⑤ 在 C3 单元格中输入公式“=AVERAGE('2018-2019 比较'!E2:E32)”。

⑥ 在 B4 单元格中输入公式“=INDEX('2018-2019 比较'!A2:A32,MATCH(MAX('2018-2019 比较'!B2:B32),'2018-2019 比较'!B2:B32,0))”。

⑦ 在 C4 单元格中输入公式“=INDEX('2018-2019 比较'!A2:A32,MATCH(MAX('2018-2019 比较'!D2:D32),'2018-2019 比较'!D2:D32,0))”。

⑧ 在 B5 单元格中输入公式“=INDEX('2018-2019 比较'!A2:A32,MATCH(MIN('2018-2019 比较'!B2:B32),'2018-2019 比较'!B2:B32,0))”。

⑨ 在 C5 单元格中输入公式“=INDEX('2018-2019 比较'!A2:A32,MATCH(MIN('2018-2019 比较'!D2:D32),'2018-2019 比较'!D2:D32,0))”。

⑩ 在 B6 单元格中输入公式“=INDEX('2018-2019 比较'!A2:A32,MATCH(MAX('2018-2019 比较'!C2:C32),'2018-2019 比较'!C2:C32,0))”。

⑪ 在 C6 单元格中输入公式“=INDEX('2018-2019 比较'!A2:A32,MATCH(MAX('2018-2019 比较'!E2:E32),'2018-2019 比较'!E2:E32,0))”。

⑫ 在 B7 单元格中输入公式“=INDEX('2018-2019 比较'!A2:A32,MATCH(MIN('2018-2019 比较'!C2:C32),'2018-2019 比较'!C2:C33,0))”。

⑬ 在 C7 单元格中输入公式“=INDEX('2018-2019 比较'!A2:A32,MATCH(MIN('2018-2019 比较'!E2:E32),'2018-2019 比较'!E2:E32,0))”。

⑭ 在B8单元格中输入公式“=COUNTIF('2018-2019比较'!C2:C32,"<0")”。

⑮ 在C8单元格中输入公式“=COUNTIF('2018-2019比较'!E2:E32,"<0")”。

⑯ 选择B2:C8数据区域，在“开始”选项卡“对齐方式”组中单击“居中”按钮。

（6）制作数据透视表。

① 选择“2018-2019比较”工作表A1:E32数据区域，在“插入”选项卡“表格”组中单击“数据透视表”按钮，打开“创建数据透视表”对话框，单击“确定”按钮。

② 双击新建的工作表标签，重命名为“2019数据透视”，单击“数据透视表工具”选项卡“操作”组中的“移动数据透视表”按钮，打开“移动数据透视表”对话框，将“现有工作表”位置设为“2019数据透视!A1”，单击“确定”按钮。

③ 选择“数据透视表字段列表”中的“地区”字段，拖拽至“行标签”栏。

④ 选择“2019年GDP（亿元）”字段，拖拽至“数值”栏。

⑤ 选择“2019年增长率”字段，拖拽至“数值”栏，选择C1单元格，单击“数据透视表工具”选项卡“计算”组中的“按值汇总”按钮，选择“平均值”选项。

⑥ 单击A1单元格显示的行标签后的下拉按钮，选择“值筛选”→“10个最大的值”命令，打开“前10个筛选（地区）”对话框，显示“最大10项”依据“求和项：2019年GDP值（亿元）”，单击“确定”按钮。

⑦ 单击A1单元格显示的行标签后的下拉按钮，选择“其他排序选项”命令，打开“排序（地区）”对话框，选择“降序排序（Z~A）依据”为“求和项：2019年GDP值（亿元）”，单击“确定”按钮。

⑧ 选择B2:B12数据区域，在“开始”选项卡“数字”组打开“设置单元格格式”对话框，选择“数字”选项卡，在“分类”列表中选择“数值”选项设置小数位数为“2”，选择“使用千位分隔符”选项，单击“确定”按钮。

⑨ 选择C2:C12数据区域，在“开始”选项卡“数字”组中打开“设置单元格格式”对话框，选择“数字”选项卡，在“分类”列表中选择“百分比”选项，设置小数位数为“2”，单击“确定”按钮。

（7）设置标签颜色。

① 在“2017”工作表标签上右击，选择“工作表标签颜色”命令，任选一种颜色。

② 用同样的方法为其他工作表标签设置不同的颜色。

③ 保存文档。在“文件”菜单中选择“保存”命令，再选择“退出”命令。

（8）根据工作簿“GDP数据分析.xlsx”中的主要数据，在Word中创建“2018-2019全国各省GDP情况报告.docx”文档，内容自拟。（过程略）

（9）根据“2018-2019全国各省GDP情况报告.docx”的内容，在PowerPoint中创建“2018-2019全国各省GDP情况报告.pptx”的幻灯片演示文稿，内容自拟，合适应用主题、动画、切换等效果。（过程略）

7.3.2 EOQ数据处理与分析

小明是负责某企业采购的管理人员，请你根据现有数据和下述要求，帮他完成成本分析、EOQ（economic order quantity，经济订货批量）分析和决策辅助。

（1）打开素材文件夹中的“S7-2 素材 .xlsx”文件，并另存为“EOQ 数据分析 .xlsx”。

（2）在“EOQ 数据分析 .xlsx”工作表“成本分析”中完成以下操作。

① 根据不同的订货量完成相应的年订货成本计算，计算公式为“年订货成本 =（年需求量/订货量）×单次订货成本”。

② 根据不同的订货量完成相应的年库存成本计算，计算公式为“年库存成本 = 年单位库存成本×订货量/2”。

③ 根据不同的年订货成本和年库存成本完成相应的年总成本计算，计算公式为“年总成本 = 年订货成本+年库存成本”。

④ 将 D1:G11 区域套用一种表格样式，并将该区域中所有表示成本的区域设置为“货币”格式，数据保留整数位。

⑤ 根据 D1:G11 区域的数据，在 D15:G35 区域创建一个“带平滑线的散点图”图表，并设置为“S7-2 图表样本 .jpg”所示格式。

（3）在“EOQ 数据分析 .xlsx”的工作表“EOQ 模拟分析”中完成以下操作。

① 在 B4 单元格计算经济订货批量的值，计算公式如下：

$$\text{经济订货批量} = \sqrt{\frac{2\times\text{年需求量}\times\text{单次订货成本}}{\text{年单位库存成本}}}$$

要求计算结果保留到整数位。

② 在 B4:M20 区域创建模拟运算表，模拟不同的年需求量和年单位库存成本所对应的不同经济订货批量；其中 C4:M4 区域为年需求量可能的变化值，B5:B20 区域为年单位库存成本可能的变化值，要求模拟运算的结果保留到整数位。

③ 对 C8:M27 区域设置条件格式，将所有大于等于 350 且小于等于 450 的值所在单元格设置为“浅红填充色深红色文本”。

④ 将 B1:B3 区域作为可变单元格，按照表 7-1 要求添加三种方案，并将“年需求量不变”选择为当前显示的方案。

表 7-1 方案设计

可变单元格	年需求量下降	年需求量不变	年需求量上升
B1（年需求量）	2500	3000	3500
B2（单次订货成本）	300	250	200
B3（年单位库存成本）	15	10	5

⑤ 将单元格 B1 命名为“年需求量”，单元格 B2 命名为“单次订货成本”，单元格 B3 命名为“年单位库存成本”，单元格 B4 命名为“经济订货批量”。

⑥ 在“EOQ 模拟分析”工作表右侧，以 B4 单元格为结果单元格创建“方案摘要”工作表。

（4）在 Word 中编辑一个名为“EOQ 分析报告 .docx”的文档，要求：根据工作簿

"EOQ数据分析.xlsx"中的主要数据，对在不同的年需求量的情况下经济订货批量的变化及策略做出文字性的总结报告。

（5）根据"EOQ分析报告.docx"的内容，制作一个名为"EOQ分析报告.pptx"的幻灯片演示文稿，对Word文件中的主要内容进行介绍。要求：布局合理，内容简洁，合理应用主题、动画、切换等效果，使演示文稿整洁大方。

操作步骤如下。

（1）另存文件。

在文件资源管理器中打开素材文件夹，双击"S7-2素材.xlsx"文件，在"文件"菜单中选择"另存为"命令，将文件名修改为"EOQ"，单击"保存"按钮。

（2）完成工作表"成本分析"操作。

① 选择E2单元格，输入公式"=($B$1/D2)*$B$2"，并向下填充到E11单元格。

② 选择F2单元格，输入公式"=$B$3*D2/2"，并向下填充到E11单元格。

③ 选择F2单元格，输入公式"=E2+F2"，并向下填充到E11单元格。

④ 选择D1:G11数据区域，单击"开始"选项卡"样式"组中的"套用表格格式"按钮，任选一种格式，确定表数据的来源"=$D$1:$G$11"并"包含标题"，再选择E2:G11数据区域，在"开始"选项卡"数字"组中打开"设置单元格格式"对话框，选择"数字"选项卡，在"分类"列表中选择"货币"选项，设置小数位数为"0"，单击"确定"按钮。

⑤ 创建图表。

a. 选择D1:G11数据区域，单击"插入"选项卡"图表"组中的"散点图"按钮，选择"带平滑线的散点图"选项，将新建的图表移动并调整大小至D15:G35单元格区域。

b. 选择新建的图表，在"图表工具|设计"选项卡"图表布局"组中选择"布局4"选项。

c. 在"图表工具|布局"选项卡"标签"组中单击"图表标题"按钮，选择"图表上方"选项，在标题框中输入"成本分析图"。

d. 在"标签"组中选择"坐标轴标题"选项，选择"主要横坐标轴标题"选项，选择"坐标轴下方标题"选项，输入横坐标轴标题"订货量"。

e. 在"标签"组中选择"坐标轴标题"选项，选择"主要纵坐标轴标题"选项，选择"竖排标题"选项，输入纵坐标轴标题"成本值"。

f. 在"坐标轴"组中选择"网格线"选项，在"主要横网格线"中选择"主要网格线"，双击图表中的网格线，在"设置主要网格线格式"中选择"线型"选项，选择短划线类型为"方点"，单击"关闭"按钮。

g. 双击横坐标值，在"设置坐标轴格式"中对"坐标轴选项"设置最小值为固定值"100"，设置最大值为固定值"1000"，设置主要刻度单位为固定值"100"，单击"关闭"按钮。

h. 双击纵坐标值，在"设置坐标轴格式"中对"坐标轴选项"设置最小值为固定值

“0”，设置最大值为固定值“8000”，设置主要刻度单位为固定值“1000”，单击“关闭”按钮。

（3）选择并完成“EOQ 模拟分析”工作表的操作。

① 选择 B4 单元格，输入公式“=($B$1/D2)*$B$2”，按 Enter 键确认，在“开始”选项卡“数字”组中打开“设置单元格格式”对话框，选择“数字”选项卡，在“分类”列表中选择“数值”选项，设置小数位数为“0”，单击“确定”按钮。

② 选择 B4:M20 区域，在“数据”选项卡“数据工具”组中单击“模拟分析”按钮，选择“模拟运算表”选项，输入引用行的单元格为“$B$1”，输入引用行的单元格为“$B$3”，单击“确定”按钮，选择 C5:M20 区域，在“数字”选项卡“分类”列表中选择“数值”选项，设置小数位数为“0”，单击“确定”按钮。

③ 选择 C5:M20 区域，单击“开始”选项卡“样式”组中的“条件格式”按钮，选择“突出显示单元格规则”→“介于”命令，将值介于“350”到“450”之间的单元格设置为“浅红填充色深红色文本”，单击“确定”按钮。

④ 添加方案进行决策辅助。

a. 单击“数据”选项卡“数据工具”组中的“模拟分析”按钮选择“方案管理器”选项，打开“方案管理器”对话框，单击“添加”按钮，打开“添加方案”对话框，输入方案名为“降低年需求量”，输入可变单元格为“B1:B3”，单击“确定”按钮，打开“方案变量值”对话框，输入每个可变单元格的值：B1 为“2500”、B2 为“300”、B3 为“15”，单击“添加”按钮。

b. 在“添加方案”对话框中输入方案名为“保持年需求量”，输入可变单元格为“B1:B3”，单击“确定”按钮，在“方案变量值”对话框中输入每个可变单元格的值：B1 为“3000”、B2 为“250”、B3 为“10”，单击“添加”按钮。

c. 在“添加方案”对话框中输入方案名为“增加年需求量”，输入可变单元格为“B1:B3”，单击“确定”按钮，打开“方案变量值”对话框，输入每个可变单元格的值：B1 为“3500”、B2 为“200”、B3 为“5”，单击“确定”按钮。

d. 在“方案管理器”对话框“方案”列表中选择“保持年需求量”选项，单击“显示”按钮，单击“关闭”按钮。

⑤ 定义单元格名称。

a. 选择 B1 单元格，在“公式”选项卡“定义的名称”组中单击“定义名称”按钮，打开“新建名称”对话框，输入名称“年需求量”，选择范围“工作簿”，输入引用位置“=EOQ 模拟分析!$B$1”，单击“确定”按钮。

b. 选择 B2 单元格，在“公式”选项卡“定义的名称”组中单击“定义名称”按钮，打开“新建名称”对话框，输入名称“单次订货成本”，选择范围“工作簿”，输入引用位置“=EOQ 模拟分析!$B$2”，单击“确定”按钮。

c. 选择 B3 单元格，在“公式”选项卡“定义的名称”组中单击“定义名称”按钮，打开“新建名称”对话框，输入名称“年单位库存成本”，选择范围“工作簿”，输入引用位置“=EOQ模拟分析!$B$3”，单击“确定”按钮。

⑥ 选择B2单元格，在“数据”选项卡“数据工具”组中单击“模拟分析”按钮，选择“方案管理器”选项，打开“方案管理器”对话框，单击“摘要”按钮，打开“方案摘要”对话框，在报表类型中选择“方案摘要”，在结果单元格中输入“B4”，单击“确定”按钮，将“方案摘要”工作表标签拖拽至“EOQ模拟分析”工作表右侧。

⑦ 在“文件”菜单中选择“保存”命令，再选择“退出”命令。

(4) 根据工作簿“EOQ数据分析.xlsx”中的主要数据，在Word中创建“EOQ数据分析.docx”的文档，内容自拟。(过程略)

(5) 根据“EOQ数据分析.docx”的内容，在PowerPoint中创建“EOQ数据分析.pptx”的幻灯片演示文稿，内容自拟，合适应用主题、动画、切换等效果。(过程略)

7.4 课后思考

1. 什么是表格数据的查找，在Excel中有哪些函数可以用于数据项的查找?

2. 比较VLOOKUP函数和INDEX+MATCH函数进行的数据查找有何异同。

3. Excel支持哪些外部数据的导入？如何导入?

4. 总结什么时候适合使用数据透视表。

5. “模拟分析”选项下的三项工具“单变量求解”“模拟运算表”“方案管理器”分别适用于什么情况?

实验 8

酿酒数据的处理与分析

（综合实验二）

8.1 实验目的

1. 掌握数据处理的方法。
2. 掌握数据分析的方法和数据分析工具的使用方法。
3. 掌握数据统计的应用方法。

8.2 课前预习

数据的处理与分析是 Excel 软件中最常使用的功能，用户可以通过该功能在数据分析、处理方面解决复杂问题。

8.2.1 模拟分析和运算

模拟分析和运算是将数据依照某种模式建立的关系进行处理的过程。

1. 使用单变量求解预测所需的结果

工作表数据如图 8-1 所示。

用户准备贷款 18 万元，贷款年限 20 年，若每个月能够承受的还款最高值为 1 350 元，则需要甄别不同银行的贷款利率是否符合自身的要求，最高能够承受的银行贷款利率。

该工作表中除了 B3 单元格没有数据外，B1、B2 单元格都输入了原始数据，B4 单元格使用的是利率计算函数 PMT（该函数的格式说明参见 Excel 帮助）。

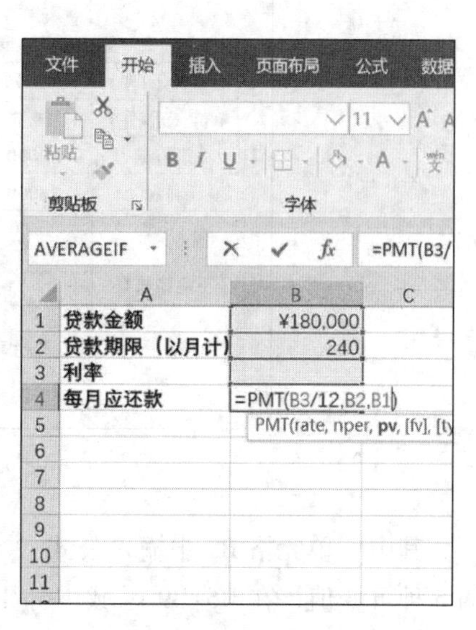

图 8-1 单变量计算表

通过选择“数据”选项卡“预测”组“模拟分

析”下拉列表中的“单变量求解”选项，进入“单变量求解”对话框，进行相关设置，如图 8-2 所示。

最终该工作表中的 B3 单元格产生了求解以后的利率结果，如图 8-3 所示。

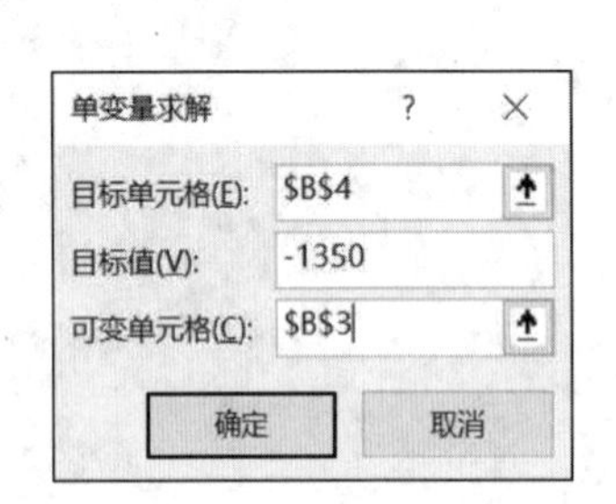

图 8-2 “单变量求解”对话框

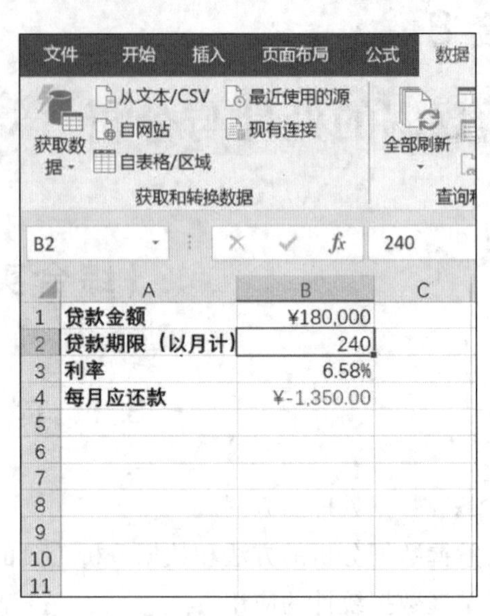

图 8-3 单变量计算结果

2. 双变量模拟运算

当出现公式中有两个变量产生不同值的改变，公式结果应如何变化？可以使用双变量模拟运算达到预测目的。

以一个产品销售利润表为例，如图 8-4 所示。

	A	B	C	D	E	F	G
1	某商品在不同销售量和不同单位售价下的利润计算						
2	成本（元/件）	16.7					
3	单价（元/件）	18.5					
4	销售量	20000	不同单价				
5	利润	36000	19.2	18.2	17.7	16.9	16.2
6	不同销售量	20000					
7		30000					
8		40000					
9		50000					
10							
11							

图 8-4 双变量模拟运算表

其中，单元格 B5 中输入公式“=(B3-B2) * B4”，在 C5:G5 区域中分别是销售单价的 5 种可变值，在 B6:B9 区域中分别是销售量的 4 种可变值，而根据两个变量的可变情况，最终的预测利润会通过模拟运算呈现在 C6:G9 区域中。

选定区域 B5:G9，选择“数据”选项卡“预测”组“模拟分析”下拉列表中的“模拟运算表”选项，在弹出的如图 8-5 所示的“模拟运算表”对话框中，进行相应引用行列单元格设置，确定后，模拟运算结果如图 8-6 所示。

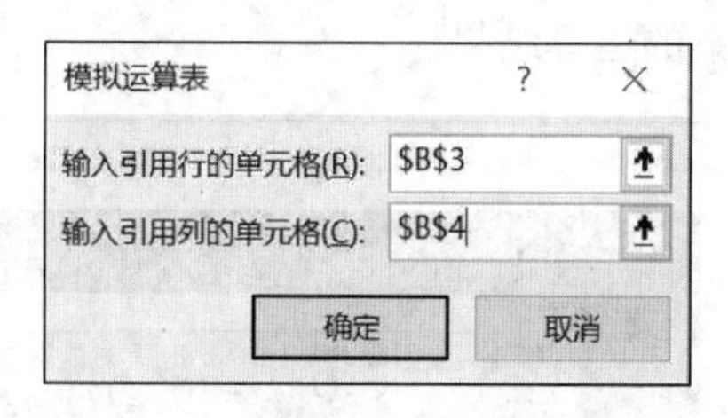

图 8-5 “模拟运算表”对话框

	A	B	C	D	E	F	G
1	某商品在不同销售量和不同单位售价下的利润计算						
2	成本（元/件）	16.7					
3	单价（元/件）	18.5					
4	销售量	20000	不同单价				
5	利润	36000	19.2	18.2	17.7	16.9	16.2
6	不同销售量	20000	50000	30000	20000	4000	-10000
7		30000	75000	45000	30000	6000	-15000
8		40000	100000	60000	40000	8000	-20000
9		50000	125000	75000	50000	10000	-25000
10							
11							

图 8-6 双变量模拟运算结果

3. 方案管理器

如果可变变量超过两个，可以选择方案管理器进行分析预测。

如图 8-7 所示，根据“成本价”“单价”以及“销售量”的不同，设计了三种方案，通过方案管理器模拟运算预测不同的利润结果。

	A	B	C	D	E	F	G	H
1	某商品在不同销售量、不同成本价、不同单价下的利润计算方案							
2	成本（元/件）	16.2				方案1	方案2	方案3
3	单价（元/件）	18.3			成本（元/件）	16.2	17.2	17.6
4	销售量	28000			单价（元/件）	18.3	19.1	19.5
5	利润	58800			销售量	28000	25000	30000
6								
7								

图 8-7 方案管理表

选择“数据”选项卡“预测”组“模拟分析”下拉列表中的“方案管理器”选项，在“方案管理器”对话框中，单击“添加”按钮进行方案取名，设置可变单元格区域为

B2:B4，在“方案变量值”对话框中，将方案相应的数值输入。三个方案添加成功后，在“方案管理器”对话框中单击“摘要”按钮，在“方案摘要”对话框中，单击“确定”按钮后，在当前工作表左边会自动生成一张名为“方案摘要”的工作表，如图 8-8 所示，显示了三个方案的运算结果。

方案摘要	当前值:	方案1	方案2	方案3
可变单元格:				
$B$2	16.2	16.2	17.2	17.6
$B$3	18.3	18.3	19.1	19.5
$B$4	28000	28000	25000	30000
结果单元格:				
$B$5	58800	58800	47500	57000

注释：“当前值”这一列表示的是在
建立方案汇总时，可变单元格的值。
每组方案的可变单元格均以灰色底纹突出显示。

图 8-8　方案管理结果

8.2.2　Excel 数据分析工具库

大量数据需要合适的统计分析方法进行采集，在这些数据中提取有用信息并形成一定的结论供用户参考，以便做出决策。

Excel 2016 提供的“分析工具库”，可以对数据进行复杂的统计或工程分析，为每项分析提供数据和参数，该工具库中的工具将使用适当的统计或工程宏函数来计算并将结果显示在输出表格中，某些工具还能生成图表。

通常情况下，Excel 2016 的“数据”选项卡中没有加载“分析工具库”，需要进行手工加载。

单击“开始”选项卡“选项”组中的“加载项”按钮，在“加载项”下拉列表底端，选择“转到”选项，在弹出的“加载项”对话框中勾选“分析工具库”复选框，如图 8-9 所示，单击“确定”按钮，“分析工具库”就加载到“数据”选项卡中的“分析”组中，并以“数据分析”命名。

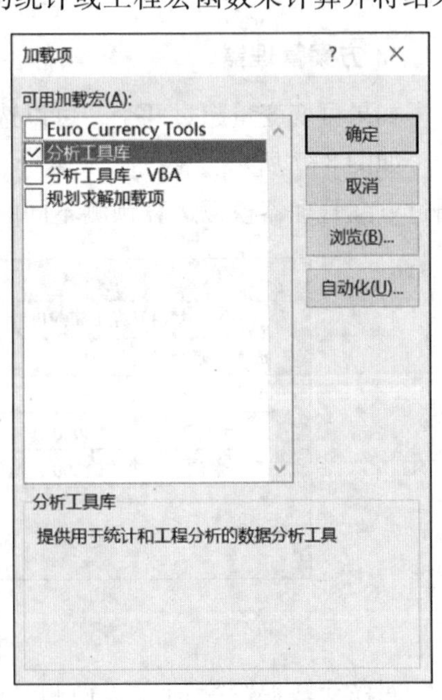

图 8-9　“加载项”对话框

1. 方差分析

方差分析又称“变异数分析”，用于两个及两个以上样本均数差别的显著性检验。方差分析是从观测变量的方差入手，研究诸多控制变量中哪些变量是对观测变量有显著影响的变量。

方差分析通常分为三种情况，第一种是“单因素方差分析”，第二种是“无重复双因素方差分析”，第三种是“可重复双因素方差分析”。下面逐一对这几种分析工具进行介绍。

（1）单因素方差分析

对两个或两个以上样本的数据方差执行简单的分析。此分析可提供一种假设检验，该假设的内容是，每个样本都取自相同基础概率分布，这与所有样本基础概率分布都不相同的假设相反。如图 8-10 所示为歌手比赛成绩表，根据成绩在 J4:L7 区域进行了简单的成绩整理。

	A	B	C	D	E	F	G	H	I	J	K	L
1	歌手姓名	评分次数	评分者1	评分者2	评分者3	评分者4	平均分					
2		1	9.60	9.70	9.55	9.65	9.63					
3	A	2	9.55	9.75	9.80	9.70	9.70					
4		3	9.60	9.65	9.50	9.65	9.60			A	B	C
5		1	9.70	9.65	9.70	9.60	9.66			9.63	9.66	9.46
6	B	2	9.75	9.70	9.75	9.70	9.73			9.70	9.73	9.69
7		3	9.75	9.70	9.70	9.65	9.70			9.60	9.70	9.65
8		1	9.30	9.60	9.50	9.45	9.46					
9	C	2	9.60	9.70	9.75	9.70	9.69					
10		3	9.55	9.65	9.70	9.70	9.65					
11												
12												
13												
14												
15												
16												
17												

图 8-10　歌手成绩表

单击“数据”选项卡“分析”组中的“数据分析”按钮，在弹出的如图 8-11 所示的“数据分析”对话框中，选择“方差分析：单因素方差分析”选项，单击“确定”按钮，在弹出的“方差分析：单因素方差分析”对话框中做相应设置，如图 8-12 所示，完成分析。

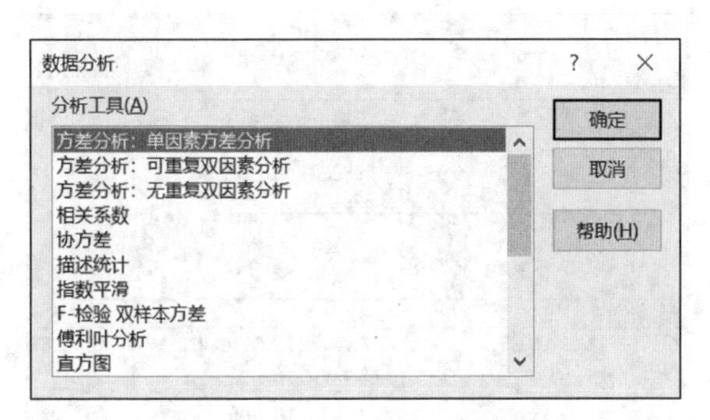

图 8-11　“数据分析”对话框

“方差分析：单因素方差分析”对话框中各个设置项介绍如下。

输入区域：在此输入待分析数据区域的单元格引用。该引用必须由两个或两个以上按列或行组织的相邻数据区域组成。这里使用的是区域“$J$4:$L$7”。

分组方式：指出输入区域中的数据是按行还是按列进行排列。例如，这里选择分组方

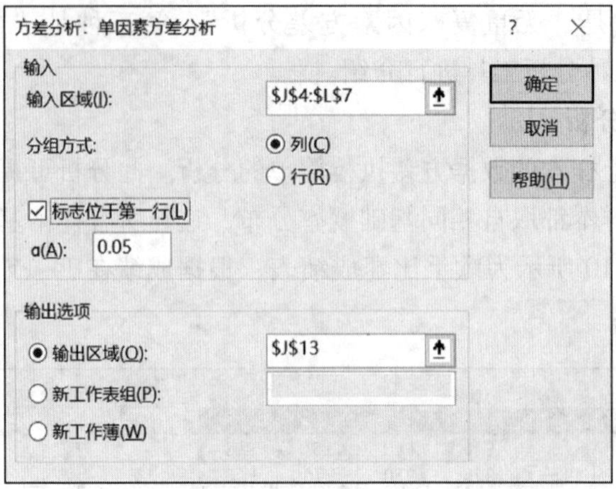

方差分析：单因素方差分析 ? ×
输入
输入区域(I): $J$4:$L$7
分组方式: ◉ 列(C) ○ 行(R)
☑ 标志位于第一行(L)
α(A): 0.05
输出选项
◉ 输出区域(O): $J$13
○ 新工作表组(P):
○ 新工作薄(W)
确定
取消
帮助(H)

图 8-12 “方差分析：单因素方差分析”对话框

式为“列”。

标志位于第一行/列：如果输入区域的第一行中包含标志项，则可以勾选“标志位于第一行”复选框；如果输入区域的第一列中包含标志项，则可以勾选“标志位于第一列”复选框；如果输入区域没有标志项，则该复选框不会被勾选，Excel 将在输出表中生成数据标志。

α(A)：根据需要指定显著性水平，例如，这里输入“0.05”。

输出区域：如果用户选择“输出区域”单选按钮，则在右侧的文本框中输入或选择一个单元格地址。如果用户希望输出至新的工作表组中，则选择“新工作表组”单选按钮。如果用户希望输入至新的工作簿中，则选择“新工作簿”单选按钮。例如，这里选择“输出区域”为“$J$13”。

在 J13 单元格生成的“方差分析：单因素方差分析”表如图 8-13 所示。

方差分析：单因素方差分析

SUMMARY

组	观测数	求和	平均	方差
A	3	28.925	9.641667	0.002708
B	3	29.0875	9.695833	0.00099
C	3	28.7975	9.599167	0.014877

方差分析

差异源	SS	df	MS	F	P-value	F crit
组间	0.014085	2	0.007042	1.137393	0.381227	5.143253
组内	0.03715	6	0.006192			
总计	0.051235	8				

图 8-13 单因素方差分析结果

(2) 无重复双因素方差分析

可用于分析按照两个不同的维度归类的数据（如包含重复的双因素案例）。对于此工具，假设每个配对只有一个观测值进行分析。

(3) 可重复双因素方差分析

可用于分析按照两个不同的维度归类的数据。

2. 相关系数

相关系数是描述两个测量值变量之间的离散程度的指标。利用相关系数，可以判断两个测量值变量的变化是否相关。

使用相关系数分析工具来检验每对测量值变量，以便确定两个测量值变量是否趋向于同时变动，即一个变量的较大值是否趋向于与另一个变量的较大值相关联（正相关）；或者一个变量的较小值是否趋向于与另一个变量的较大值相关联（负相关）；或者两个变量的值趋向于互不关联（相关系数近似于零）。

用“相关系数”工具对一个“温度体积变化表”进行分析。

单击“数据”选项卡“分析”组中的“数据分析”按钮，在“数据分析”对话框中，选择“相关系数”选项，单击“确定”按钮，在弹出的“相关系数”对话框中做相应设置，如图 8-14 所示。完成分析后的结果如图 8-15 所示。

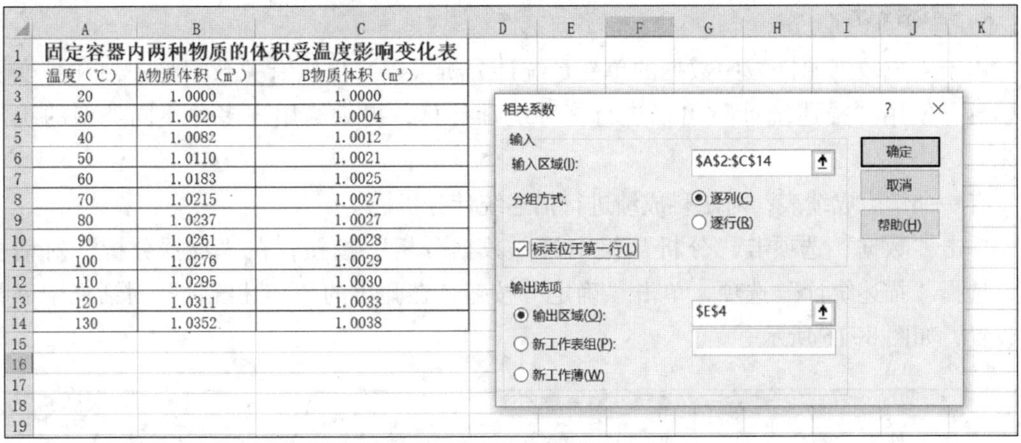

固定容器内两种物质的体积受温度影响变化表

温度（℃）	A物质体积（m³）	B物质体积（m³）
20	1.0000	1.0000
30	1.0020	1.0004
40	1.0082	1.0012
50	1.0110	1.0021
60	1.0183	1.0025
70	1.0215	1.0027
80	1.0237	1.0027
90	1.0261	1.0028
100	1.0276	1.0029
110	1.0295	1.0030
120	1.0311	1.0033
130	1.0352	1.0038

相关系数
输入
输入区域(I): $A$2:$C$14
分组方式: 逐列(C) 逐行(R)
标志位于第一行(L)
输出选项
输出区域(O): $E$4
新工作表组(P):
新工作薄(W)
确定
取消
帮助(H)

图 8-14 “相关系数”对话框

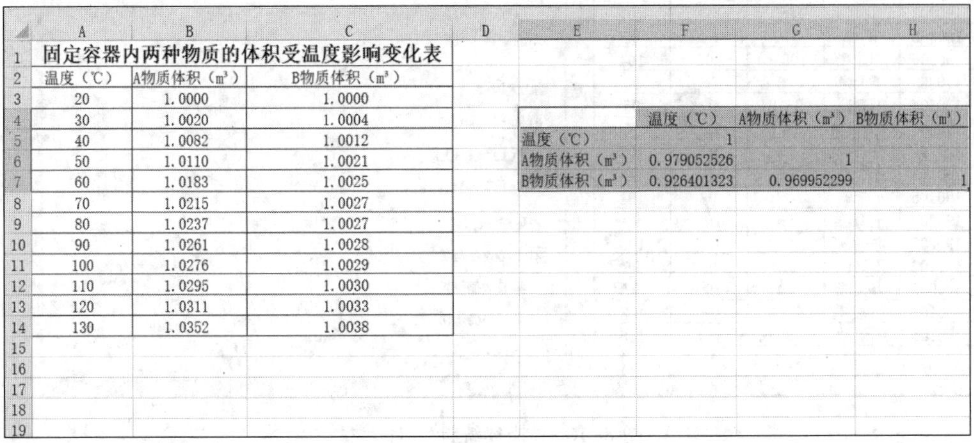

固定容器内两种物质的体积受温度影响变化表

温度（℃）	A物质体积（m³）	B物质体积（m³）
20	1.0000	1.0000
30	1.0020	1.0004
40	1.0082	1.0012
50	1.0110	1.0021
60	1.0183	1.0025
70	1.0215	1.0027
80	1.0237	1.0027
90	1.0261	1.0028
100	1.0276	1.0029
110	1.0295	1.0030
120	1.0311	1.0033
130	1.0352	1.0038

	温度（℃）	A物质体积（m³）	B物质体积（m³）
温度（℃）	1		
A物质体积（m³）	0.979052526	1	
B物质体积（m³）	0.926401323	0.969952299	1

图 8-15 相关系数分析结果

从所得分析结果可以看出，A 物质以及 B 物质的体积和温度的相关性分别为约 0.98 和约 0.93，互相之间呈现较好的“正相关性”，A 物质与 B 物质体积之间的相关性约为 0.96，说明两者在相同条件下一致性较好。

相关系数与协方差相似，是两个测量变量之间关联变化程度的指标。与协方差不同的是，相关系数是比例值，因此它的值与用来表示两个测量变量的单位无关。

3. 协方差

协方差是描述两个测量值变量之间的离散程度的指标，即用来衡量两个样本之间的相关性有多少，也就是一个样本的值的偏离程度会对另一个样本的值的偏离产生多大的影响。

可以使用“协方差”工具来检验每对测量值变量，以便确定两个测量值变量是否趋向于同时变动，即一个变量的较大值是否趋向于与另一个变量的较大值相关联（正相关）；或者一个变量的较小值是否趋向于与另一个变量的较大值相关联（负相关）；或者两个变量中的值趋向于互不关联（协方差近似于零）。

4. 描述统计

用于生成数据源区域中数据的单变量统计分析报表，提供有关数据趋中性和易变性的信息。使用“描述统计”可以进行多种统计计算，提供给用户多种不同类型的统计结果。

有一个学生成绩表，对三科成绩进行描述统计分析。

单击“数据”选项卡“分析”组中的“数据分析”按钮，在“数据分析”对话框中，选择“描述统计”选项，单击“确定”按钮，在弹出的“描述统计”对话框中做相应设置，如图 8-16 所示。

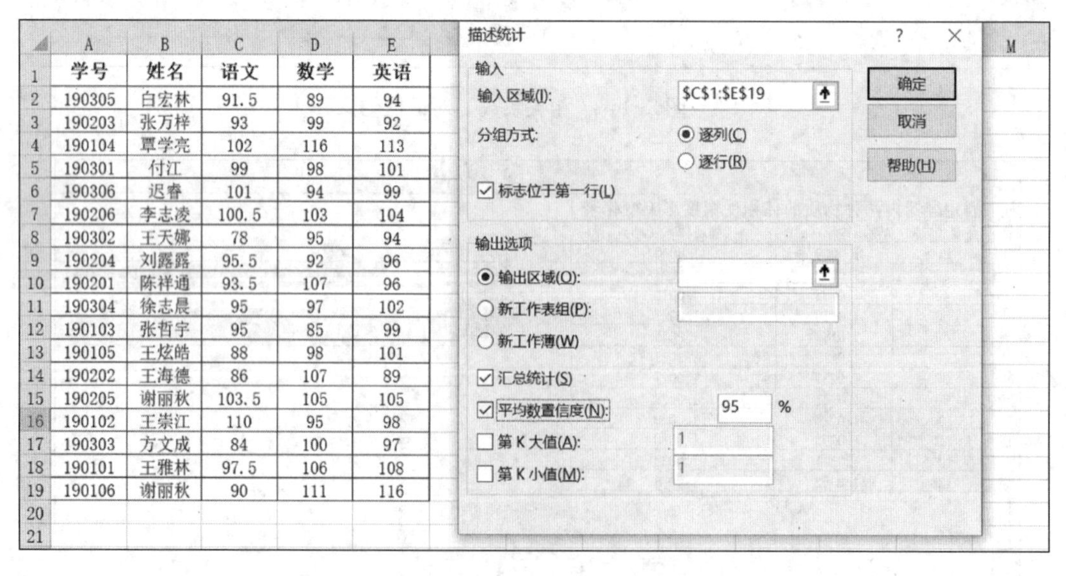

	A	B	C	D	E
1	学号	姓名	语文	数学	英语
2	190305	白宏林	91.5	89	94
3	190203	张万梓	93	99	92
4	190104	覃学亮	102	116	113
5	190301	付江	99	98	101
6	190306	迟春	101	94	99
7	190206	李志凌	100.5	103	104
8	190302	王天娜	78	95	94
9	190204	刘露露	95.5	92	96
10	190201	陈祥通	93.5	107	96
11	190304	徐志晨	95	97	102
12	190103	张哲宇	95	85	99
13	190105	王炫皓	88	98	101
14	190202	王海德	86	107	89
15	190205	谢丽秋	103.5	105	105
16	190102	王崇江	110	95	98
17	190303	方文成	84	100	97
18	190101	王雅林	97.5	106	108
19	190106	谢丽秋	90	111	116
20					
21					

图 8-16 “描述统计”对话框

“描述统计”对话框中各个字段的设置含义如下。

汇总统计：选中此项可为结果输出表中每个统计结果生成一个字段。这些统计结果有平均、标准误差、中位数、众数、标准差、方差、峰度、偏度、区域、最小值、最大值、求和、观测数。

平均数置信度：为输出表中的每一行设定平均数的置信度。

第K大值：为输出表中的某一行指定每个数据区域中的第K大值，在框中输入数字K，如果输入1，则该行输出的是数据集中的最大值，和“汇总统计”中的“最大值”相同。

第K小值：为输出表中的某一行指定每个数据区域中的第K小值，在框中输入数字K，如果输入1，则该行输出的是数据集中的最小值，和“汇总统计”中的“最小值”相同。

在H5单元格生成的“描述统计分析”表如图8-17所示。

	A	B	C	D	E	F	G	H	I	J	K	L
1	学号	姓名	语文	数学	英语							
2	190305	白宏林	91.5	89	94		语文		数学		英语	
3	190203	张万梓	93	99	92							
4	190104	覃学亮	102	116	113		平均	94.61111	平均	99.83333	平均	100.2222
5	190301	付江	99	98	101		标准误差	1.821959	标准误差	1.859879	标准误差	1.655957
6	190306	迟睿	101	94	99		中位数	95	中位数	98.5	中位数	99
7	190206	李志凌	100.5	103	104		众数	95	众数	98	众数	94
8	190302	王天娜	78	95	94		标准差	7.729918	标准差	7.890799	标准差	7.02563
9	190204	刘露露	95.5	92	96		方差	59.75163	方差	62.26471	方差	49.35948
10	190201	陈祥通	93.5	107	96		峰度	0.270662	峰度	-0.15998	峰度	0.420618
11	190304	徐志晨	95	97	102		偏度	-0.21705	偏度	0.17272	偏度	0.764161
12	190103	张哲宇	95	85	99		区域	32	区域	31	区域	27
13	190105	王炫皓	88	98	101		最小值	78	最小值	85	最小值	89
14	190202	王海德	86	107	89		最大值	110	最大值	116	最大值	116
15	190205	谢丽秋	103.5	105	105		求和	1703	求和	1797	求和	1804
16	190102	王崇江	110	95	98		观测数	18	观测数	18	观测数	18
17	190303	方文成	84	100	97		置信度(95.0%)	3.843998	置信度(95.0%)	3.924002	置信度(95.0%)	3.493764
18	190101	王雅林	97.5	106	108							
19	190106	谢丽秋	90	111	116							

图8-17 描述统计结果

5. 指数平滑

根据前期预测导出新预测值，并修正前期预测值的误差。此工具使用平滑常数，其大小决定了本次预测对前期预测误差的反馈程度。

平滑常数合理值在0.2~0.3。这些数值表明，由于前期预测值的误差，当前预测应调整20%到30%。较大的常数可产生较快的响应，但会产生不稳定的结果；较小的常数会导致预测值长期的延迟。

“指数平滑法”是生产预测中常用的一种方法，也用于中短期经济发展趋势预测。

6. F-检验（双样本方差）

通过双样本F-检验对两个样本总体的方差进行比较。此分析工具可以进行双样本F-检验，用来比较两个样本总体的方差是否相等。

7. 傅里叶分析

可以解决线性系统问题，而且可以通过快速傅里叶变换进行数据变换来分析周期性的数据。该工具还支持逆变换，即通过对变换后的数据的逆变换返回初始数据。

8. 直方图

计算数据单元格区域和数据接收区间的单个和累积频率。此工具可用于统计数据集中某个数值出现的次数。

以学生物理成绩表为例，使用直方图进行区间成绩段分析，如图 8-18 所示。F 列中是为直方图准备的区间段。

	A	B	C	D	E	F
1	学号	姓名	物理			分数段
2	190206	李志凌	98			0
3	190203	张万梓	93			10
4	190305	白宏林	91.5			20
5	190102	王崇江	91			30
6	190205	谢丽秋	90			40
7	190104	覃学亮	88			50
8	190306	迟春	85			60
9	190304	徐志晨	85			70
10	190103	张哲宇	85			80
11	190301	付江	83			90
12	190101	王雅林	83			100
13	190105	王炫皓	82			
14	190202	王海德	79			
15	190204	刘露露	78.5			
16	190106	谢丽秋	74			
17	190201	陈祥通	73.5			
18	190303	方文成	72			
19	190302	王天娜	30			

直方图
输入
输入区域(I): $C$1:$C$19
接收区域(B): $F$1:$F$12
☑ 标志(L)
输出选项
◉ 输出区域(O): $E$13
○ 新工作表组(P):
○ 新工作薄(W)
☐ 柏拉图(A)
☑ 累积百分率(M)
☑ 图表输出(C)
确定
取消
帮助(H)

图 8-18　直方图对话框

单击“数据”选项卡“分析”组中的“数据分析”按钮，在“数据分析”对话框中，选择“直方图”选项，单击“确定”按钮，在弹出的“直方图”对话框中做相应设置，如图 8-18 所示。

产生的直方图分析结果如图 8-19 所示。

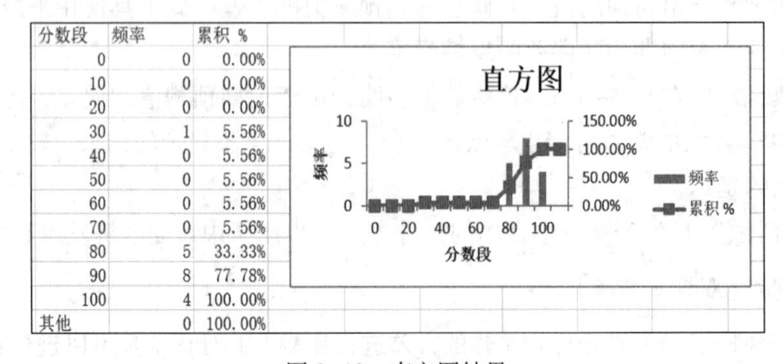

分数段	频率	累积 %
0	0	0.00%
10	0	0.00%
20	0	0.00%
30	1	5.56%
40	0	5.56%
50	0	5.56%
60	0	5.56%
70	0	5.56%
80	5	33.33%
90	8	77.78%
100	4	100.00%
其他	0	100.00%

图 8-19　直方图结果

需要注意的是，直方图分析工具所产生的直方图通常不够人性化，达不到用户的要求，所以后期需要通过图表工具对直方图做进一步设计，以期达到用户的要求。

9. 移动平均

可以基于特定的过去几个时期中变量的平均值，设计预测期间的值。移动平均值提供了由所有历史数据的简单平均值所代表的趋势信息。使用此工具可以预测相关数据的变化趋势。

对盈利表数据，使用“移动平均”工具预测2020年的盈利值，如图8-20所示。将C到E列分别设置间隔时间为2年、3年、4年的移动平均分析数据。

	A	B	C	D	E
1	年度	盈利（万元）	2年平均	3年平均	4年平均
2	2003年	35			
3	2004年	67			
4	2005年	89			
5	2006年	110			
6	2007年	150			
7	2008年	240			
8	2009年	265			
9	2010年	290			
10	2011年	350			
11	2012年	385			
12	2013年	412			
13	2014年	430			
14	2015年	435			
15	2016年	420			
16	2017年	440			
17	2018年	400			
18	2019年	300			
19	2020年				
20					

移动平均
输入
输入区域(I): $B$1:$B$18
☑标志位于第一行(L)
间隔(N): 2
输出选项
输出区域(O): $C$2
新工作表组(P):
新工作薄(W)
☑图表输出(C)　☐标准误差
确定　取消　帮助(H)

图8-20 “移动平均”对话框

单击“数据”选项卡“分析”组中的“数据分析”按钮，在“数据分析”对话框中，选择“移动平均”选项，单击“确定”按钮，在弹出的“移动平均”对话框中做相应设置，如图8-20所示。

说明：在“移动平均”对话框中，有一个“标准误差”复选框选项，该选项指定在输出表的一列中包含标准误差值。如果勾选该复选框，则会生成一个两列的输出表，其中第1列为预测值，第2列为标准误差值。

“移动平均”分析完成后产生如图8-21所示的结果。

按上述方法，依次产生间隔为3和4所对应的“3年”和“4年”的预测数据结果，如图8-22所示。

从图8-22中可以看到，无论是图表方式还是数据方式，“2年移动平均”间隔的计算结果都更接近于原始数据。所以使用2年间隔方式计算预测2020年的盈利是最合适的。

按照平均计算法，在B19单元格中写入公式：=AVERAGE(C17:C18)，得到2020年盈利的预测结果：385。

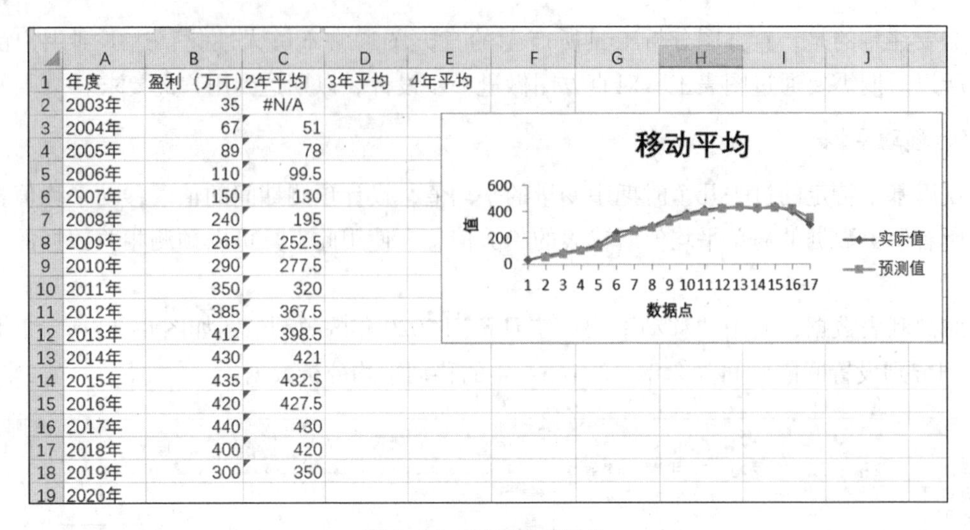

	A	B	C	D	E
1	年度	盈利（万元）	2年平均	3年平均	4年平均
2	2003年	35	#N/A		
3	2004年	67	51		
4	2005年	89	78		
5	2006年	110	99.5		
6	2007年	150	130		
7	2008年	240	195		
8	2009年	265	252.5		
9	2010年	290	277.5		
10	2011年	350	320		
11	2012年	385	367.5		
12	2013年	412	398.5		
13	2014年	430	421		
14	2015年	435	432.5		
15	2016年	420	427.5		
16	2017年	440	430		
17	2018年	400	420		
18	2019年	300	350		
19	2020年				

图 8-21　两年移动平均

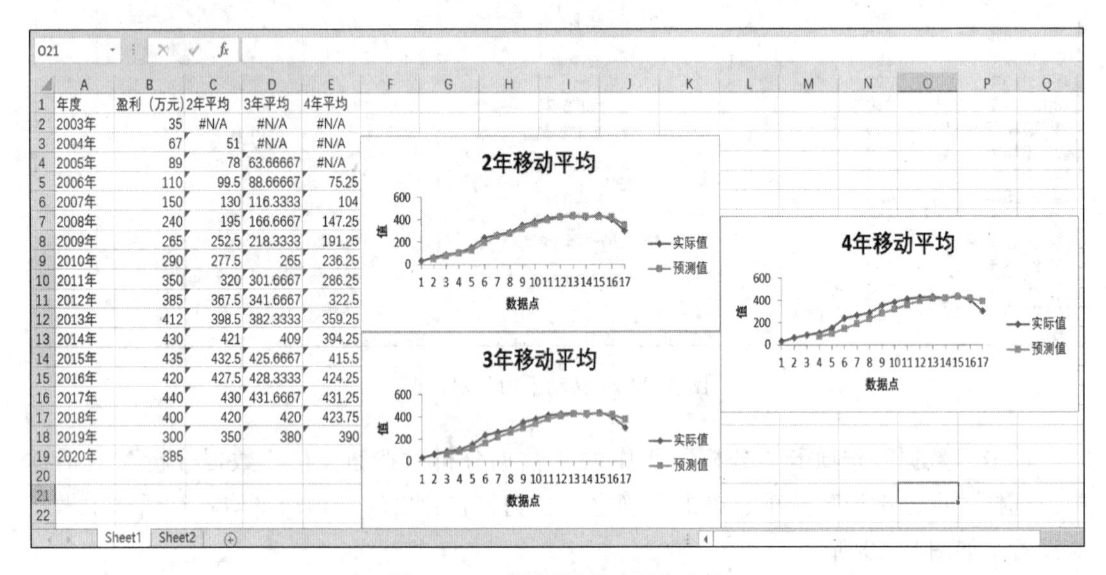

	A	B	C	D	E
1	年度	盈利（万元）	2年平均	3年平均	4年平均
2	2003年	35	#N/A	#N/A	#N/A
3	2004年	67	51	#N/A	#N/A
4	2005年	89	78	63.66667	#N/A
5	2006年	110	99.5	88.66667	75.25
6	2007年	150	130	116.3333	104
7	2008年	240	195	166.6667	147.25
8	2009年	265	252.5	218.3333	191.25
9	2010年	290	277.5	265	236.25
10	2011年	350	320	301.6667	286.25
11	2012年	385	367.5	341.6667	322.5
12	2013年	412	398.5	382.3333	359.25
13	2014年	430	421	409	394.25
14	2015年	435	432.5	425.6667	415.5
15	2016年	420	427.5	428.3333	424.25
16	2017年	440	430	431.6667	431.25
17	2018年	400	420	420	423.75
18	2019年	300	350	380	390
19	2020年	385			

图 8-22　不同间隔移动平均比较

10. 随机数发生器

可用几个分布中的一个产生的独立随机数字来填充某个区域。可以通过概率分布来表示样本总体中的主体特征。例如，可以使用正态分布来表示人体身高的总体特征，或者使用两项可能结果的伯努利分布来表示掷币实验结果的总体特征。

在“随机数发生器”对话框中，分布右侧的下拉列表框中共包含几种创建随机数的分布方法，简要说明如下。

均匀：以下限和上限来表征。其变量值通过对区域中的所有数值进行等概率抽取而得到。普通的应用使用范围是 0 到 1 之间的均匀分布。

正态：以平均值和标准偏差来表征。普通的应用使用平均值为 0、标准偏差为 1 的标准正态分布。

伯努利：以给定的试验中成功的概率（p 值）来表征。伯努利随机变量的值为 0 或 1。

二项式：以一系列试验中成功的概率（p 值）来表征。

泊松：以值 a 来表征，a 等于平均值的倒数。泊松分布经常用于表示单位时间内事件发生的次数。

模式：以下界和上界、步幅、数值的重复率和序列的重复率来表征。

离散：以数值及相应的概率区域来表征。该区域必须包含两列，左边一列包含数值，右边一列为与该行中的数值相对应的发生概率。所有概率的和必须为 1。

11. 排位与百分比排位

可以产生一个数据表，在其中包含数据集中各个数值的顺序排位和百分比排位。该工具用来分析数据集中各数值间的相对位置关系。

以学生成绩总分进行排位和百分比排位分析。

单击“数据”选项卡“分析”组中的“数据分析”按钮，在“数据分析”对话框中，选择“排位与百分比排位”选项，单击“确定”按钮，在弹出的“排位与百分比排位”对话框中做相应设置，如图 8-23 所示。

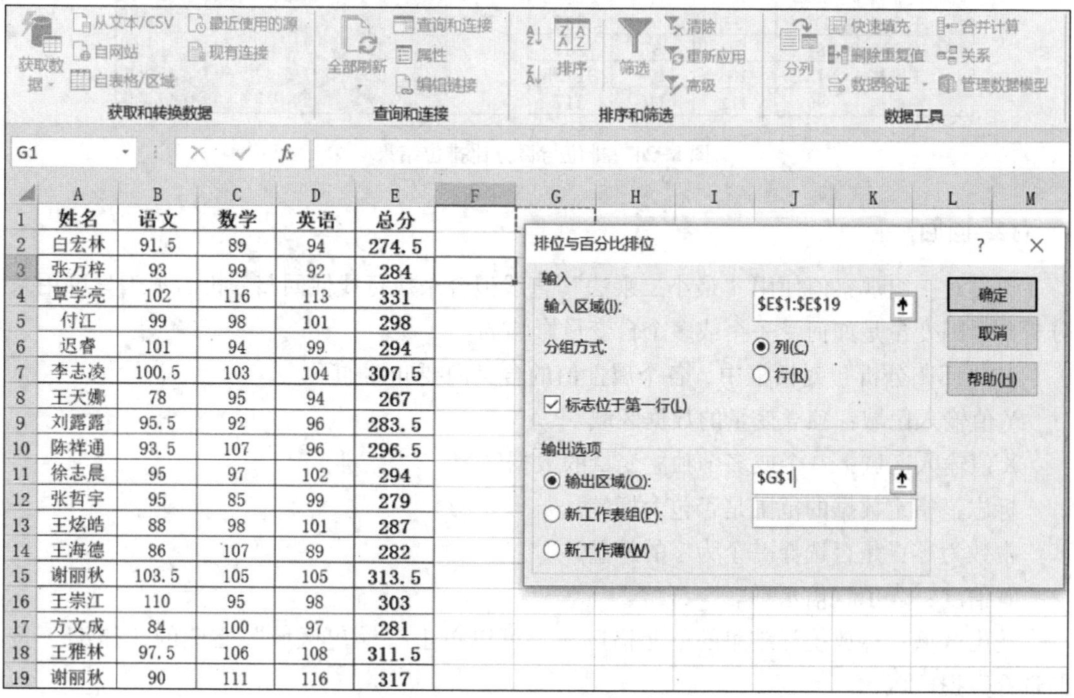

姓名	语文	数学	英语	总分
白宏林	91.5	89	94	274.5
张万梓	93	99	92	284
覃学亮	102	116	113	331
付江	99	98	101	298
迟睿	101	94	99	294
李志凌	100.5	103	104	307.5
王天娜	78	95	94	267
刘露露	95.5	92	96	283.5
陈祥通	93.5	107	96	296.5
徐志晨	95	97	102	294
张哲宇	95	85	99	279
王炫皓	88	98	101	287
王海德	86	107	89	282
谢丽秋	103.5	105	105	313.5
王崇江	110	95	98	303
方文成	84	100	97	281
王雅林	97.5	106	108	311.5
谢丽秋	90	111	116	317

排位与百分比排位：输入区域(I): $E$1:$E$19；分组方式：列(C)；标志位于第一行(L)；输出选项：输出区域(O): $G$1

图 8-23 “排位与百分比排位”对话框

“排位与百分比排位”分析完成后产生如图 8-24 所示的结果。

说明：其中产生的“总分”列中的数据是按照原始总分数据进行了倒序排序以后的结果；产生的“点”列中的数据是产生的“总分”列中数据在原始表中的位置，如总分 331

分在原始数据中是第三个学生的分数，所以“点”列中是 3；“百分比”列中代表的是相应总分超过了其他总分的百分比描述。

	姓名	语文	数学	英语	总分		点	总分	排位	百分比
2	白宏林	91.5	89	94	274.5		3	331	1	100.00%
3	张万梓	93	99	92	284		18	317	2	94.10%
4	覃学亮	102	116	113	331		14	313.5	3	88.20%
5	付江	99	98	101	298		17	311.5	4	82.30%
6	迟睿	101	94	99	294		6	307.5	5	76.40%
7	李志凌	100.5	103	104	307.5		15	303	6	70.50%
8	王天娜	78	95	94	267		4	298	7	64.70%
9	刘露露	95.5	92	96	283.5		9	296.5	8	58.80%
10	陈祥通	93.5	107	96	296.5		5	294	9	47.00%
11	徐志晨	95	97	102	294		10	294	9	47.00%
12	张哲宇	95	85	99	279		12	287	11	41.10%
13	王炫皓	88	98	101	287		2	284	12	35.20%
14	王海德	86	107	89	282		8	283.5	13	29.40%
15	谢丽秋	103.5	105	105	313.5		13	282	14	23.50%
16	王崇江	110	95	98	303		16	281	15	17.60%
17	方文成	84	100	97	281		11	279	16	11.70%
18	王雅林	97.5	106	108	311.5		1	274.5	17	5.80%
19	谢丽秋	90	111	116	317		7	267	18	0.00%

图 8-24 排位与百分比排位结果

12. 回归

通过对一组观察值使用“最小二乘法”直线拟合来执行线性回归分析。本工具可用来分析单个因变量是如何受一个或多个自变量影响的。

在“回归分析”对话框中，各个属性值的含义简要介绍如下。

Y 值输入区域：独立变量的数据区域。

X 值输入区域：一个或多个独立变量的数据区域。

标志：指定数据的范围是否包含标签。

常数为零：是否选择一个为零的常量。

置信度：表示置信水平。

输出区域：存放统计结果的单元格区域，可以单击“输出区域”右侧的“压缩”按钮选择数据区域。

新工作表组：新建一个工作表，并将数据分析结果存放在新建工作表中。

新工作簿：新建一个工作簿，并将数据分析结果存放在新建工作簿中。

残差：指定在统计结果中是否显示预测值与观察值的差值。

残差图：指定在统计结果中是否显示残差图的显示方式。

标准残差：指定在统计结果中是否显示标准残差的显示方式。

线性拟合图：指定在统计结果中是否显示线性拟合图的显示方式。

正态概率图：指定在统计结果中是否显示正态概率图的显示方式。

13. 抽样

当数据体量太大而不方便进行处理时，可以选用具有代表性的样本。

在数据分析时，当样本数据太多，只需要抽取部分数据代表整体数据进行分析时，为了保证所抽取的结果没有人为的选择偏好，抽样工具可以很好地满足用户进行数据样本抽取的要求。抽样分析工具以数据源区域为样本总体，并为此样本总体创建一个样本。

抽样的方法有两种：一种是周期抽取，适合于原始数据呈周期性趋势分布时使用；另一种是随机抽取，适合于原始数据数量大而且缺乏规律性的情况使用。

有一个产品编号表，现准备使用“抽样”工具抽查部分产品质量。

单击“数据”选项卡“分析”组中的“数据分析”按钮，在“数据分析”对话框中，选择“抽样”选项，单击“确定”按钮，在弹出的“抽样”对话框中做相应设置，如图 8-25 所示。

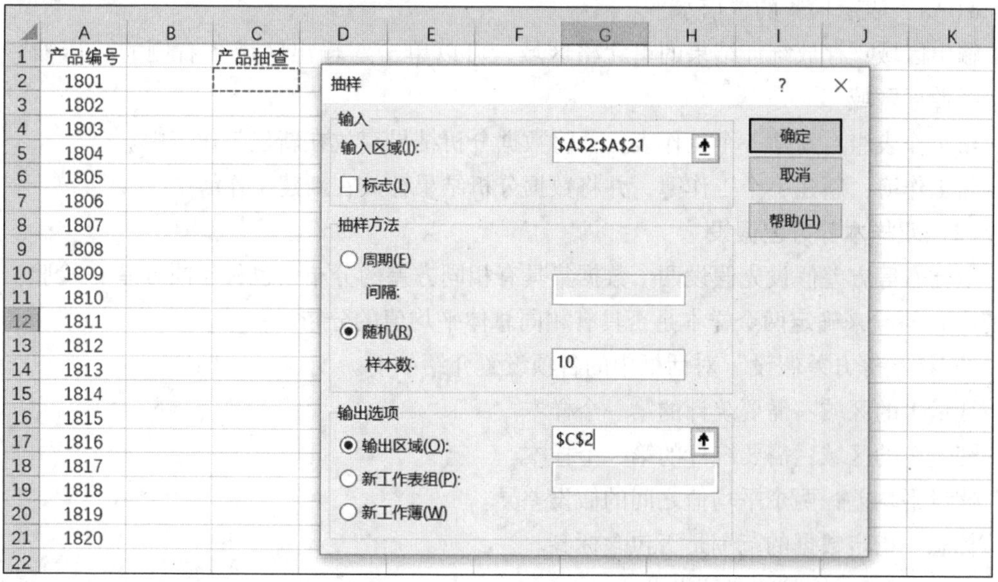

图 8-25 “抽样”对话框

其中“抽样方法”分别是“周期”，代表从输入区域内按固定间隔选择样品；“随机”，代表选择样品的概率。

产生的随机 10 个样本结果如图 8-26 所示。

从图 8-26 中可以看见，产品抽查中有重复编号，这是抽样方式通常不可避免的结果，可以在选定样本数据列后，通过“数据”选项卡“排序和筛选”组中“高级”选项的“高级筛选”中的“选择不重复的记录”功能进行重复值的过滤，以达到抽样值唯一的目的。

14. t-检验

t-检验工具用于判断每个样本，检验样本总体平均值是否相等。t-检验工具又细分为三个工具，分别是“平均值的成对二样本分析”“双样本等方差假设”和“双样本异方差假设”。

(1) 平均值的成对二样本分析

平均值的成对二样本分析可以确定取自处理前后的观察值是否具有相同总体平均值的分布。当样本中出现自然配对的观察值时，可以使用此工具成对检验。

“平均值的成对二样本分析”对话框中的各项属性介绍如下。

变量 1 的区域：需要统计的第一个样本。

变量 2 的区域：需要统计的第二个样本。

假设平均差：两个平均值之间的假设差异。

标志：指定数据的范围是否包含标签。

α(A)：表示检验的置信水平。

	A	B	C	D
1	产品编号		产品抽查	
2	1801		1806	
3	1802		1811	
4	1803		1818	
5	1804		1801	
6	1805		1808	
7	1806		1803	
8	1807		1809	
9	1808		1803	
10	1809		1818	
11	1810		1803	
12	1811			
13	1812			
14	1813			
15	1814			
16	1815			
17	1816			
18	1817			
19	1818			
20	1819			
21	1820			

图 8-26 抽样结果

输出区域：存放统计结果的单元格区域，可以单击“输出区域”右侧的“压缩”按钮选择数据区域。

新工作表组：新建一个工作表，并将数据分析结果存放在新建工作表中。

新工作簿：新建一个工作簿，并将数据分析结果存放在新建工作簿中。

(2) 双样本等方差假设

双样本等方差假设先假设两个数据集具有相同方差的分布，也称作同方差 t-检验。可以使用 t-检验来确定两个样本是否具有相同总体平均值的分布。

“双样本等方差假设”对话框中的各项设置介绍如下。

变量 1 的区域：需要统计的第一个样本。

变量 2 的区域：需要统计的第二个样本。

假设平均差：两个平均值之间的假设差异。

标志：指定数据的范围是否包含标签。

α(A)：表示检验的置信水平。

输出区域：存放统计结果的单元格区域，可以单击“输出区域”右侧的“压缩”按钮选择数据区域。

新工作表组：新建一个工作表，并将数据分析结果存放在新建工作表中。

新工作簿：创建一个工作簿，并将数据分析结果存放在新建工作簿中。

(3) 双样本异方差假设

双样本异方差假设先假设两个数据集具有不同方差的分布，也称作异方差 t-检验。与“等方差”一样，可以使用 t-检验来确定两个样本是否具有相同总体平均值的分布。当两个样本存在截然不同的对象时，可使用此检验。

“双样本异方差假设”对话框中的各项设置介绍如下。

变量 1 的区域：需要统计的第一个样本。

变量 2 的区域：需要统计的第二个样本。

假设平均差：两个平均值之间的假设差异。

标志：指定数据的范围是否包含标签。

α(A)：表示检验的置信水平。

输出区域：存放统计结果的单元格区域，可以单击“输出区域”右侧的“压缩”按钮选择数据区域。

新工作表组：新建一个工作表，并将数据分析结果存放在新建工作表中。

新工作簿：新建一个工作簿，并将数据分析结果存放在新建工作簿中。

15. z-检验（双样本平均差检验）

对具有已知方差的平均值进行双样本 z-检验。通过使用 z-检验工具，可以检验两个总体平均值之间不存在差异的空值假设，而不是单方或双方的其他假设。

8.3 实验内容

8.3.1 数据处理

有“实验项目 8-1.xlsx”工作簿文件，按照指引要求完成相应工作。

微视频 8-1：数据清洗

1. 指引一

在该工作簿中有一个“样品 25 号红葡萄酒品尝评分表”工作表，要求在该工作表的 A15 单元格开始创建一个数据表，表的内容如图 8-27 所示。

25号样品红葡萄酒品尝评分表													
	品酒员1号	品酒员2号	品酒员3号	品酒员4号	品酒员5号	品酒员6号	品酒员7号	品酒员8号	品酒员9号	品酒员10号	项目平均	项目满分	达成度
外观分析15分													
香气分析30分													
口感分析44分													
平衡/整体评价11分													
得分													

图 8-27 数据表样式

根据“样品 25 号红葡萄酒品尝评分表”的工作表中原始数据内容，使用公式函数完成该数据表的内容填充。合理调整表的格式。其中“达成度”是指项目分数在项目总分所占比例，达成度所处列单元格格式设置为“百分比”。

2. 指引二

根据已完成的结果，使用 XY 散点图（带平滑线和数据标记）产生 4 个项目评分的图表，图表标题为“四个项目 10 位品酒员打分图”，适当调整图表设计格式，并根据该图表，做出品酒员在对该样品的 4 个项目打分上是否存在分歧的结论，如图 8-28 所示。

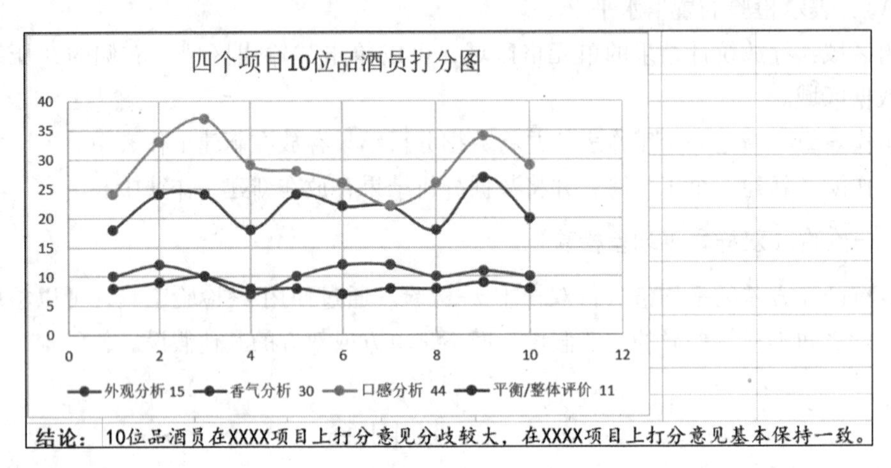

图 8-28　4 个项目打分图

3. 指引三

根据已经计算出的数据结果，使用“自定义组合图”产生图表，图表标题为“样品 25 达成度分析”。通过图表方式描述该样品葡萄酒在 4 项分析项目的达成度以及整体等级结论。其中：整体等级分为“优秀”（90 分及以上），“优良”（80 分及以上，低于 90 分），“一般”（70 分及以上，低于 80 分），“低于一般：不值得推荐”（60 分及以上，低于 70 分），“次品”（低于 60 分），如图 8-29 所示。

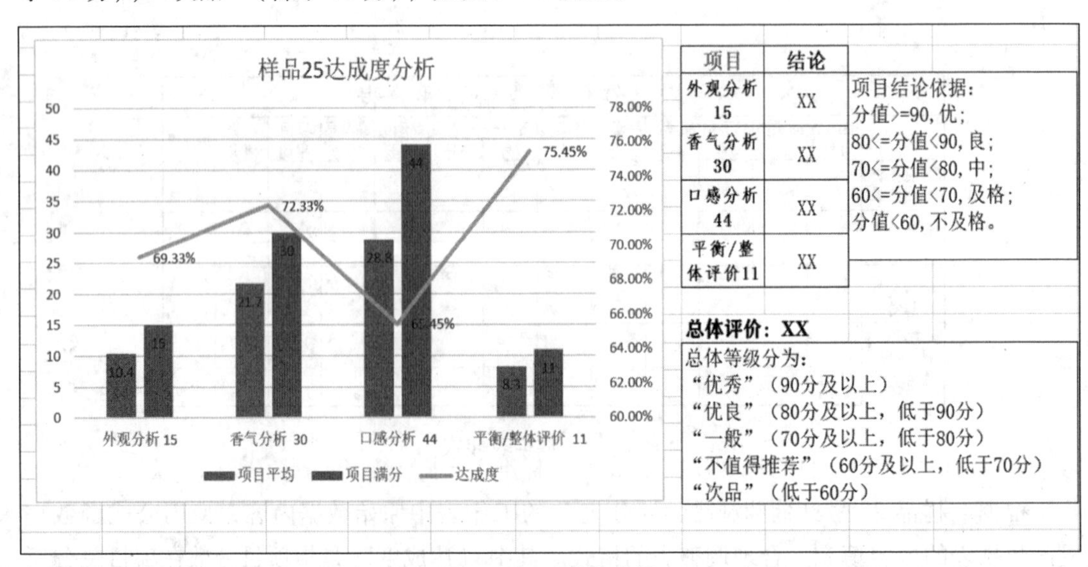

图 8-29　达成度分析

8.3.2 数据分析

有“葡萄酒品尝评分表”工作簿文件和“指标总表”工作簿文件，里面有两组品酒员为 27 个样品葡萄酒的评分数据以及 27 个样品的理化指标，按照指引要求完成相应工作。

1. 指引一

将“葡萄酒品尝评分表”工作簿文件中两个工作表中的评分数据整理到新工作表中，其中新工作表中是两组品酒员对 27 个样品葡萄酒的评分数据整理结果，新工作表命名为“评分数据整理”，新工作表数据区参考样式如图 8-30 所示（由于数据较多，图示中隐藏了部分行、列）。

	A	B	C	D	E	F	G	L
1	第一组品酒员评分情况							
2	样品名	品酒员1号	品酒员2号	品酒员3号	品酒员4号	品酒员5号	品酒员6号	得分
3	酒样品1	51	66	49	54	77	61	62.7
4	酒样品10	67	82	83	68	75	73	74.2
5	酒样品11	63	70	76	64	59	84	71.5
6	酒样品12	54	42	40	55	53	60	53.9
7	酒样品13	69	84	79	59	73	77	74.6
8	酒样品14	70	77	70	70	80	59	73
9	酒样品15	69	50	50	58	51	50	58.7
10	酒样品16	72	80	80	71	69	71	74.9
11	酒样品17	70	79	91	68	97	82	79.3
32	第二组品酒员评分情况							
33	样品名	品酒员1号	品酒员2号	品酒员3号	品酒员4号	品酒员5号	品酒员6号	得分
34	酒样品9	81	83	85	76	69	80	78.2
35	酒样品23	79	77	80	83	67	79	77.1
36	酒样品20	80	75	80	66	70	84	75.8
37	酒样品1	82	69	80	78	63	75	74.6
38	酒样品3	82	69	80	78	63	75	74.6
39	酒样品17	72	73	75	74	75	77	74.5
40	酒样品2	75	76	76	71	68	74	74
41	酒样品14	71	71	78	64	67	76	72.6
42	酒样品19	72	65	82	61	64	81	72.6
43	酒样品21	80	72	75	72	62	77	72.2
44	酒样品5	66	68	77	75	76	73	72.1

图 8-30 数据区参考样式

2. 指引二

新建工作表，取名“27 个样品分数情况”，该表数据来自于对“评分数据整理”表中的第一组和第二组评分数据处理结果，给所有参评样品酒进行最终分数和排名进行统计。数据区参考样式如图 8-31 所示。

3. 指引三

在“评分数据整理”表中，通过数据分析工具中的“描述统计”，对第一组品酒员所打分数以及第二组品酒员所打分数进行分析，得出哪一组所打分数更稳定的结论。（提示：依据“描述统计”中的“标准误差”或者“标准差”进行比较分析。）

4. 指引四

在提供的“指标总表”工作簿中，依据指引二中所得出的结论，选取“葡萄酒”表中样品得分前三的理化指标数据以及样品排名最后的理化指标数据，进行葡萄酒指标与葡萄酒质量之间关系的分析。其中的理化指标数据中如果有多次测定的数据时，取平均值。具体操作如下。

① 对样品得分前三的理化指标数据以及样品排名最后的理化指标数据在当前工作簿中单独建立一个新表。

② 使用图表中的“XY 散点图”，对排名前三的样品进行理化指标分析，得出葡萄酒理化指标数据与葡萄酒质量关系的分析结论。

③ 使用图表中的“对称条形图”，对排名第一的样品和排名最后的样品进行理化指标分析，得出提高葡萄酒质量需要的指标数据分析结论。

样品名	最终得分	排名
酒样品23	81.35	1
酒样品9	79.85	2
酒样品3	77.5	3
酒样品20	77.2	4
酒样品2	77.15	5
酒样品17	76.9	6
酒样品19	75.6	7
酒样品24	74.75	8
酒样品21	74.65	9
酒样品22	74.4	10
酒样品26	72.9	11
酒样品14	72.8	12
酒样品5	72.7	13
酒样品16	72.4	14
酒样品27	72.25	15
酒样品13	71.7	16
酒样品10	71.5	17
酒样品4	69.9	18
酒样品6	69.25	19
酒样品8	69.15	20
酒样品25	68.7	21

图 8-31 最终评分排名

5. 指引五

分析酿酒葡萄与葡萄酒的理化指标之间的联系。提示：可采用回归分析以及相关系数分析工具。

8.4 课后思考

1. 在 Excel 中如何对数据进行标准化处理？

2. 数据分析工具的作用是什么？

3. 数据分析工具“方差分析”和“t-检测”有什么区别？

4. 数据分析工具“指数平滑”和“移动平均”有什么区别？

5. 针对实验项目二中的原始素材文件，分析酿酒葡萄和葡萄酒的理化指标对葡萄酒质量的影响，并论证能否用葡萄和葡萄酒的理化指标来评价葡萄酒的质量？

参 考 文 献

[1] 丁爱萍．Windows 10 应用基础 [M]．北京：电子工业出版社，2018.

[2] 导向工作室．Word/Excel 2010 文秘与行政办公快易通 [M]．北京：人民邮电出版社，2012.

[3] 李永平．信息化办公软件高级应用 [M]．北京：科学出版社，2013.

[4] 蒋畅，黎谦．Office 2013 商务办公从新手到高手 [M]．北京：清华大学出版社，2018.

[5] 李琦，梁金明．大学计算机 [M]．成都：电子科技大学出版社，2019.

[6] 李琦，陈国超．大学计算机实验与习题 [M]．成都：电子科技大学出版社，2019.

[7] John Walkenbach [美]．中文版 Excel 2016 宝典 [M]．第 9 版．北京：清华大学出版社，2016.

[8] 龙马高新教育．新编 Excel 2016 从入门到精通 [M]．北京：人民邮电出版社，2016.

[9] 华文科技．新编 Excel 公式、函数与图表应用大全（2016 实战精华版）[M]．北京：机械工业出版社，2016.